TURING 图灵程序设计丛书

秒懂算法

用常识解读数据结构与算法

[美] 杰伊·温格罗（Jay Wengrow）———— 著

姜喆———— 译

人民邮电出版社

北　京

图书在版编目（CIP）数据

秒懂算法：用常识解读数据结构与算法 ／（美）杰伊·温格罗（Jay Wengrow）著；姜喆译. -- 北京：人民邮电出版社，2022.9
（图灵程序设计丛书）
ISBN 978-7-115-59813-4

Ⅰ．①秒… Ⅱ．①杰… ②姜… Ⅲ．①数据结构②算法分析 Ⅳ．①TP311.12

中国版本图书馆CIP数据核字(2022)第147479号

内 容 提 要

　　本书是简单易懂的数据结构与算法入门书。作者略过复杂的数学公式，用"通俗讲解×逐步图示×代码实现"的方式介绍了数据结构与算法的基本概念，培养读者的算法思维。全书共有 20 章。读者将了解数据结构与算法为何如此重要，如何快速使用大 O 记法判断代码的运行效率，以及如何用动态规划优化算法。本书的重点内容包括冒泡排序、选择排序、插入排序等排序算法，以及深度优先搜索、广度优先搜索、迪杰斯特拉算法等图算法。在学习算法的过程中，读者也将通晓数组、哈希表、栈、队列、链表、图等常用数据结构的适用场景。

　　本书适合初级和中级程序员阅读，不局限于某一种编程语言。

◆ 著　　　 [美] 杰伊·温格罗（Jay Wengrow）
　　译　　　 姜　喆
　　责任编辑　张海艳
　　责任印制　彭志环
◆ 人民邮电出版社出版发行　　北京市丰台区成寿寺路11号
　　邮编　100164　电子邮件　315@ptpress.com.cn
　　网址　https://www.ptpress.com.cn
　　山东华立印务有限公司印刷
◆ 开本：800×1000　1/16
　　印张：22.5　　　　　　　　2022年9月第1版
　　字数：532千字　　　　　　 2022年9月山东第1次印刷
　　著作权合同登记号　图字：01-2021-4204号

定价：99.80元
读者服务热线：(010)84084456-6009　印装质量热线：(010)81055316
反盗版热线：(010)81055315
广告经营许可证：京东市监广登字 20170147 号

版 权 声 明

本书赞誉

如果你和我一样，在接触编程前没有受惠于"传统"的计算机科学教育，那么这本书就是一个绝佳的帮手。它能帮助你学习算法思维的基础，以及如何使用并实现一系列常见数据结构。全书语言清晰简洁，行文诙谐生动，尽可能少地使用专业术语。这本书非常适合那些想要学习编程基础的人。

——John Anderson，Infinity Interactive 技术副总裁

在 30 多年编程生涯中，我学到了一件事——始终注重基础。这本书对我来说是一个绝佳的帮手，让我能重新确信自己过去的所有想法。对于那些未来会继续使用的核心技巧，它也能帮我重新巩固其基础。如果你觉得这本书能帮助你通过白板测试，那么还是不要买比较好。那些测试本来也很讨厌。买这本书是为了继续培养编程思维。无论你是处在职业生涯早期，还是像我一样有丰富经历，都会想掌握全部数据结构，以及和它们互补的常用（甚至不常用的）算法。你甚至还可以学到优化代码的方式、时机以及原因。你会让自己的代码成功运行，提升它的效率，并且让它更加优雅。与此同时，你还能学到优化过程中的取舍。

——Scott Hanselman，微软程序员、教授、博主、播主

尽管已经从事软件开发 15 年，我还是从这本书中学到了很多。要是 20 年前在大学学习这些概念的时候就读到这本书该多好。这本书就好像让我获得了超能力，能注意到何时可以使用哈希表优化代码的时间复杂度。忘掉代码的样子，忘掉它给你的感觉，忘掉你对它的想法，忘掉你至今为止形成的习惯。把这些全部忘记，因为它们不能最大化代码的效率！

——Nigel Lowry，Lemmata 首席顾问

这本书是学习数据结构和算法的绝佳资源。无论是对于动态规划等主题的通俗易懂的解释，还是每章结尾用来检验理解的习题，这些内容对各种背景的开发者来说都是弥足珍贵的。

——Jason Pike，KEYSYS Consulting 高级软件工程师

一本完美的算法和数据结构入门书。强烈推荐！

——Brian Schau，Schau Consulting 首席开发者

前　言

数据结构与算法不仅仅是抽象概念。精通它们可以让你写出**高效**的代码，从而让软件运行得更快，占用的内存更少。这对于如今的软件应用非常重要，因为它们存在于更加移动化的平台，并且要处理更多的数据。

但这一主题的大部分资料有一个通病——晦涩难懂。大多数教材使用了很多数学术语。如果你不是数学家，那么就很难明白它们到底在说什么。即便那些声称让算法学习更加"简单"的书，好像也都假定读者学过高深的数学知识。很多人因此避开了这些概念。他们觉得自己还不够"聪明"，无法理解它们。

然而事实上，数据结构与算法都可以归结于常识。数学符号只是一种特定语言，所有数学知识都能用常识去解释。在本书中，我将用常识（以及很多图表）来解释这些概念。我保证这样学习起来既简单又轻松。

一旦理解了概念，你就能写出高效、快速并且优雅的代码。你可以比较不同代码的优劣，还能合理判断特定情况下的最优解。

在本书中，我特地用更实际的方式来解释概念，还介绍了你**立刻**就可以利用的一些思想。你当然能从书中学到计算机科学知识，但本书旨在让看似抽象的概念变得更切实际。读完本书后，你将能编写出更好的代码和更快速的软件。

目标读者

本书适合以下读者。

❑ 计算机科学专业的学生，想要一本用简洁语言解释数据结构与算法的教材。本书可以作为你目前使用的"经典"教材的补充。

❑ 有编程基础的初级开发者，想要学习计算机科学基础，拓展编程知识和技巧，以提高编码水平。

❑ 自学编程的开发者，未受过正规计算机科学教育（或者学过但是忘光了），想要借助数据结构与算法的力量让代码更优雅、更具扩展性。

无论你的水平如何，我都力求让你能理解并享受本书。

新增内容

在英文版上一版出版后的几年里，我曾给不同的受众讲授书中的内容。在此过程中，我不断地优化自己的阐述，也发现了一些有趣而重要的新内容。而且也有人提出需要习题来实践这些概念。

因此本书新增了如下内容。

- **上一版内容修正**。为了叙述更清晰，我对上一版内容做了很多修改。尽管上一版确实让这些复杂主题易于理解，我发现仍有改进的空间。

  上一版章节中的许多小节在本书中已经完全重写，并且添加了一些全新的内容。我觉得光是这些改动就值得出版新版了。

- **新章节和新主题**。本书新增了 6 章内容，介绍了一些我特别感兴趣的主题。

  本书一直注重理论与实践的结合，但我又加入了更多你可以直接投入实践的内容。第 7 章和第 20 章这两章专注于日常代码，教你如何使用数据结构与算法知识写出更高效的软件。

  我在"递归"这一主题上使出了浑身解数。尽管上一版有一章介绍的是递归，但我又增加了全新的一章（第 11 章）来介绍如何编写递归代码。编写递归代码可能会困扰初学者，第 11 章会教你**如何**去做。据我所知没有人写过这一主题，所以我觉得这一章既独特又有价值。第 12 章也是新增的，"动态规划"这一主题很受欢迎，也是提高递归代码效率的关键。

  数据结构的种类很多，我很难抉择应该介绍哪些。不过，学习堆和字典树的需求与日俱增，我也觉得它们很神奇，因此增加了第 16 章和第 17 章。

- **习题和答案**。本书每章末尾都有习题，你可以用它们来实践书中的内容。书末的附录中提供了详细解答。这两个重要改动让本书的学习体验更加完整。

本书内容

正如你所想的那样，本书讲解了很多数据结构和算法。具体来说，结构如下。

第 1 章和第 2 章，解释什么是数据结构和算法，并探索时间复杂度这一判断算法效率的概念。在此过程中，我还会提到数组、集合以及二分查找。

第 3 章，用便于理解的方式介绍大 O 记法。大 O 记法的使用贯穿全书，因此这一章非常重要。

第 4 章、第 5 章和第 6 章，进一步学习大 O 记法，用它来给日常代码提速。在此过程中，我会介绍不同的排序算法，比如冒泡排序、选择排序和插入排序。

第 7 章, 应用所学知识来分析真实代码的效率。

第 8 章和第 9 章, 讨论另外几个数据结构, 比如哈希表、栈和队列。我将展示它们对代码速度和优雅程度的影响, 以及如何使用它们解决实际问题。

第 10 章, 介绍递归这一计算机科学的核心概念。我们会在这一章中分析递归, 学习它在特定情况下的重要价值。第 11 章会讲述如何编写递归代码, 让你免于困惑。

第 12 章, 展示优化递归代码、防止其失控的方法。第 13 章会展示如何用递归实现快速排序或是快速选择这样飞快的算法, 提升你的算法开发能力。

接下来的几章, 即第 14 章、第 15 章、第 16 章、第 17 章和第 18 章, 介绍链表、二叉查找树、堆、字典树、图等基于节点的数据结构, 以及它们各自的适用场景。

第 19 章, 介绍空间复杂度。当设备磁盘空间相对较小, 或是要处理大数据时, 这一概念尤为重要。

最后一章, 即第 20 章, 介绍优化代码效率的各种实用技巧, 并为改进日常代码提供新思路。

如何阅读本书

你需要按顺序阅读本书。有些书的某些章节可以单独翻阅或是跳过, **但本书不行**。本书中每一章的内容都需要前面的章节作为前置, 而且本书的结构也经过巧妙设计, 使得你可以一边阅读, 一边加深理解。

话虽这么说, 后半部分的某些章并不互相依赖。下一页的图描述了各章间的依赖关系。

如果你想的话, 那么确实可以跳过第 10~13 章。(哦! 下一页的这幅图就是基于树这一数据结构。第 15 章会对该图进行介绍。)

还有一点很重要: 为了让本书易于理解, 在首次介绍某个概念时, 我不会一下子全部解释清楚。有时, 分析一个复杂概念的最佳方法就是循序渐进, 理解了一部分之后再介绍下一部分。如果我定义了一个术语, 那么在你学习完这个主题前, 请先不要把它当作正式定义。

这样做有利也有弊。为了让本书更好懂, 我会先过度简化某些概念, 然后再慢慢解释, 而不是确保每句话在学术意义上都完全正确。但也不用太担心, 因为最后你肯定能得到全面且准确的解释。

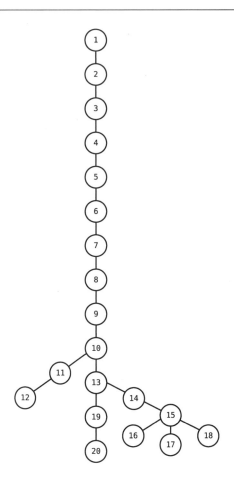

代码示例

　　本书中的概念并不局限于特定编程语言。因此我选择用**多种语言**来展示书中的例子。这些语言包括 Ruby、Python 和 JavaScript。如果你对这些语言有基本的认识就再好不过了。

　　尽管如此，我还是试着在编写示例时遵循一条原则：即便你不熟悉这个例子所用的语言，应该也能看懂。为了达到这一目的，我没有严格遵循每种语言最受欢迎的编程范式，因为某些范式可能会让新接触那种语言的人感到困惑。

　　我明白一本不停切换语言的书会带来一定程度的思维转换成本。不过，我觉得保持一本书在语言上的不可知性是很重要的。而且**无论**是什么语言，我都会试着让代码方便阅读和理解。

　　在"代码实现"小标题下有一些长一点儿的代码片段。我当然希望你学习这些示例，但要阅读下一部分并不需要理解每一行代码。如果这些较长的代码对你造成障碍，那么就暂时跳过（或者略读）。

最后还有一点很重要：不是每个代码片段都"适用于生产环境"。重点在于解释清楚当前的概念。尽管我确实尝试让代码尽量完整，还是可能漏掉一些边界情况。肯定有一些地方能让你做进一步优化，因此你可以尽情去做。

在线资源

本书网址是 https://pragprog.com/titles/jwdsal2，你可以在上面找到本书的更多信息。还可以提交勘误，比如内容上的建议或者拼写错误，来帮助改进本书。[①]

电子书

扫描如下二维码，即可购买本书中文版电子书。

致谢

虽然写书这件事看起来好像是一个人的工作，但是如果没有一路支持我的**这么多**人，本书就不可能付梓。感谢你们**所有**人。

感谢我美丽的妻子 Rena，感谢你一路相伴，给予我情感上的支持。当我像个隐士一样躲在黑暗中写作时，你处理好了所有事情。感谢我可爱的孩子们：Tuvi、Leah、Shaya 和 Rami。感谢你们在我写这本"酸法"书时展现的耐心。没错，我终于写完了。

感谢我的父母：Howard Wengrow 先生和 Debbie Wengrow 夫人。感谢你们激发我对计算机编程的兴趣，并帮助我一路前行。你们可能不知道，正是因为你们在我 9 岁生日时帮我请了一位计算机家教，我才能走上这条职业道路，并且写出本书。

感谢我妻子的父母：Paul Pinkus 先生和 Kreindel Pinkus 夫人。感谢你们对我和我的家人一如既往的支持。你们的智慧和热情对我来说意义非凡。

当第一次把书稿提交给 Pragmatic Bookshelf 出版公司时，我自以为写得很好。但出版公司优秀的工作人员提出的建议以及需求让本书变得更加出色，远超我自己所能。感谢我的编辑 Brian

---

① 也可以通过图灵社区下载示例代码或提交中文版勘误：ituring.cn/book/2978。——编者注

MacDonald，你教会了我正确的写书方式。你的见解让每个章节都变得更深刻。书中到处都能看到你付出的心血。感谢原主编 Susannah Pfalzer 和执行编辑 Dave Rankin，你们让我看到了本书的潜力，帮我把基于理论的书稿打造成一本适合普通程序员的书。感谢发行人 Andy Hunt 和 Dave Thomas，感谢你们让 Pragmatic Bookshelf 成为最棒、作者最愿意合作的出版公司，也感谢你们相信本书。

感谢天赋异禀的软件开发者和艺术家 Colleen McGuckin，感谢你把我拙劣的草图变成美丽的数字图像。你凭借高超的画技和对细节的追求创作出了非凡的图画。要是没有它们，本书肯定一文不值。

有许多专家对本书进行了评审，我感到非常幸运。你们的反馈非常到位，让本书的内容变得尽可能准确。我要感谢你们对本书做出的贡献。

第 1 版的评审人如下：Alessandro Bahgat、Ivo Balbaert、Alberto Boschetti、Javier Collado、Mohamed Fouad、Derek Graham、Neil Hainer、Peter Hampton、Rod Hilton、Jeff Holland、Jessica Janiuk、Aaron Kalair、Stephan Kämper、Arun S. Kumar、Sean Lindsay、Nigel Lowry、Joy McCaffrey、Daivid Morgan、Jasdeep Narang、Stephen Orr、Kenneth Parekh、Jason Pike、Sam Rose、Frank Ruiz、Brian Schau、Tibor Simic、Matteo Vaccari、Stephen Wolff 和 Peter W. A. Wood。

第 2 版的评审人如下：Rinaldo Bonazzo、Mike Browne、Craig Castelaz、Jacob Chae、Zulfikar Dharmawan、Ashish Dixit、Dan Dybas、Emily Ekhdal、Derek Graham、Rod Hilton、Jeff Holland、Grant Kazan、Sean Lindsay、Nigel Lowry、Dary Merckens、Kevin Mitchell、Nouran Mhmoud、Daivid Morgan、Brent Morris、Emanuele Origgi、Jason Pike、Ayon Roy、Brian Schau、Mitchell Volk 和 Peter W. A. Wood。

除了正式的评审人，还要感谢那些在我创作过程中，对书稿提出建议的读者。你们的建议、评价和问题都是无价之宝。

还要感谢 Actualize 所有的职员、学生和校友的支持。本书原本是 Actualize 的一个项目，你们都曾通过不同方式参与其中。最后，特别感谢 Luke Evans 为我提供了创作本书的灵感。

感谢以上所有人让本书得以出版。

联系方式

我喜欢和读者联系，并且诚挚邀请你们在 LinkedIn 上联系我。我很乐意通过你们的好友请求——只要发信息说你是本书读者就行。我期待听到你们的感想。

杰伊・温格罗

jay@actualize.co

2020 年 5 月

目 录

第1章

数据结构为何重要

1

在学习写代码时，人们会关注，而且也**应该**关注，代码能否正常运行。对他们来说，评价代码的标准很简单：它能正常工作吗？

随着软件工程师不断积累经验，他们开始意识到代码**质量**的奥妙。他们发现，两段功能相同的代码也存在**优劣之分**。

衡量代码质量有众多标准，其中一个重要的标准就是代码的可维护性。代码的可维护性体现在可读性、结构、模块化程度等方面。

不过，高质量代码还有另一个特征，那就是代码的**效率**。举例来说，你可以找两段功能相同的代码，但其中一段比另一段**运行起来会更快**。

观察以下两个打印从 2 到 100 的偶数的函数。

```python
def print_numbers_version_one():
  number = 2

  while number <= 100:
    # 如果 number 是偶数，就把它打印出来：
    if number % 2 == 0:
      print(number)

    number += 1


def print_numbers_version_two():
  number = 2

  while number <= 100:
    print(number)

  # 根据偶数的定义，给 number 加上 2，就能得到下一个偶数：
  number += 2
```

你觉得这两个函数哪一个运行得更快呢？

正确答案是第二个。这是因为第一个要循环 100 次，而第二个只要循环 50 次。也就是说，第一个函数执行的步骤数是第二个的两倍。

本书旨在教你写出**高效**的代码。能写出运行速度快的代码是提高软件开发能力的重要指标。

写出快速的代码的第一步，就是要理解数据结构，以及不同的数据结构对代码速度的影响。下面让我们开始学习吧。

1.1　数据结构

先来聊聊数据。

数据是一个宽泛的术语，可以指代所有类型的信息。最基本的数据就是数和字符串。在简单而又经典的 "Hello World!" 程序中，字符串"Hello World!"就是数据。事实上，即便最复杂的数据通常也是由数和字符串组成的。

数据结构指的是数据的**组合方式**。到后面你就会知道，同样的数据也可以有多种组合方式。

来看如下代码。

```
x = "Hello! "
y = "How are you "
z = "today?"

print x + y + z
```

这个简单的程序会处理 3 条数据。它把 3 个字符串整合输出到一条信息中。如果要描述这个程序中数据的组合方式，我们会说"有 3 个独立的字符串，每个字符串都存储在一个变量中"。

但是，同样的数据也可以存储在数组中。

```
array = ["Hello! ", "How are you ", "today?"]

print array[0] + array[1] + array[2]
```

后面你会学到，数据结构不仅仅是数据的组合方式，还会极大地影响**代码运行速度**。你组合数据的方式可能会让程序的运行速度提高或者降低几个数量级。如果要写一个处理大量数据的程序，或是开发一个允许上千人同时访问的网页应用，那么你选择的数据结构可能直接决定软件会不会因为负载太高而崩溃。

当你深刻理解数据结构对软件性能可能造成的影响后，就能写出快速而优雅的代码了。这也能大幅提升你作为软件工程师的能力。

本章会先分析两种数据结构：数组和集合。虽然它们看起来差不多，但是你会学到分析两者性能的方法。

1.2　数组：基础数据结构

数组是计算机科学中最基本的数据结构之一。我猜你以前用过数组，所以大概知道数组就是一系列数据元素。数组的用途广泛，在许多场合能发挥作用。先来看一个简单的例子。

要是看过那些允许用户创建并使用杂货店购物清单的应用的源代码，你可能会发现下面这样的内容。

```
array = ["apples", "bananas", "cucumbers", "dates", "elderberries"]
```

这个数组包含 5 个字符串，每个字符串表示我要在超市购买的东西。（你**一定**要试试接骨木莓。）

数组有自己专用的一些术语。

数组**大小**指的是数组能存放的数据元素的数量。因为上面这个购物清单数组能存储 5 个值，所以它的大小是 5。

数组的**索引**可以用来标记数据在数组中的位置。

在大多数编程语言中，索引从 0 开始。所以在我们的例子中，"apples"的索引是 0，而"elderberries"的索引是 4，如下图所示。

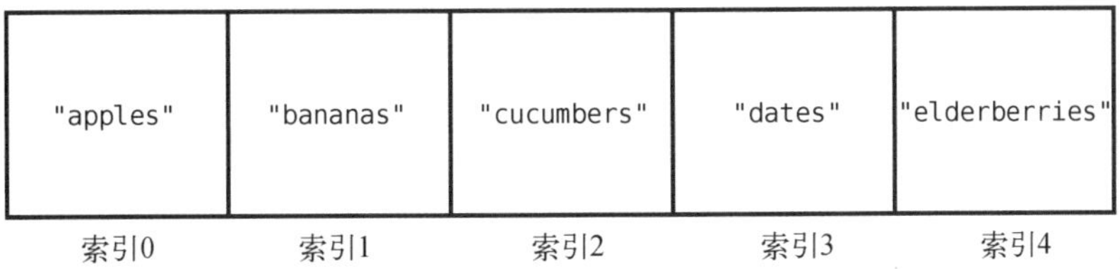

"apples"	"bananas"	"cucumbers"	"dates"	"elderberries"
索引0	索引1	索引2	索引3	索引4

数据结构操作

以数组为例，要理解数据结构的性能，需要分析代码操作数据结构的常用方式。

许多数据结构有以下 4 种基本使用方法，我们称其为**操作**。

❑ **读取**：从数据结构的特定位置查看某数据。对数组来说，就是查看特定索引的值。例如，在购物清单数组中查看位于索引 2 的物品就是一种**读取**。

❑ **查找**：寻找数据结构中的特定值。对数组来说，就是检查数组中是否存在这个值。如果存在，就检查它的索引。例如，在购物清单中寻找"dates"的索引就是一种**查找**。

❑ **插入**：向数据结构中添加新的值。对数组来说，就是给数组增加一个位置，在里面添加一个新值。向购物清单中添加"figs"，就是在向数组**插入**新值。

❑ **删除**：从数据结构中移除一个值。对数组来说，这意味着把其中一项移除。如果把"bananas"从购物清单中去掉，就从数组中**删除**了这个值。

本章会分析数组的这 4 种操作的执行速度。

1.3　速度计量

如何衡量一个操作的速度呢?

如果只能从本书中学会一个知识点,那你一定要记住这一点:衡量一个操作的"速度"时,不是用纯粹的**时间**长短,而是用**步骤数**来衡量。

在打印从 2 到 100 的偶数的例子中,我们已经学到了这一点。第二个函数运行得更快,因为它所需的步骤数是第一个的一半。

为什么用步骤数来衡量代码的速度呢?

因为我们永远不能确定一个操作所需的时间。一段代码在某一台计算机上可能需要 5 秒运行完成,而在旧计算机上可能运行得更久。相同的代码在未来的超级计算机上可能运行得更快。因为运行时间与硬件有关,所以用时间来衡量一个操作的速度是不可靠的。

不过,用所需计算**步骤**的数量就能衡量操作的速度了。如果操作 A 需要 5 步,操作 B 需要500 步,那么就可以说在**任何**硬件上操作 A 都比操作 B 快。因此,衡量步骤数就成了分析操作速度的关键。

衡量操作的速度也被称作衡量其**时间复杂度**。本书会混用**速度**、**时间复杂度**、**效率**、**性能**以及**运行时间**这几个术语。它们指的都是一个操作所需要的步骤数。

下面来看看数组的 4 种操作所需要的步骤数吧。

1.4　读取

首先来看**读取**操作。读取操作可以检查数组内某一索引处的值。

计算机从数组中读取仅需要 1 步。这是因为计算机有能力跳到任意索引的位置,并检查它的值。在["apples", "bananas", "cucumbers", "dates", "elderberries"]这个数组中,如果要检查索引 2,那么计算机就会立刻跳转到索引 2,并报告它的值"cucumbers"。

为什么检查数组的索引只需要 1 步呢?原因如下。

计算机的内存就像一大堆格子。在下图中,你可以看到一堆格子,有些是空的,有些包含数据。

		9		16			"a"
		100					
				"hi"			
	22						
						"woah"	

虽然这只是计算机内存工作原理的简化示意图，但其本质的确如此。

当程序声明数组时，会分配一段连续的空格子供其使用。如果你要创建一个存储 5 个元素的数组，那么计算机就会找 5 个连续的空格子，作为数组使用，如下图所示。

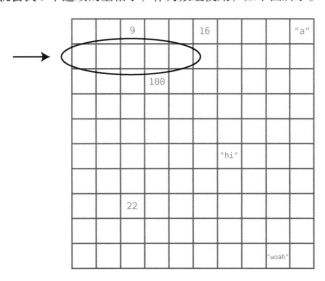

计算机内存的每个格子都有一个地址。这有点儿像街道地址（比如中央大街 123 号），但它是用数字表示的。每个格子的内存地址都比前一个格子大 1，如下图所示。

1000	1001	1002	1003	1004	1005	1006	1007	1008	1009
1010	1011	1012	1013	1014	1015	1016	1017	1018	1019
1020	1021	1022	1023	1024	1025	1026	1027	1028	1029
1030	1031	1032	1033	1034	1035	1036	1037	1038	1039
1040	1041	1042	1043	1044	1045	1046	1047	1048	1049
1050	1051	1052	1053	1054	1055	1056	1057	1058	1059
1060	1061	1062	1063	1064	1065	1066	1067	1068	1069
1070	1071	1072	1073	1074	1075	1076	1077	1078	1079
1080	1081	1082	1083	1084	1085	1086	1087	1088	1089
1090	1091	1092	1093	1094	1095	1096	1097	1098	1099

下图给出了购物清单数组的索引和内存地址。

"apples"	"bananas"	"cucumbers"	"dates"	"elderberries"

内存地址:	1010	1011	1012	1013	1014
索引:	0	1	2	3	4

当计算机读取数组中某一索引的值时，能直接跳转到那个索引，因为它具有如下特性。

(1) 计算机可以一步跳转到任意**内存地址**。如果让计算机检查内存地址 1063 存储的数据，那么无须做任何搜索它就能直接读取那个值。打个比方，如果我叫你伸出右手小拇指，那么不需要搜索所有手指你也知道是哪一根。你马上就能找到它。

(2) 当计算机将内存分配给数组时，它会记录数组从哪个内存地址**开始**。如果让计算机寻找数组的第一个元素，那么它立刻就能跳转到对应的内存地址并找到它。

这两点解释了为什么计算机只用 1 步就能找到数组的**第一个**值。计算机只要再做一个简单的加法，就能找到**任意**索引的值。如果让计算机寻找索引 3 的值，那么它只需在索引 0 的内存地址上加 3 即可。（毕竟内存地址是连续的。）

下面以购物清单数组为例。这个数组开始于内存地址 1010。如果让计算机读取索引 3 的值，它就会经历如下过程。

(1) 数组开始于索引 0，其内存地址是 1010。

(2) 索引 3 就在索引 0 的 3 个格子之后。

(3) 因为 1010 + 3 等于 1013，所以可以合理推测索引 3 就在内存地址 1013。

一旦计算机知道索引 3 位于内存地址 1013，就能直接跳转过去，读取其中的值"dates"。

因为计算机读取任意索引只需要跳转到其内存地址这一步，所以数组读取是一个高效的操作。尽管我把计算机的思维过程分为 3 步，但是我们目前只关注跳转到内存地址这一主要步骤。（后续章节会探究如何确定值得关注的步骤。）

只需要 1 步的操作自然是最快的操作。作为基本数据结构之一，数组正是因为其高效的读取而大显神通。

假如不是询问计算机索引 3 的值，而是反过来问"dates"的索引呢？这就是接下来要讲的查找操作了。

1.5 查找

如前所述，**查找**意味着判断数组中是否存在特定值。如果存在，那么查找操作还要给出它的索引。

在某种意义上，查找与读取正好相反。读取是给计算机提供一个**索引**，并让它返回位于该索引的值。查找则是给计算机提供一个**值**，并让它返回那个值的索引。

虽然这两个操作听起来类似，但效率有着天壤之别。因为计算机能跳转到任意索引并找到它的值，所以从一个索引读取值很快。但查找就麻烦多了，因为计算机不能跳转到特定值。

这是计算机的一个重要特性：可以立刻访问所有内存地址，但它事先不知道每个内存地址存储的**值**。

还是以之前的水果和蔬菜数组为例。计算机无法立刻弄清每个格子的内容。对计算机来说，这个数组看起来就像下图这样。

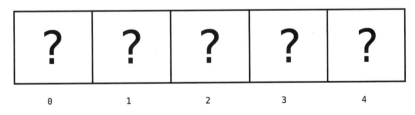

要查找数组中的水果，计算机只能一次检查一个格子，别无他法。

接下来的几幅图展示了计算机在数组内查找"dates"的过程。

首先，计算机会检查索引 0，如下图所示。

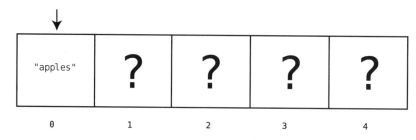

因为索引0的值是"apples"，而不是要找的"dates"，所以计算机会移动到下一个索引，如下图所示。

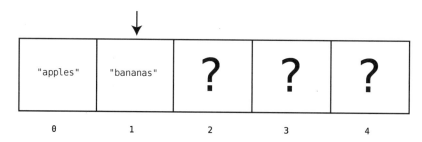

因为索引1也不是"dates"，所以计算机会移动到索引2，如下图所示。

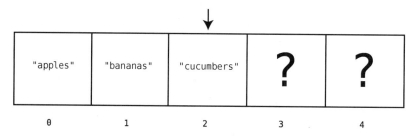

我们还是不太幸运，所以计算机继续移动到下一个格子，如下图所示。

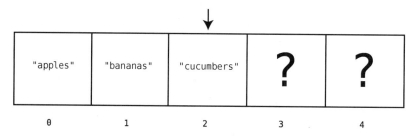

啊哈！终于在索引3处找到了这个"躲躲闪闪"的"dates"。现在计算机不用再移动到下一个格子了，因为它已经找到了要查找的值。

在这个例子中，因为计算机必须检查4个格子才能找到所要查找的值，所以可以说这一次操作一共用了 4 步。

在第 2 章中，你会学习另一种查找数组的方法。上述这种一次检查一个格子的基本查找操作称为线性查找。

线性查找一个数组**最多**需要多少步呢？

如果要找的值刚好在数组的最后一个格子里（比如"elderberries"），那么计算机就必须检查数组的**每一个**格子。如果数组中根本没有要找的值，那么计算机同样需要检查每一个格子，才能确定这个值不在数组中。

所以，对于有 5 个格子的数组，线性查找最多需要 5 步。对于有 500 个格子的数组，线性查找最多需要 500 步。

换言之，对于有 N 个格子的数组，线性查找最多需要 N 步。在此语境下，N 是一个变量，可以是任意数。

无论如何，查找都不如读取效率高。这是因为查找可能需要很多步，而读取任意大小的数组都只需要 1 步。

接下来分析插入操作的效率。

1.6 插入

向数组中插入数据的效率取决于你想要插入的**位置**。

如果想在购物清单末尾加上"figs"，那么只需要 1 步。

这是由于计算机的另一个特性：在将内存分配给数组时，计算机总是会记录数组的大小。

因为计算机知道数组的起始内存地址，所以计算数组最后一个元素的内存地址就很简单了：如果数组开始于内存地址 1010，大小是 5，那么它的最后一个内存地址就是 1014。要在那之后再添加一个元素，只需放到**下一个**内存地址 1015 即可。

一旦计算机算出了存储新值的内存地址，它只需要 1 步就能完成插入。

下图展示了在数组末尾插入"figs"的过程。

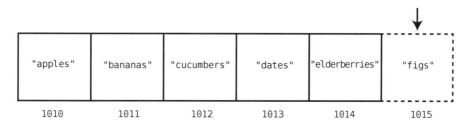

不过还有一个问题。因为计算机本来在内存中给数组分配了 5 个格子，而现在我们又加了一个元素，所以就得再给数组多分配一个格子。在很多编程语言中，这是自动完成的。但每种编程语言的处理方式不同，这里就不详细介绍了。

以上就是在数组末尾插入元素的过程，但在数组**开头**或者**中间**插入新数据就是另一回事了。在这两种情况下，必须**移动**数据，来给要插入的数据腾出空间。这就需要额外步骤。

假设我们要在索引 2 处插入"figs"。先来看下图。

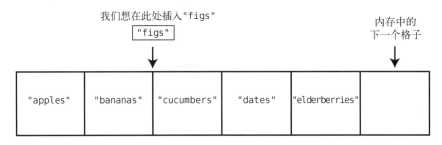

为此，需要向右移动"cucumbers"、"dates"和 "elderberries"来给"figs"腾出空间。这个过程需要多步，因为需要先把"elderberries"向右移动一个格子，才能移动"dates"。然后，再移动"dates"来给"cucumbers"让位。下面来详细看一下这个过程。

第 1 步：右移"elderberries"，如下图所示。

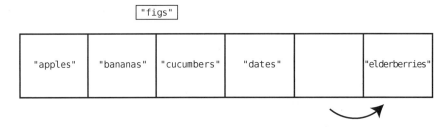

第 2 步：右移"dates"，如下图所示。

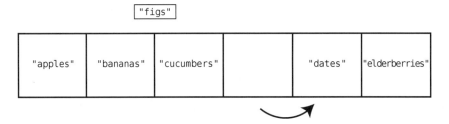

第 3 步：右移"cucumbers"，如下图所示。

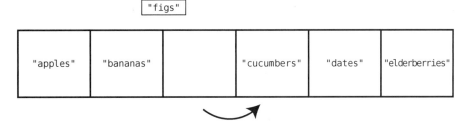

第4步：最后，在索引2处插入"figs"，如下图所示。

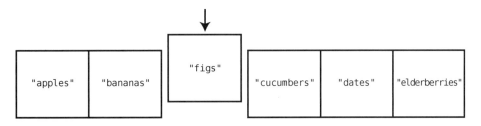

注意，在这个例子中，插入需要4步，其中3步是数据右移，剩下1步是插入新值。

向数组开头插入元素需要步数最多，也就是所谓的最坏情况。这是因为要在数组开头插入元素，必须把其他**所有**值都右移一个格子。

对包含 N 个元素的数组来说，最坏的情况下需要 $N + 1$ 步插入。这是因为需要移动 N 个元素，然后才能执行插入操作。

讲完插入，终于可以讲最后一个操作了，那就是删除。

1.7　删除

删除指的是删去特定索引的值的过程。

下面以删除购物清单数组索引2处的值为例。在这个数组中，这个值是"cucumbers"。

第1步：从数组中删除"cucumbers"，如下图所示。

"apples"	"bananas"		"dates"	"elderberries"

严格意义上来说，删除"cucumbers"只需1步。但有一个问题：数组中间有了一个空格子。中间有空格子的数组是无效的。要解决这个问题，需要把"dates"和"elderberries"左移。因

此删除操作还需要额外步骤。

第 2 步：左移"dates"，如下图所示。

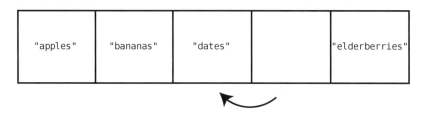

第 3 步：左移"elderberries"，如下图所示。

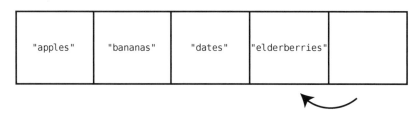

结果，这个删除操作用了 3 步。1 步是删除元素，另外 2 步是移动元素来填补空格子。

和插入一样，删除元素的最坏情况是删除数组中的第一个元素。因为索引 0 会变成空格子，所以必须把剩余的**所有**元素都左移。

对有 5 个元素的数组来说，删除第一个元素需要 1 步，移动 4 个剩余的元素需要 4 步。对有 500 个元素的数组来说，删除第一个元素需要 1 步，移动剩余的元素需要 499 步。因此，对于有 N 个元素的数组，删除操作最多需要 N 步。

恭喜！你已经分析完第一个数据结构的时间复杂度。你已经学会了如何分析数据结构的效率，之后你会发现，不同数据结构的效率也不同。这一点很关键，因为为代码选择正确的数据结构直接决定了软件性能。

接下来要介绍**集合**，乍一看它和数组很相似。不过，你会发现同样的操作在数组和集合中有着不同的效率。

1.8　集合：差之毫厘，"慢"之千里

下面来看另一个数据结构：**集合**。集合中包含的元素不能重复。

集合有多种类型，但本节只讨论**基于数组的集合**。这种集合和数组很相似，它们都是存储值的简单列表，二者的唯一区别在于，不能往集合中插入重复的值。

假设已知集合["a", "b", "c"]，而你想再添加一个"b"。因为"b"已经存在于集合中，所

以计算机会拒绝这次操作。

当需要确保数据不重复时，集合非常有用。

比如你要做一个在线电话簿，你肯定不希望看到重复的电话号码。其实我这里的电话簿就有这种问题：除了我家以外，我家的电话号码还被记成了 Zirkind 家的号码。（这是真事。）我跟你说——我真的很厌恶接到找 Zirkind 的电话或是语音留言。我敢说 Zirkind 家肯定也很奇怪为什么没人给他们打电话。我给 Zirkind 家打电话告知此事时，打成了自家电话，结果接电话的是我妻子。（好吧，这段是编的。）要是那个电话簿程序使用的是集合该多好……

无论如何，基于数组的集合就是不允许有重复元素的数组。虽然这一点很有用，但这简单的限制会影响集合的某种主要操作的效率。

下面来分析读取、查找、插入以及删除在基于数组的集合上的效率。

集合的读取和数组的读取完全一致，即计算机检查特定索引处的值只需要 1 步。这是因为计算机能跳转到集合内的任意索引，而这只需简单地计算并跳转到其内存地址即可。

集合的查找也和数组的查找没什么区别，即查找集合中的值最多需要 N 步。集合和数组的删除操作也一模一样，即要删除一个值并移动其他数据来填空最多需要 N 步。

集合的插入和数组的插入则不同。先来看看在集合**末尾**插入值。这对数组来说只需要 1 步，是最好的情况。

但集合不同，计算机需要先判断这个值是否存在于集合中——因为集合的规则是不允许插入重复数据。

计算机要如何确保新数据不在集合中呢？记住，计算机一开始并不知道数组或者集合的格子中存储了什么值。因此，它必须先在集合中**查找**，才能知道要插入的值是否已经存在。只有集合中不存在这个新值的时候，计算机才能继续执行插入操作。

所以，所有的插入操作都需要**先进行查找**。

来看一个例子。假设之前提到的购物清单是用集合存储的。这个假设很合理，因为我们不想重复购物。假设集合目前是["apples", "bananas", "cucumbers", "dates", "elderberries"]，而我们想插入"figs"。计算机必须执行以查找"figs"为首的如下操作。

第 1 步：在索引 0 处查找"figs"，如下图所示。

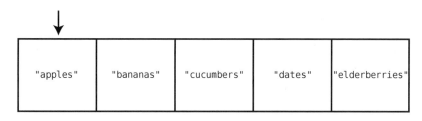

"figs"不在索引 0 处，但可能在集合中的其他位置。在插入之前，需要确保"figs"也不在这些位置。

第 2 步：查找索引 1，如下图所示。

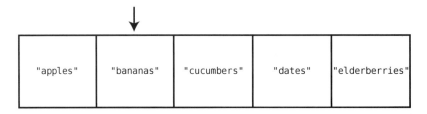

第 3 步：查找索引 2，如下图所示。

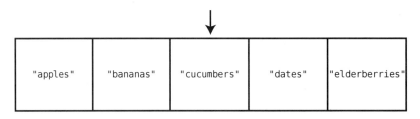

第 4 步：查找索引 3，如下图所示。

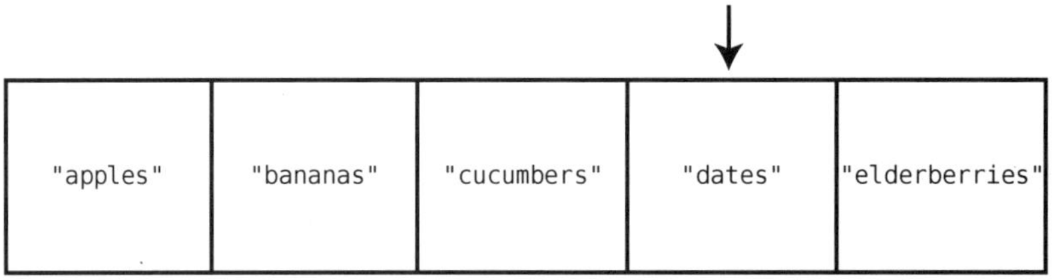

第 5 步：查找索引 4，如下图所示。

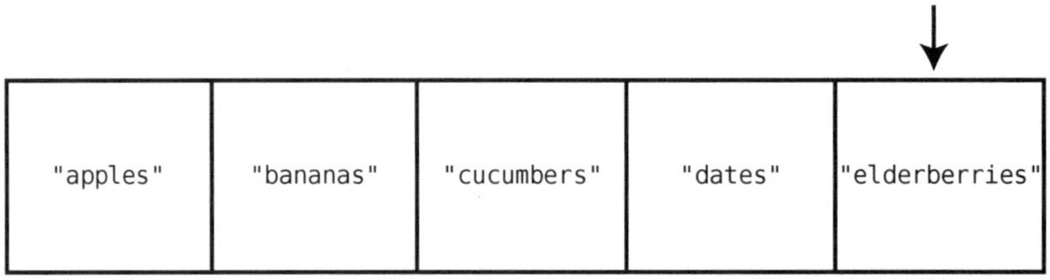

查找过整个集合后，我们确定其中没有"figs"。这时，就可以完成插入操作了。所以最后一步如下。

第 6 步：在集合末尾插入"figs"，如下图所示。

"apples"	"bananas"	"cucumbers"	"dates"	"elderberries"	"figs"

在集合末尾插入值是最好的情况，但对含有 5 个元素的集合来说仍然需要 6 步。换言之，必须查找其全部 5 个元素之后才能执行插入操作。

换种说法：对包含 N 个元素的集合来说，在集合末尾插入值最多需要 N + 1 步。这是因为确定集合中不含该值需要 N 步，而实际的插入还需要 1 步。数组的相同操作则只需要 1 步。

向集合**开头**插入值是最坏的情况。为此，计算机需要先查找 N 个格子来确保该值不在集合中，然后再用 N 步来右移全部数据，最后再用 1 步来插入新值。全部加起来是 2N + 1 步。数组的相同操作则只需要 N + 1 步。

这是否意味着，仅仅因为在集合中插入元素比在数组中慢，就应该避免使用集合呢？当然不是。如果要确保数据不重复，那么集合对你来说就很重要。（希望有一天我这里的电话簿能修正过来。）但如果没有这种需求，那么数组可能更适合你，毕竟数组的插入效率更高。你必须分析自己的需求，然后再决定哪个数据结构更合适。

1.9　小结

分析操作需要的步骤数是理解数据结构性能的核心。在程序中选择正确的数据结构决定了程序在处理大量数据时会不会崩溃。在本章中，你已经学习了如何分析特定应用中数组和集合的优劣。

既然已经开始学习如何思考数据结构的时间复杂度，那么就可以用同样的分析法来比较算法（即便使用**相同**的数据结构）的优劣，以确保代码性能最佳。而那正是第 2 章的内容。

习　题

(1) 已知一个有 100 个元素的数组，请回答以下操作需要的步骤数。

  a. 读取

  b. 查找该数组中没有的一个值

  c. 在数组开头插入

  d. 在数组末尾插入

  e. 从数组开头删除

  f. 从数组末尾删除

扫码获取
习题答案

(2) 已知一个基于数组的集合有 100 个元素，请回答以下操作需要的步骤数。

    a. 读取
    b. 查找该数组中没有的一个值
    c. 在集合开头插入一个新值
    d. 在集合末尾插入一个新值
    e. 从集合开头删除
    f. 从集合末尾删除

(3) 通常，数组的查找操作只寻找给定值的第一个实例。但有时我们想找出它的**每一个**实例。例如，我们可能想统计"apples"在数组中出现的次数。寻找所有的"apples"需要多少步呢？假设数组中有 N 个元素。

## 第 2 章

算法为何重要

在第 1 章中，我们学习了两个基本的数据结构，还了解了选择正确数据结构对代码性能的影响。即便是数组和集合这样看起来很相似的数据结构，效率也可能有所区别。

在本章中，你会发现，即便选定了数据结构，也还有一个重要因素影响代码效率：合适的**算法**。

算法这个词听起来有些复杂，其实并不然。算法就是**完成特定任务所需的一组操作**。

即便是泡一碗麦片这样的简单过程也是算法，因为泡麦片也需要按照一定步骤来完成。泡麦片算法有以下 4 个步骤（至少对我来说是这样）。

(1) 拿一个碗。

(2) 把麦片倒进碗里。

(3) 把牛奶倒进碗里。

(4) 把勺子放进碗里。

按照特定顺序执行这些步骤，就能享受早餐了。

对计算机来说，算法指的是计算机为完成特定任务所执行的一组指令。写代码就是创造算法以让计算机执行的过程。

也可以用文字来详细描述想让计算机执行的指令。本书将同时使用文字和代码来展示不同算法的工作原理。

有时，两个不同的算法可能要完成同一项任务。第 1 章开头有一个例子，介绍了两种打印偶数的方法，其中一种需要的步骤数是另一种的两倍。

本章会介绍另外两个解决相同问题的算法。然而这一次，一个算法会比另外一个快一个**数量级**。

在探索这两个新算法前，先来看一个新的数据结构。

2.1 有序数组

有序数组和第 1 章中的 "传统" 数组几乎完全一致。你也能猜到，它们唯一的区别在于有序数组中的值是**按顺序**排列的。也就是说，插入新值时，这个值必须被放到一个合适的格子中，以免打乱数组的顺序。

以数组 [3, 17, 80, 202] 为例，如下图所示。

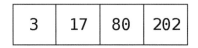

假设要插入值 75。如果这是一个传统数组，那么可以像下图这样在末尾插入 75。

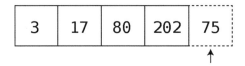

如第 1 章所述，这只需要 1 步。

但如果这是**有序数组**，那么别无选择，只能把 75 插入合适的位置，以保证数组的值是递增的，如下图所示。

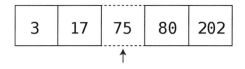

这说起来容易，做起来难。计算机无法一步到位，把 75 放进合适的格子。这是因为它必须先找到合适的格子，再移动其他值来腾出空间。下面来一步步分析这个过程。

首先是原来的有序数组，如下图所示。

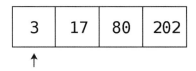

第 1 步：检查索引 0 处的值来确定要在它前面还是后面插入新值 75，如下图所示。

因为 75 比 3 大，所以必须插到它右边。不过，因为依然不知道具体位置，所以必须检查下一个格子。

这样的步骤叫作**比较**。我们会比较要插入的值和有序数组中现有的值。

第 2 步：检查下一个格子的值，如下图所示。

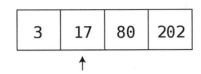

75 比 17 大，所以还得继续右移。

第 3 步：检查下一个格子的值，如下图所示。

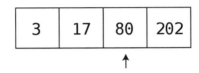

这次的值是 80，比要插入的 75 大。因为我们碰到了第一个比 75 大的值，所以得出结论：要保证有序数组的有序性，75 必须紧挨着放在 80 的左边。为此，需要右移数据为 75 腾出空间。

第 4 步：把最后一个值右移，如下图所示。

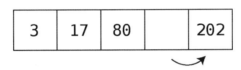

第 5 步：把倒数第二个值右移，如下图所示。

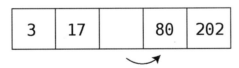

第 6 步：把 75 插到正确的位置，如下图所示。

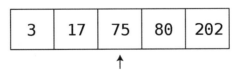

可以看出，当向有序数组插入元素时，总是需要在插入前查找正确的插入位置。这就是传统数组和有序数组在性能上的差别之一。

在这个例子中，数组有 4 个元素，插入用了 6 步。而对于包含 N 个元素的有序数组，插入则需要花 $N+2$ 步。

有趣的是，在有序数组中，无论新值最后插到哪里，所需的步骤数都差不多。如果这个值最后位于数组开头，那么所需的比较就更少，移动就更多。如果它最后位于数组末尾，那么比较就更多，移动就更少。当新值位于数组的最末尾时，因为不需要移动任何数据，所以总共需要的步骤数就最少。在此情况下，和 N 个现有的值比较需要 N 步，而插入本身还需要 1 步，因此，共计为 $N+1$ 步。

虽然有序数组的插入比传统数组慢，但其查找则另有玄机。

2.2   有序数组的查找

第 1 章介绍过在传统数组中查找特定值的过程：从左向右，依次检查每个格子，直至找到这个值。我当时把这个过程叫作线性查找。

下面来看看传统数组和有序数组的线性查找有何区别。

假设我们有一个常规数组[17, 3, 75, 202, 80]。如果要查找一个数组中不存在的值 22，则需要检查每个元素，因为 22 有可能在数组中的任何位置。除非在检查到数组末尾之前就找到这个值，否则只能全部检查一遍。

而对有序数组来说，即便值不在数组中，也能提前结束查找。假设要在有序数组[3, 17, 75, 80, 202]中查找值 22，因为 22 不可能在 75 右边，所以只需检查到 75 即可。

有序数组线性查找的 Ruby 实现如下。

```ruby
def linear_search(array, search_value)

  # 遍历数组中的每个元素：
  array.each_with_index do |element, index|

    # 如果找到了值，就返回其索引：
    if element == search_value
      return index

    # 如果找到了一个比所查找值大的元素，那么可以提前退出循环：
    elsif element > search_value
      break
    end
  end

  # 如果没有找到所查找的值，则返回 nil：
  return nil

end
```

这种方法有两个参数：`array` 是查找的有序数组，`search_value` 是要查找的值。

要在上面的范例数组中查找 22，可以像下面这样调用上面的函数。

```
p linear_search([3, 17, 75, 80, 202], 22)
```

如你所见，`linear_search` 方法在寻找 `search_value` 时需要遍历数组的每一个元素。当遍历到的 `element` 大于 `search_value` 时，查找立刻结束。这是因为剩下的数组中不可能含有 `search_value`。

根据这一点，与传统数组相比，有时有序数组的线性查找会少用几步。不过，如果查找一个刚好在数组末尾，甚至根本不在数组中的值时，则还是要搜索每一个格子。

乍一看，标准数组和有序数组的效率没什么区别，或者说至少在最坏情况下没什么区别。如果两种数组都有 N 个元素，那么线性查找可能都需要最多 N 步。

但马上要介绍的这个算法，足以把线性查找"扔进历史的垃圾堆"。

目前为止，我们都假定线性查找是在有序数组中搜索一个值的唯一方法。但事实上线性查找只是**其中一种算法**。它并不是**唯一**的选择。

与传统数组相比，有序数组的优势就在于可以用另一个查找算法。这就是**二分查找**，它比线性查找要**快得多**。

2.3 二分查找

你小时候可能玩过这个猜数游戏：我心里想一个 1 和 100 之间的数，由你来猜。我会告诉你，你的猜测是高了还是低了。

你可能凭直觉就知道该怎么猜。你肯定不会从 1 开始猜，而是从正中间的 50 开始。为什么呢？这是因为无论是高还是低，你都能排除一半的错误选项。

如果你猜 50，然后我说低了，那么你就可以猜 75。这样又能从剩下的数中去掉一半。如果这次我告诉你高了，那么你就可以猜 62 或者 63。你应该一直挑剩下数的中间值，来去掉一半选项。

我们以猜 1 和 10 之间的数为例，用下图来展示这个过程。

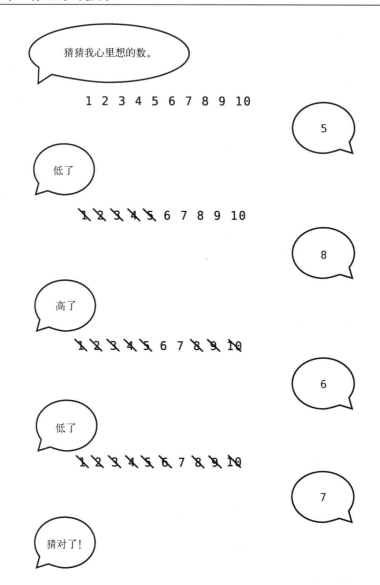

简单来说，这就是二分查找。

下面来看看如何将二分查找应用于有序数组。假如有序数组有 9 个元素。因为计算机事先不知道每一个格子的值，所以可以像下图这样表示这个数组。

?	?	?	?	?	?	?	?	?

假设我们想在这个有序数组中查找 7。二分查找的过程如下。

第 1 步：从中间的格子开始查找。因为可以用数组长度除以 2 来计算其索引，所以可以立刻跳转到这个格子，然后检查其中的值，如下图所示。

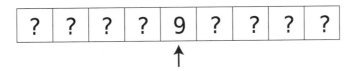

因为值是 9，所以我们知道 7 在它的左边。这样就排除了 9 右边的一半的格子（包括它自己），如下图所示。

第 2 步：在 9 左边的格子中，检查最中间的值。因为中间有两个值，所以可以随机选择其中一个，这里以左边的值为例，如下图所示。

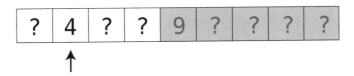

这个值是 4，7 一定在它的右边。我们可以排除 4 及其左边的格子，如下图所示。

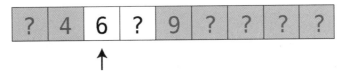

第 3 步：现在还有两个可能是 7 的格子。随机选择两个格子中左边的那个，如下图所示。

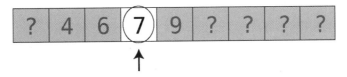

第 4 步：检查最后一个格子，如下图所示。（如果 7 不在那里，那么就意味着这个有序数组里没有 7。）

找到 7 用了 4 步。尽管对本例来说，线性查找也需要 4 步，但我们马上就能见到二分查找的真正威力了。

注意，只有在有序数组中才能进行二分查找。传统数组中的值未必按顺序排列，我们无法知道到底该往左边还是右边进行查找。这就是有序数组的优势之一：可以使用二分查找。

代码实现：二分查找

以下是二分查找的 Ruby 实现。

```ruby
def binary_search(array, search_value)

  # 首先，设定要查找的值所在位置的上下限。下限就是数组的第一个值，而上限就是最后一个值：

  lower_bound = 0
  upper_bound = array.length - 1

  # 在循环中不停检查上下限之间最中间的值：

  while lower_bound <= upper_bound do

    # 我们找到了上下限之间的中点：(因为在 Ruby 中整数除法的结果会向下取整，所以无须担心这个值不是整数。)

    midpoint = (upper_bound + lower_bound) / 2

    # 检查中点的值：

    value_at_midpoint = array[midpoint]

    # 如果中点的值就是要查找的值，那么查找结束。如果不是，那么就根据这个值与要查找的值的大小关系调整上下限：

    if search_value == value_at_midpoint
      return midpoint
    elsif search_value < value_at_midpoint
      upper_bound = midpoint - 1
    elsif search_value > value_at_midpoint
      lower_bound = midpoint + 1
    end
  end

  # 如果下限已经超过上限，那么就意味着要查找的值不在这个数组中：

  return nil
end
```

来详细分析一下这段代码。就和 `linear_search` 方法一样，`binary_search` 方法同样以 `array` 和 `search_value` 为参数。

可以像下面这样调用这个方法。

```ruby
p binary_search([3, 17, 75, 80, 202], 22)
```

这个方法首先会通过下面的代码设定 `search_value` 所在索引的上下限。

```ruby
lower_bound = 0
upper_bound = array.length - 1
```

因为开始查找时，search_value 可能在数组的任意位置，所以令 lower_bound 为第一个索引，upper_bound 为最后一个索引。

查找本身位于 while 循环中。

```
while lower_bound <= upper_bound do
```

只要还有 search_value 可能存在的位置范围，这个循环就不会停止。我们马上就会看到，随着运行，这个算法会不断缩小可能范围。如果不存在可能范围，那么 lower_bound <= upper_bound 就不再成立，然后可以得出结论：search_value 不存在于数组中。

在循环内部，以下代码会不断检查查找范围的 midpoint 处的值。

```
midpoint = (upper_bound + lower_bound) / 2
value_at_midpoint = array[midpoint]
```

value_at_midpoint 就是查找范围中间位置的值。

如果 value_at_midpoint 就是要找的 search_value，那么我们就"中大奖"了。这样只需返回 search_value 所在索引即可。

```
if search_value == value_at_midpoint
  return midpoint
```

如果 search_value 小于 value_at_midpoint，那么就意味着 search_value 一定在更前面。可以让 upper_bound 变为 midpoint 左边的第一个索引，来缩小查找范围。这是因为 search_value 不可能在它右边。

```
elsif search_value < value_at_midpoint
  upper_bound = midpoint - 1
```

相反，如果 search_value 大于 value_at_midpoint，那么 search_value 只能在 midpoint 的右边，因此相应地调整 lower_bound。

```
elsif search_value > value_at_midpoint
  lower_bound = midpoint + 1
```

如果查找范围已经没有任何元素，那么就返回 nil。在这种情况下，search_value 肯定不存在于数组中。

2.4 二分查找与线性查找

对于比较小的有序数组，二分查找相对于线性查找的优势并不大。下面来看看在更大的数组中二者的性能区别。

对于包含 100 个值的数组，两种查找需要的最多步数如下。

❑ 线性查找：100 步。

❑ 二分查找：7 步。

如果要找的值在最后一个格子，或者大于最后一个格子的值，那么线性查找就必须检查每一个元素。如果数组中有 100 个元素，那么就需要 100 步。

但如果用二分查找，则每次猜测都能排除一半的格子。第一次猜测就直接排除了 50 个格子。

换个角度，就能看出个中规律。

对于大小为 3 的数组，二分查找最多需要两步。

如果数组的格子数量加倍（为了方便讨论，我们再加上 1 个格子，来让格子数量是奇数），那么就有 7 个格子。对于这个数组，二分查找最多需要 3 步。

如果再次加倍（然后再加 1 个格子），那么有序数组就包含 15 个元素。二分查找最多需要 4 步。

规律在于：每次加倍有序数组大小，二分查找都增加 1 步。因为每次查找都排除一半元素，所以这很合理。

这个规律异常高效：每次加倍数据量，二分查找都**只多 1 步**。

来和线性查找对比一下。如果你有 3 个元素，那么最多需要 3 步。7 个元素最多需要 7 步，100 个元素最多需要 100 步。对线性查找来说，**有多少个元素就有多少步**。每次加倍数据量，查找的步骤数也要**加倍**。而二分查找在加倍数据量时，只需要多 1 步。

再来看看更大的数组。对有 10 000 个元素的数组来说，线性查找最多需要 10 000 步，而二分查找最多需要 13 步。对有 100 万个元素的数组来说，线性查找最多需要 100 万步，而二分查找最多需要 20 步。

下图展示了线性查找和二分查找的性能差别。

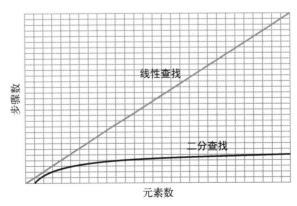

因为将来还要分析很多这种图，所以先来看看其含义。x 轴表示数组的元素数，也就是说，

越往右数据量越大。

y 轴表示算法需要的步骤数，越往上需要的步骤数越多。

观察图中线性查找的图像，你会发现随着数组元素增多，线性查找步骤数的增加是成比例的。基本上每多 1 个元素，就需要多 1 步。这会生成一条斜线。

另外，随着数据量增加，二分查找的步骤数仅仅略微增加。这完全符合我们所学：即便加倍数据量，二分查找也只需要多用 1 步。

要记住，有序数组并不是所有操作都比传统数组快。如你所见，有序数组的插入就比传统数组慢。这就需要你做出取舍：有序数组的插入更慢，而查找更快。你必须分析自己的应用，判断哪种数据结构更合适。你的软件要做很多插入操作吗？查找在你的应用中是重要特性吗？

小测验

我发现下面这个小测验能让人真正理解二分查找的效率。先盖住答案，看看你能不能答对。

提问：我们说过，在包含 100 个元素的有序数组中，二分查找需要 7 步。那在包含 200 个元素的有序数组中，二分查找需要多少步？

答案：8 步。

我经常听到有人凭直觉回答需要 14 步，这是不对的。二分查找的神奇之处就在于每次比较都能消去一半元素。因此，每次**加倍**数据量都只多用 1 步。毕竟增加的数据在第一次比较时就被排除了。

学习二分查找后，有序数组的插入也能变快一些。插入操作需要在实际插入之前进行查找，而现在可以用二分查找取代线性查找。不过，有序数组的插入还是比常规数组慢，毕竟常规数组的插入不需要查找。

2.5 小结

要达成一个计算目标通常有多种方法，而你选择的算法可能会严重影响代码的速度。

还有一点很重要：通常没有完美适用于任何情况的数据结构或者算法。例如，有序数组可以用二分查找，但这并不意味着就应该一直使用它。在某些不太需要查找数据而只需插入数据的场合，因为插入操作更迅速，所以传统数组可能更合适。

如你所见，分析算法的方法就是计算其需要的步骤数。在第 3 章，我们会学习表示时间复杂度的正规方法，这样就可以比较不同的数据结构和算法。这个方法会更清晰地指引我们选择更合适的算法。

习　题

(1) 在有序数组 [2，4，6，8，10，12，13] 中线性查找数字 8 需要多少步?

(2) 上一题使用二分查找需要多少步?

(3) 对于包含 100 000 个元素的数组，二分查找最多需要多少步?

第 3 章

哦！大 O 记法

在前两章中，我们知道了衡量算法效率的主要指标就是算法需要的步骤数。

不过，不能简单地说一个算法是"22 步的算法"或者"400 步的算法"。这是因为算法需要的步骤数不能只用一个数字来表示。以线性查找为例，它需要的步骤数不是固定的。数组有多少个元素，线性查找就需要多少步。如果数组有 22 个元素，那么线性查找就需要 22 步。如果数组有 400 个元素，那么线性查找就需要 400 步。

量化线性查找效率的更有效的方法，就是说它**查找数组中的 N 个元素需要 N 步**。换言之，如果数组中有 N 个元素，那么线性查找就需要 N 步。这听着有点儿啰唆。

为了让时间复杂度的讨论更简单，计算机科学家从数学世界借用了一个概念。借助这个概念，数据结构和算法的效率表述可以更简洁、更统一。这个概念就是大 O 记法。这种正式表述让我们可以轻松地把算法按照效率分门别类，并与人交流。

理解大 O 记法之后，就能用一种更简洁、更统一的方式来分析算法，而这也正是专业人士的做法。

尽管大 O 记法来自数学世界，但是本书不打算涉及其中的数学术语，而是只解释和计算机科学相关的部分。此外，本书会先用简单的方式来解释大 O 记法，然后在学习本章以及接下来的 3 章的过程中慢慢细化。这个概念不算复杂，但分成几章来解释的话会更简单。

3.1 大 O：对 N 个元素来说需要多少步

大 O 用一种特别的方法关注算法需要的步骤数，借此达成一致性。我们先用大 O 分析线性查找算法。

在最坏的情况下，数组中有多少个元素，线性查找就需要多少步。正如先前所述：对于有 N 个元素的数组，线性查找最多需要 N 步。用大 O 记法来表示就是：$O(N)$。

有人将其读作"大 ON"，也有人读作"N 阶"。我个人把它读作"ON"。

这个记法表述了一个"核心问题"的答案。这个核心问题就是: **如果有 N 个数据元素, 那么算法需要多少步?** 请再复述一遍这句话, 然后把它记在心里。这就是大 O 的定义, 本书会一直使用它。

核心问题的**答案**就在大 O 表达式的**圆括号**中。O(N)意味着核心问题的答案是**"算法需要 N 步"**。

下面仍以线性查找为例, 来快速回顾一下用大 O 记法表示时间复杂度的思维过程。首先, 提出核心问题: 如果数组中有 N 个数据元素, 那么线性查找需要多少步? 因为答案是 N 步, 所以将其时间复杂度表示为 O(N)。这里提一句, 时间复杂度 O(N) 的算法也被称为**线性时间算法**。

我们来对比一下从标准数组中读取这一操作的时间复杂度。正如你在第 1 章中学到的, 无论数组有多大, 读取都只需要 1 步。想用大 O 记法表示这个复杂度, 还需从核心问题开始: 如果有 N 个数据元素, 那么从数组中读取需要多少步呢? 因为答案是 1, 所以写成 O(1)。我把它读作"O1"。

O(1)非常有趣, 因为虽然核心问题和 N 有关("如果有 N 个数据元素, 那么算法需要多少步?"), 但是答案和 N 无关。这就是重点所在。换言之, **无论数组中有多少个数据元素, 从数组中读取总是需要 1 步。**

这就是 O(1)被认为是"最快"的一类算法的原因。即便数据量增加, O(1)算法也不需要额外的步骤。无论 N 是多少, O(1)算法的步骤数都是固定的。事实上, O(1)算法也被称作**常数时间算法**。

那么数学在哪儿呢?

正如先前提过的, 我想用一种简单易懂的方式来讨论大 O。然而这不是唯一的方法, 如果上过传统的大学算法课程, 那么你可能是从数学角度来学习大 O 的。大 O 是数学概念, 因此人们常常用数学形式来描述。比如说: "大 O 描述了函数增长率的上限。"或者说: "如果函数 g(x)增长得没有 f(x)快, 那么函数 g 就属于 O(f)。"根据你的数学背景的不同, 这些说法可能有意义, 也可能没什么用。本书的写法确保了一点: 即便缺乏数学知识, 也能理解这个概念。

如果想了解大 O 背后的更多的数学知识, 可以阅读 Thomas H. Cormen、Charles E. Leiserson、Ronald L. Rivest 和 Clifford Stein 合著的《算法导论》, 书中有详细的数学解释。Justin Abrahms 在他的文章 "Understanding the formal definition of Big-O" 中也提供了一个很好的定义。

3.2 大 O 的灵魂

通过前面对 O(N)和 O(1)的介绍, 不难看出大 O 记法不仅仅描述了算法处理有 22 个或者 400 个元素的复杂数据结构需要的步骤数, 还回答了这个核心问题: 如果有 N 个数据元素, 那么算法需要多少步?

虽然核心问题确实是对大 O 的严格定义,但大 O 比这还要复杂得多。

假设有一个算法,无论有多少数据,它都只需要 3 步。换言之,对于 N 个元素,算法总是需要 3 步。这用大 O 要如何表示呢?

基于目前为止所学的知识,你可能会回答 $O(3)$。

然而答案依然是 $O(1)$。原因就在于马上要介绍的大 O 的更深一层含义。

大 O 确实表示算法对于 N 个数据元素需要的步骤数,但这种说法没有涵盖大 O 背后更深一层的**原因**,我称之为"大 O 的灵魂"。

大 O 的灵魂才是其真正含义:**随着数据的增加,算法性能会如何变化?**

这才是大 O 的灵魂所在。大 O 不仅会告诉你算法需要的步骤数,还会告诉你数据**变化**时步骤数的变化。

从这个角度来看,我们其实根本不在意算法到底是 $O(1)$ 还是 $O(3)$。因为两个算法的步骤数都不受数据量增加的影响,所以它们是复杂度相同的算法。无论数据如何,它们的步骤数都是常数,所以无须区分二者。

$O(N)$ 的算法和它们就不同了。这个算法的性能会随着数据增加而变化。更确切地说,数据增加时,这个算法步骤数的增加量和数据的增加量成正比。这就是 $O(N)$ 的含义。它表示出了数据和算法效率之间的比例关系,准确地描述了数据增加时步骤数增加的幅度。

下图展示了这两类算法的性能。

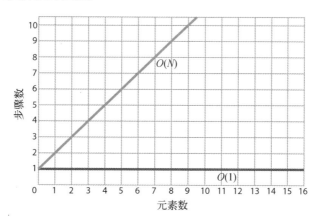

注意,$O(N)$ 是一条完美的斜线。这是因为每多一份数据,算法就多用 1 步。相应地,数据越多,算法需要的步骤数就越多。

相比之下,$O(1)$ 则是一条完美的水平线。无论有多少数据,步骤数都是常数。

3.2.1 深入大 O 的灵魂

要明白"大 O 的灵魂"的重要性，需要继续深入思考。假设有一个常数时间的算法，无论有多少数据都要花 100 步。你觉得和 $O(N)$ 算法相比，这个算法是更快还是更慢呢？

来看看下图。

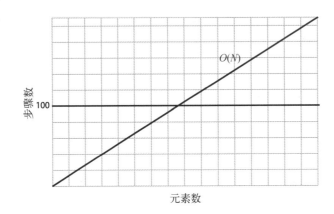

正如图中所示，对于少于 100 个元素的数据集，$O(N)$ 算法需要的步骤数要少于这个 100 步的 $O(1)$ 算法。元素数达到 100 时，两条线相交。这意味着两者都需要 100 步。但关键在于：**对于所有多于 100 个元素的数组**，$O(N)$ 算法都需要更多步骤。

在数据达到**一定量**之后，形势总是会逆转，$O(N)$ 算法在那之后永远都需要更多步。因此，总体来说，无论 $O(1)$ 算法要花多少步，我们都认为 $O(N)$ 的效率比 $O(1)$ 低。

即便这个 $O(1)$ 算法要花 100 万步也是如此。随着数据量的增加，这个转折点是不可避免的。在那之后直到无穷，$O(N)$ 算法都一定比 $O(1)$ 算法效率低。

3.2.2 同样的算法，不同的场景

如前所述，线性查找**不总是** $O(N)$ 算法。如果要找的元素在数组的最后一个格子，那么线性查找确实需要 N 步。但如果它在**第一个格子**，那么线性查找就只需要 1 步。因此，这种情况下的线性查找就是一个 $O(1)$ 算法。如果要整体描述线性查找的效率，那么我们会说它在**最好情况**下是 $O(1)$，**最坏情况**下是 $O(N)$。

虽然大 O 既可以描述最好情况，也可以描述最坏情况，但除非特别注明，大 O 记法一般指的都是**最坏情况**。因此，即便线性查找在最好情况下是 $O(1)$ 算法，大多数参考资料还是把它算作 $O(N)$ 算法。

这是因为"悲观"主义也很有用：知道算法在最坏情况下的效率，能让我们做好准备，并会影响我们的算法选择。

3.3 第三类算法

在第 2 章中，你学到了同一个有序数组的二分查找要比线性查找快得多。现在来用大 O 记法描述二分查找的复杂度。

不能说二分查找就是 $O(1)$ 算法，因为随着数据的增加，步骤数确实在增加。但因为所需的步骤数远少于数据元素的数量 N，所以它也不算 $O(N)$ 算法。如你所见，在包含 100 个元素的数组中，二分查找只需要 7 步。

二分查找看起来位于 $O(1)$ 和 $O(N)$ 的**中间**。那它的复杂度到底是什么呢？

用大 O 记法，我们会说二分查找的时间复杂度是 $O(\log N)$。

我把它读作"O log N"。这种算法也被称为**对数**时间算法。

简单来说，$O(\log N)$描述了这样一类算法：**数据量每翻一番，步骤数都增加 1**。第 2 章学过的二分查找恰好如此。你一会儿就会看到用 $O(\log N)$表示这类算法的**原因**，但我们先来做个总结。

我们已经学过的 3 类算法可以按效率从高到低的顺序排列如下。

$O(1)$

$O(\log N)$

$O(N)$

下图比较了这 3 类算法。

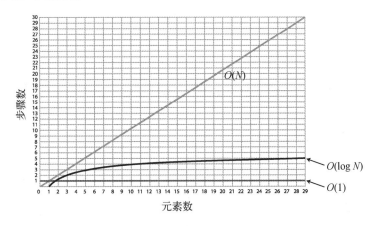

请注意，$O(\log N)$的曲线只是稍稍上扬，虽然没有 $O(1)$高效，但还是比 $O(N)$好得多。

要理解这类算法被叫作 $O(\log N)$的原因，需要先理解什么是对数。如果你已经熟知这个数学概念，那么完全可以跳过下一节。

3.4   对数

下面来看看二分查找这样的算法为何被描述为 $O(\log N)$。说到底，log 又是什么呢？

log 是 logarithm（对数）的缩写。先说清楚，虽然 logarithm 和 algorithm（算法）这两个词看着像，读起来也像，但它们之间可没什么关系。

对数是**指数**的反函数。下面快速回顾一下指数是什么。

2^3 等价于 $2 \times 2 \times 2$，其结果是 8。

而 $\log_2 8$ 则是其逆运算。它的意思是：2 需要自乘多少次才能得到 8？

因为 2 需要自乘 3 次才能得到 8，所以 $\log_2 8 = 3$。

再举一个例子。

2^6 等价于 $2 \times 2 \times 2 \times 2 \times 2 \times 2 = 64$。

因为 2 必须自乘 6 次才能得到 64，所以 $\log_2 64 = 6$。

虽然上述解释是对数的 "正式" 定义，但我喜欢换一种方式来解释，许多人觉得这样更好理解，特别是和大 O 记法结合到一起之后。

$\log_2 8$ 的另一种解释方法是：如果用 8 不断**除以** 2，那么需要除多少次才能得到 1 呢？

$8 / 2 / 2 / 2 = 1$

换言之，需要让 8 减半多少次才能得到 1 呢？这里需要 3 次，所以 $\log_2 8 = 3$。

同理，可以这样解释 $\log_2 64$：需要让 64 减半多少次才能得到 1 呢？

$64 / 2 / 2 / 2 / 2 / 2 / 2 = 1$

因为上面的等式中有 6 个 2，所以 $\log_2 64 = 6$。

现在你理解了对数，那 $O(\log N)$ 的含义就应该更好理解了。

3.5 $O(\log N)$ 的含义

现在把话题拉回大 O 记法。计算机科学中说的 $O(\log N)$ 其实就是 $O(\log_2 N)$ 的缩写。为了方便使用，我们省略了 2。

回想一下，大 O 记法回答了以下核心问题：如果有 N 个数据元素，那么算法需要多少步？

$O(\log N)$ 的意思是，对于 N 个数据元素，算法需要 $\log_2 N$ **步**。如果有 8 个元素，因为 $\log_2 8 = 3$，所以算法需要 3 步。

换言之，如果一直把 8 个元素等分，那么需要 3 步才能得到 1 个元素。

这正是二分查找的过程。当查找某个元素时，一直等分数组的格子，直到找到正确的数。

简单来说：$O(\log N)$意味着算法需要的步骤数等同于不断平分数据元素直到剩下 1 个元素所需的步骤数。

下表展示了 $O(N)$算法和 $O(\log N)$算法间的巨大差异。

N 个元素	$O(N)$	$O(\log N)$
8	8	3
16	16	4
32	32	5
64	64	6
128	128	7
256	256	8
512	512	9
1024	1024	10

$O(N)$算法需要的步骤数和元素个数一样多，而每次数据量加倍时，$O(\log N)$算法只需要额外增加 1 步。

在后面的章节中，你还会看到这 3 类以外的算法。在此期间，我们先用一些日常代码的例子实践这些概念。

3.6　实际例子

下面是一段典型的 Python 代码，它可以打印出列表中的所有元素。

```python
things = ['apples', 'baboons', 'cribs', 'dulcimers']

for thing in things:
    print("Here's a thing: %s" % thing)
```

该如何用大 O 记法来描述这个算法的效率呢？

首先，要意识到这也是一个算法。尽管可能没什么意思，但只要一段代码执行了某些操作，它就是一个算法，即一个解决问题的过程。在这个例子中，问题就是打印列表中的所有元素。解决这个问题的算法是一个包含 print 语句的 for 循环。

要分析这个算法，就要分析它用了多少步。在这个算法中，for 循环作为算法的主要部分，一共用了 4 步。在上面这个例子中，列表中共有 4 个元素，我们一次打印 1 个。

不过，这个算法的步骤数不是常数。如果列表中有 10 个元素，那么 for 循环就需要 10 步。因为有多少个元素，这个 for 循环就需要多少步，所以说这个算法的效率是 $O(N)$。

下一个例子是一段简单的 Python 代码，可以判断一个数是否是质数。

```
def is_prime(number):
    for i in range(2, number):
        if number % i == 0:
            return False
    return True
```

这段代码以 number 为参数，然后在 for 循环中遍历 2 和 number 之间的整数，用它去除 number，检查余数是否为 0。如果余数为 0，那么这个数就不是质数，可以立刻返回 False。如果一直都有余数，那么这个数就是质数，可以返回 True。

在这个例子中，核心问题有些不同。在先前的例子中，核心问题是：如果数组中有 N 个数据元素，那么算法需要多少步？而在本例中，处理的对象不再是数组，**而是**传给函数的一个参数 number。根据传入的 number 不同，函数的循环执行的次数也会不同。

在这种情况下，核心问题就变成了：当传入的 number 是 N 时，算法需要多少步？

如果传入 7，那么 for 循环就会运行大约 7 次。（严格来说是 5 次，因为循环从 2 开始，到 number 的前一个数停止。）对于 101，循环会运行大约 101 次。因为步骤数紧跟传入函数的参数，所以这也是一个经典的 $O(N)$ 算法。

因为主要数据不再是数组，所以核心问题的主体也变成了另一种 N。随着对后面章节的学习，我们还会有更多机会来辨识其他类型的 N。

3.7 小结

大 O 记法为比较算法提供了一个统一的框架。我们可以使用大 O 来考察实际情景，选择合适的数据结构和算法，让代码更高效、处理的数据更多。

在第 4 章，我们会学习一个在现实中使用大 O 记法来为算法显著提速的例子。

习　题

扫码获取
习题答案

(1) 下面的函数可以判断输入的年份是否是闰年，请用大 O 记法描述其时间复杂度。

```
function isLeapYear(year) {
    return (year % 100 === 0) ? (year % 400 === 0) : (year % 4 === 0);
}
```

(2) 下面的函数可以计算数组中所有数的和，请用大 O 记法描述其时间复杂度。

```
function arraySum(array) {
    let sum = 0;

    for(let i = 0; i < array.length; i++) {
        sum += array[i];
    }
```

```
    return sum;
}
```

(3) 下面的函数是基于一个古老比喻编写的，它描述了复利的可怕之处。

```
function chessboardSpace(numberOfGrains) {
  let chessboardSpaces = 1;
  let placedGrains = 1;

  while (placedGrains < numberOfGrains) {
    placedGrains *= 2;
    chessboardSpaces += 1;
  }

  return chessboardSpaces;
}
```

假设你有一个棋盘，你在第一个格子中放了 1 粒米。在第二个格子中，你放了 2 粒米，这是前一个格子中米粒数量的两倍。你在第三个格子中放了 4 粒米，在第四个格子中放了 8 粒米，在第五个格子中放了 16 粒米，以此类推。

对于一定数量的米粒，上面的函数可以计算它们该放在哪个格子。如果米粒数量是 16，那么函数会返回 5，因为你会在第五个格子中放 16 粒米。

请用大 O 记法描述该函数的时间复杂度。

(4) 下面的函数会读取一个字符串数组，返回一个新数组，其中只包含开头是 "a" 的字符串。请用大 O 记法描述其时间复杂度。

```
function selectAStrings(array) {
  let newArray = [];

  for(let i = 0; i < array.length; i++) {
    if (array[i].startsWith("a")) {
      newArray.push(array[i]);
    }
  }

  return newArray;
}
```

(5) 下面的函数会计算有序数组的中位数。请用大 O 记法描述其时间复杂度。

```
function median(array) {
  const middle = Math.floor(array.length / 2);

  // 如果数组有偶数个数:
  if (array.length % 2 === 0) {
    return (array[middle - 1] + array[middle]) / 2;
  } else { // 如果数组有奇数个数:
    return array[middle];
  }
}
```

## 第4章

使用大 O 给代码提速

大 O 记法是表达算法效率的绝佳工具。我们使用它量化了二分查找与线性查找的效率差别——二分查找是 $O(\log N)$ 算法，比 $O(N)$ 的线性查找快得多。

大 O 记法让你可以把算法和**现有的一般算法**做比较，并思考如下问题："通常而言，这个算法到底是快还是慢呢？"

如果你发现自己的算法比较"慢"，那么就可以回头看看能否优化得更快。虽然未必有优化空间，但至少值得思考。

在本章中，我们会写一些解决实际问题的代码，再用大 O 记法评估其复杂度。然后会看看能否进行优化，提升算法效率。（剧透：确实可以优化。）

4.1 冒泡排序

在解决实际问题前，先来看一类全新的复杂度。为此要使用计算机科学中的一个经典算法。

计算机科学家对**排序算法**做过大量研究，多年来已经发明了数十个排序算法。它们可以解决以下问题：

已知一个无序数组，如何排序才能使其中的值按升序排列？

本章和接下来的几章会介绍几种排序算法。最初的几个容易理解、效率一般，因此也被称为"简单排序"。

冒泡排序是一种基本排序算法，其步骤如下。

(1) 指向数组中两个连续的值。（从前两个值开始。）比较它们的值，如下图所示。

(2) 如果这两个值顺序错误（也就是左边的值大于右边的值），那么就交换它们的位置（如果它们的顺序正确，那么这一步就什么都不做），如下图所示。

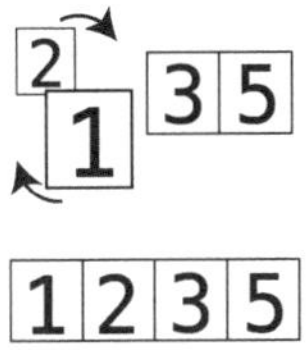

$$2\ \boxed{1}\ \boxed{3}\ \boxed{5}$$

$$\boxed{1}\ \boxed{2}\ \boxed{3}\ \boxed{5}$$

(3) 把"指针"右移一个格子，如下图所示。

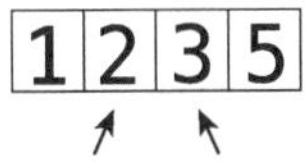

$$\boxed{1}\ \boxed{2}\ \boxed{3}\ \boxed{5}$$

(4) 重复步骤(1)~(3)，直到抵达数组末尾或者遇到已经排好序的值。（等后面详细分析时你就明白了。）至此，我们已经完成了数组的第一次**遍历**。换言之，我们已经指向过数组的每一个值，并抵达了数组末尾。

(5) 把两个指针移动回数组开头，重复步骤(1)~(4)，再次遍历数组。不断遍历数组，直到无须交换任何值。至此，数组排序完毕。

4.2 冒泡排序实战

下面来看一个完整的冒泡排序的过程。

假设要排序数组[4，2，7，1，3]。它的顺序不对，我们想让它的值按升序排列。

先来看第一次遍历。

起始数组如下图所示。

$$\boxed{4}\ \boxed{2}\ \boxed{7}\ \boxed{1}\ \boxed{3}$$

第1步：首先，比较4和2，如下图所示。

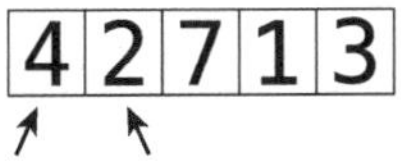

$$\boxed{4}\ \boxed{2}\ \boxed{7}\ \boxed{1}\ \boxed{3}$$

第2步：它们的顺序不对，交换二者位置，如下图所示。

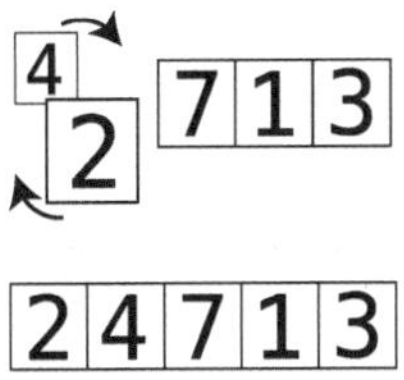

$$\boxed{4}\ \boxed{2}\ \boxed{7}\ \boxed{1}\ \boxed{3}$$

$$\boxed{2}\ \boxed{4}\ \boxed{7}\ \boxed{1}\ \boxed{3}$$

第3步：接下来，比较4和7，如下图所示。

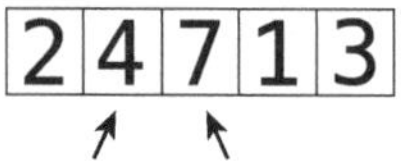

$$\boxed{2}\boxed{4}\boxed{7}\boxed{1}\boxed{3}$$

它们的顺序正确，无须交换。

第 4 步：再来比较 7 和 1，如下图所示。

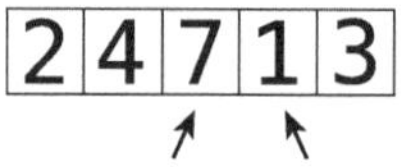

$$\boxed{2}\boxed{4}\boxed{7}\boxed{1}\boxed{3}$$

第 5 步：它们的顺序不对，交换二者位置，如下图所示。

$$\boxed{2}\boxed{4}\boxed{7}\boxed{1}\boxed{3}$$

$$\boxed{2}\boxed{4}\boxed{1}\boxed{7}\boxed{3}$$

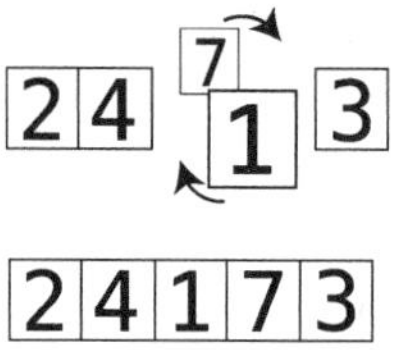

第 6 步：比较 7 和 3，如下图所示。

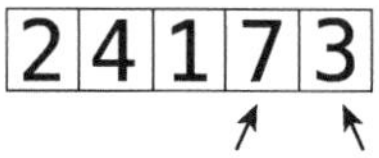

$$\boxed{2}\boxed{4}\boxed{1}\boxed{7}\boxed{3}$$

第 7 步：它们的顺序不对，交换二者位置，如下图所示。

$$\boxed{2}\boxed{4}\boxed{1}\boxed{7}\boxed{3}$$

$$\boxed{2}\boxed{4}\boxed{1}\boxed{3}\boxed{7}$$

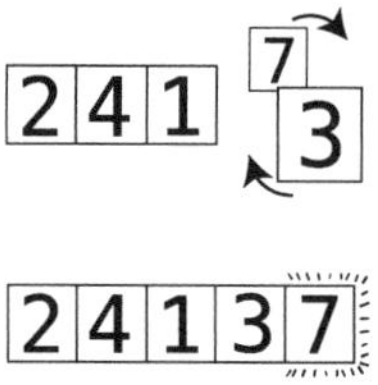

因为我们一直在把 7 往右移动到合适的位置，所以现在知道它的位置是正确的。上图的 7 旁边有细线环绕，这表示它的位置已经正确。

这也是该算法得名**冒泡排序**的原因：在每次遍历中，最大的未排序值都会"冒泡"到正确的位置。

因为这次遍历有至少一次交换，所以还需要再次遍历。

下面是第二次遍历的过程。

第 8 步：比较 2 和 4，如下图所示。

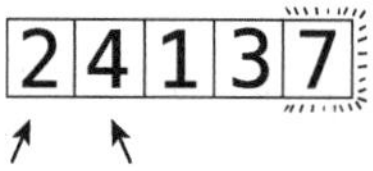

$$\boxed{2}\boxed{4}\boxed{1}\boxed{3}\boxed{7}$$

它们顺序正确，因此可以继续。

第 9 步：比较 4 和 1，如下图所示。

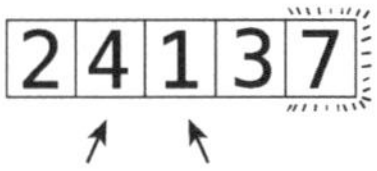

$$\boxed{2\ 4\ 1\ 3\ 7}$$

第 10 步：它们顺序不对，因此交换二者位置，如下图所示。

$$\boxed{2\ 4\ 1\ 3\ 7}$$

$$\boxed{2\ 1\ 4\ 3\ 7}$$

第 11：比较 4 和 3，如下图所示。

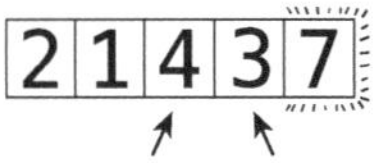

$$\boxed{2\ 1\ 4\ 3\ 7}$$

第 12 步：它们顺序不对，因此交换二者位置，如下图所示。

$$\boxed{2\ 1\ 4\ 3\ 7}$$

$$\boxed{2\ 1\ 3\ 4\ 7}$$

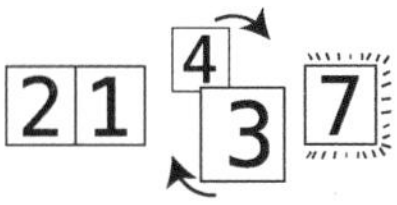

因为上一次遍历已经把 7 放到了正确的位置，所以无须比较 4 和 7。而现在 4 也冒泡到了正确位置。这样就完成了第二次遍历。

因为第二次遍历依然有至少一次交换，所以需要继续遍历。

以下是第三次遍历。

第 13 步：比较 2 和 1，如下图所示。

$$\boxed{2\ 1\ 3\ 4\ 7}$$

第 14 步：它们顺序不对，因此交换二者位置，如下图所示。

$$\boxed{2\ 1\ 3\ 4\ 7}$$

$$\boxed{1\ 2\ 3\ 4\ 7}$$

第 15 步：比较 2 和 3，如下图所示。

$$1\ 2\ 3\ 4\ 7$$

它们的顺序正确，无须交换。

现在 3 也冒泡到了正确位置，如下图所示。

$$1\ 2\ 3\ 4\ 7$$

因为这次遍历也有至少一次交换，所以还需要再遍历一次。

以下是第四次遍历。

第 16 步：比较 1 和 2，如下图所示。

$$1\ 2\ 3\ 4\ 7$$

因为它们顺序正确，所以无须交换。剩下的值都已正确排序，因此可以结束这次遍历了。

因为本次遍历没有进行交换，所以数组已经正确排序，如下图所示。

$$1\ 2\ 3\ 4\ 7$$

代码实现：冒泡排序

下面是冒泡排序的 Python 实现。

```python
def bubble_sort(list):
    unsorted_until_index = len(list) - 1
    sorted = False

    while not sorted:
        sorted = True
        for i in range(unsorted_until_index):
            if list[i] > list[i+1]:
                list[i], list[i+1] = list[i+1], list[i]
                sorted = False
        unsorted_until_index -= 1

    return list
```

要使用这个函数，可以像下面这样传入一个乱序数组。

```
print(bubble_sort([65, 55, 45, 35, 25, 15, 10]))
```

这个函数会返回排好序的数组。

让我们逐行分析一下该函数,以学习其工作原理。我会先给出解释,然后再给出这行代码。

首先创建了一个名为 unsorted_until_index 的变量,该变量记录了数组中的一个索引: 这个索引右边的元素都已经正确排序。因为算法开始时数组尚未排好序,所以这个变量会初始化 为数组中最后一个索引。

```
unsorted_until_index = len(list) - 1
```

我们还创建了一个变量 sorted,用来记录数组是否完全排序。当然,数组在代码开始运行 时尚未排序,因此这个变量被初始化为了 False。

```
sorted = False
```

然后使用了 while 循环。只要数组没有完全排序,循环就会一直运行。循环的每一轮都表 示一次遍历。

```
while not sorted:
```

接下来,先暂时把 sorted 设为 True。

```
sorted = True
```

在每次遍历中,都先假定数组已得到排序。如果需要交换,就把 sorted 的值改为 False。 如果某次遍历无须任何交换,那么 sorted 就一直是 True,我们就知道数组已经完全排序。

在 while 循环内部,使用一个 for 循环来遍历数组中的每一对值。变量 i 表示第一个指针, 它会从数组的开头移动到尚未得到排序的索引。

```
for i in range(unsorted_until_index):
```

在这个循环内部,比较每对相邻的值。如果它们顺序错误,就进行交换。如果需要交换,就 把 sorted 变为 False。

```
if list[i] > list[i+1]:
    list[i], list[i+1] = list[i+1], list[i]
    sorted = False
```

在每次遍历结束后,冒泡到最右面的值就移动到了正确的位置。因为它本来指向的索引现在 已经得到正确排序,所以 unsorted_until_index 需要减 1。

```
unsorted_until_index -= 1
```

一旦 sorted 变为 True,while 循环就会结束,数组也就排好序了。此时就可以返回排序正 确的数组了。

```
return list
```

4.3　冒泡排序的效率

冒泡排序有两类重要步骤。

- **比较**：比较两个数的大小。
- **交换**：交换顺序错误的数。

先来确定冒泡排序所需的**比较**次数。

例子中的数组有 5 个元素。回顾第一次遍历，可以知道我们做了 4 次两两比较。

第二次遍历只需要 3 次比较。因为第一次遍历之后，最后一个数的位置正确，所以无须比较最后两个数。

第三次遍历需要 2 次比较，而第四次遍历只需要 1 次比较。

所以总计需要 4 + 3 + 2 + 1 = 10 次比较。

为了覆盖大小不一的各种数组，我们会说对于 N 个元素，需要 $(N-1)+(N-2)+(N-3)+\cdots+1$ 次比较。

在分析完冒泡排序需要的比较次数后，下面来分析**交换**。

在最坏的情况下，数组按降序排列（和我们的目标正相反），每次比较都需要交换。因此，这种情况需要 10 次比较和 10 次交换，共计 20 步。

来看看总体情况。对一个有 5 个元素的倒序数组来说，一共需要 4 + 3 + 2 + 1 = 10 次比较。10 次比较又需要 10 次交换，共计 20 步。

而对一个有 10 个元素的倒序数组来说，一共需要 9 + 8 + 7 + 6 + 5 + 4 + 3 + 2 + 1 = 45 次比较以及 45 次交换，共计 90 步。

如果数组有 20 个值，那么就需要 19 + 18 + 17 + 16 + 15 + 14 + 13 + 12 + 11 + 10 + 9 + 8 + 7 + 6 + 5 + 4 + 3 + 2 + 1 = 190 次比较，大约 190 次交换，共计 380 步。

注意，这个效率并不高。随着元素数增加，步骤数呈**平方**增长。下表清晰地体现了这一点。

N 个数据元素	最多步骤数
5	20
10	90
20	380
40	1560
80	6320

如果观察 N 的增加带来的步骤数的增长，你就会发现步骤数差不多是 N^2，如下表所示。

N 个数据元素	冒泡排序步骤数	N^2
5	20	25
10	90	100
20	380	400
40	1560	1600
80	6320	6400

接下来用大 O 记法来表示冒泡排序的时间复杂度。记住，大 O 总是回答一个核心问题：如果有 N 个数据元素，那么算法需要多少步？

因为冒泡排序处理 N 个值需要 N^2 步，所以它的效率是 $O(N^2)$。

$O(N^2)$ 是一个效率相对较低的算法。随着数据量的增加，步骤数会急剧增加。下图对 $O(N^2)$ 和更快的 $O(N)$ 进行了比较。

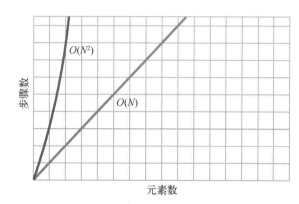

注意，$O(N^2)$ 的曲线随着数据量增长快速上扬。而 $O(N)$ 只是一条简单的斜线。

最后一点补充：$O(N^2)$ 也被称为**平方时间**。

4.4 平方问题

在下面的实例中，可以用 $O(N)$ 算法来代替较慢的 $O(N^2)$ 算法。

假设你要开发一个 JavaScript 应用，分析人们对产品的评分，分数的范围是 1 到 10。在应用中，你需要写一个函数，该函数用于检查评分数组是否有重复分数。软件中的其他复杂计算会调用这个函数。

例如，数组 [1, 5, 3, 9, 1, 4] 中有两个 1，因此函数需要返回 true，表示该数组存在重复分数。

你首先想到的方法可能是用下面这个嵌套循环。

```
function hasDuplicateValue(array) {
    for(let i = 0; i < array.length; i++) {
        for(let j = 0; j < array.length; j++) {
            if(i !== j && array[i] === array[j]) {
                return true;
            }
        }
    }
    return false;
}
```

在这个函数中，先用变量 i 遍历数组中的每个值。对于每个 i 表示的值，用变量 j 在**另一**
个循环中再次遍历数组的所有值，检查索引 i 和 j 处的值是否相同。如果相同，那么数组中就存
在重复，函数会返回 true。如果循环结束后没有发现任何重复，那么数组中就不含重复分数，
函数会返回 false。

这个算法是正确的，但是它的效率如何呢？既然我们已经学习了大 O 记法，那么不如来看
看该算法的时间复杂度是什么。

大 O 表示算法处理 N 个数据值需要的步骤数。在这个例子中，我们想知道：如果传入
hasDuplicateValue 函数的数组中有 N 个元素，那么算法在最坏情况下需要多少步？

要回答上述问题，需要分析函数需要的步骤数以及最坏情况。

上面的函数只有一类步骤，也就是**比较**。它不断比较 array[i] 和 array[j]，检查它们是
否相等，也就是是否存在重复。在最坏情况下，数组不含重复数字，代码必须运行所有循环，进
行所有比较才能返回 false。

因此，对于有 N 个值的数组，函数需要执行 N^2 次比较。这是因为外层循环必须执行 N 次才
能遍历整个数组，而在**每次循环**中，内层循环**也要**执行 N 次。总共需要 $N \times N$，也就是 N^2 步，
因此算法的复杂度是 $O(N^2)$。

通过向函数中添加记录算法步骤数的代码，可以证明函数确实执行了 N^2 步。

```
function hasDuplicateValue(array) {
    let steps = 0; // 步骤数
    for(let i = 0; i < array.length; i++) {
        for(let j = 0; j < array.length; j++) {
            steps++; // 步骤数加 1
            if(i !== j && array[i] === array[j]) {
                return true;
            }
        }
    }
    console.log(steps); // 如果不含重复数字，那么就打印步骤数
    return false;
}
```

添加的代码会在不含重复数字时打印所需步骤数。如果运行 hasDuplicateValue([1, 4, 5,

2, 9])，那么就会在 JavaScript 控制台中看到 25。这意味着对于这个有 5 个元素的数组，一共执行了 25 次比较。如果用其他数组来测试，则会发现输出总是数组大小的平方。这是经典的 $O(N^2)$ 算法。

虽然存在例外，但如果算法有两层循环嵌套，则通常都是 $O(N^2)$ 算法。因此，在遇到嵌套循环时，需要考虑它是 $O(N^2)$ 的可能性。

知道这个算法是 $O(N^2)$ 之后，就要先暂停一下了。这是因为 $O(N^2)$ 被认为是相对较慢的算法。每当你遇到一个较慢的算法时，都值得花些时间去考虑是否有更快的替代算法。虽然**不一定有**，但还是应该先确定一下。

4.5　线性解法

下面是 hasDuplicateValue 函数的另一种不依赖嵌套循环的实现。因为这个方法很巧妙，所以我们先看看其实现，然后再确认它是否比第一个实现更高效。

```
function hasDuplicateValue(array) {
    let existingNumbers = [];
    for(let i = 0; i < array.length; i++) {
        if(existingNumbers[array[i]] === 1) {
            return true;
        } else {
            existingNumbers[array[i]] = 1;
        }
    }
    return false;
}
```

这个函数的工作原理如下。首先，创建一个名为 existingNumbers 的空数组。

然后，用循环来检查数组中的每一个数。每检查一个数，函数都会在 existingNumbers 数组的索引处放置一个任意选取的值（这里选择用 1）。

假设数组是[3, 5, 8]。检查到 3 时，就在 existingNumbers 数组的索引 3 处放置一个 1。这时，existingNumbers 数组大概就是下面这样。

[undefined, undefined, undefined, 1]

existingNumbers 数组的索引 3 处的 1 表示我们已经在已知 array 中遇见过 3 了。

循环随后会检查已知 array 中的 5，并向 existingNumbers 数组的索引 5 处放置 1。

[undefined, undefined, undefined, 1, undefined, 1]

最后检查到 8 时，existingNumbers 数组如下所示。

[undefined, undefined, undefined, 1, undefined, 1, undefined, undefined, 1]

本质上，我们是在用 existingNumbers 数组的索引来记录 array 中都有哪些值。

接下来才是代码的核心所在。代码在向对应索引存储 1 之前，会**首先检查这个索引处是否已经存储了 1**。如果是，那么就意味着已经遇见过这个值，因此数组中有重复数字。这时只需要返回 true，提前结束函数。如果直到循环结束都没有返回 true，那么就意味着没有重复数字，可以返回 false。

要确定这个新算法的时间复杂度，仍要考虑它在最坏情况下需要的步骤数。

在这个算法中，关键步骤就是检查数字，并确定 existingNumbers 对应索引处的值是不是 1。

```
if(existingNumbers[array[i]] === 1)
```

（除了比较，还要执行**插入**操作。但在下面的分析中，这类操作并不重要。第 5 章会阐述具体理由。）

对这个算法来说，最坏的情况就是数组中不含重复数字。这时函数必须完成整个循环。

对于 N 个数据元素，新算法需要执行 N 次比较。这是因为其中只有一个循环，而循环执行的次数和数组中数字的个数一致。我们同样可以在 JavaScript 控制台中记录步骤数，来验证上述理论。

```javascript
function hasDuplicateValue(array) {
    let steps = 0;
    let existingNumbers = [];
    for(let i = 0; i < array.length; i++) {
        steps++;
        if(existingNumbers[array[i]] === 1) {
            return true;
        } else {
            existingNumbers[array[i]] = 1;
        }
    }
    console.log(steps);
    return false;
}
```

如果执行 hasDuplicateValue([1, 4, 5, 2, 9])，那么就会在 JavaScript 控制台中看到 5，而这正是数组的大小。无论数组大小是多少，结果都是这样。因此这个算法的复杂度是 $O(N)$。

由于 $O(N)$ 比 $O(N^2)$ 快得多，因此用第二个算法可以大幅优化 hasDuplicateValue 函数。这带来了**巨大**的速度提升。

（新实现还有一个缺点，即它比第一种实现占用了更多的内存。不过暂时不用担心，第 19 章会具体讨论这一点。）

4.6　小结

深刻理解大 O 记法，能让你找出运行缓慢的代码，并且在两个算法中选择最优解。

不过，有时两个算法的时间复杂度一致，速度却不一样。在第 5 章，我们会学习如何在大 O 记法无法判断的时候评估不同算法的效率。

习　题

扫码获取
习题答案

(1) 对于特定数量的数据元素，不同类型的算法需要多少步？请将下表中的问号替换为相应的步骤数。

N 个元素	$O(N)$	$O(\log N)$	$O(N^2)$
100	100	?	?
2000	?	?	?

(2) 如果一个 $O(N^2)$ 算法处理数组需要 256 步，那么这个数组的大小是多少？

(3) 用大 O 记法描述下面函数的时间复杂度。该函数会计算数组中任意两数乘积的最大值。

```
def greatestProduct(array):
  greatestProductSoFar = array[0] * array[1]

  for i, iVal in enumerate(array):
    for j, jVal in enumerate(array):
      if i != j and iVal * jVal > greatestProductSoFar:
        greatestProductSoFar = iVal * jVal

  return greatestProductSoFar
```

(4) 下面的函数会查找数组中的单一最大值，但是其效率是 $O(N^2)$。请将函数优化为 $O(N)$ 算法。

```
def greatestNumber(array):
  for i in array:
    # 暂时假定 i 为最大值:
    isIValTheGreatest = True

    for j in array:
      # 假如发现了比 i 更大的值, 那么 i 就不再是最大值了:
      if j > i:
        isIValTheGreatest = False

    # 如果检查了所有其他数后, i 仍保持最大, 那么 i 就是最大值:
    if isIValTheGreatest:
      return i
```

## 第 5 章

用或不用大 O 来优化代码

我们已经看到，大 O 记法是比较算法以及确定特定情况下最优算法的绝佳工具。不过它并不是**唯一**途径。事实上，很多时候两个算法的时间复杂度相同，其中一个却运行得更快。

在本章中，你会学习如何辨别两个效率**看似**相同的算法，以及如何从中选出最优解。

5.1 选择排序

在第 4 章中，我们学习了一种效率是 $O(N^2)$ 的排序算法——冒泡排序。本章将学习另一种排序算法——**选择排序**，并会将其和冒泡排序做比较。

选择排序的步骤如下。

(1) 从左向右检查数组的每一个格子，找出最小值。在检查的过程中，使用一个变量记录下至今为止的最小值所在的索引。如果一个索引处的值比变量所表示的值更小，就更新变量中存储的索引，如下图所示。

(2) 一旦确定了最小值所在的索引，就把它的值和最初遍历的值交换位置。在第一次遍历中，最初检查的是索引 0，第二次检查的是索引 1，以此类推。第一次遍历的交换如下图所示。

(3) 每次遍历都要执行第(1)步和第(2)步。不断遍历，直到某次遍历开始于数组结尾。此时数组已正确排序，如下图所示。

$$\boxed{1}\,\boxed{6}\,\boxed{2}\,\boxed{3}$$

5.2 选择排序实战

下面将以[4，2，7，1，3]这个数组为例，详细说明选择排序的步骤。

从第一次遍历开始。

首先检查索引 0 处的值。根据定义，它就是目前为止检查过的最小值（因为目前只检查了这一个值），因此把它的索引存储在一个变量中，如下图所示。

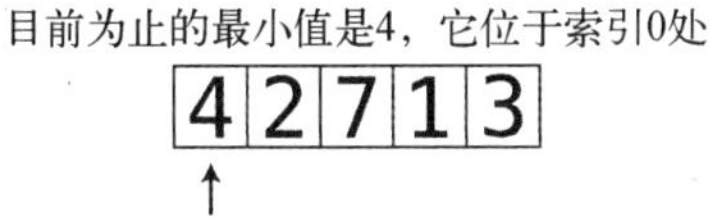

目前为止的最小值是4，它位于索引0处

4 2 7 1 3
↑

第 1 步：把 2 和目前为止的最小值（也就是 4）进行比较，如下图所示。

最小值=4

4 2 7 1 3
↑

因为 2 比 4 还小，所以它就成了新的最小值，如下图所示。

最小值=2，位于索引1处

4 2 7 1 3
↑

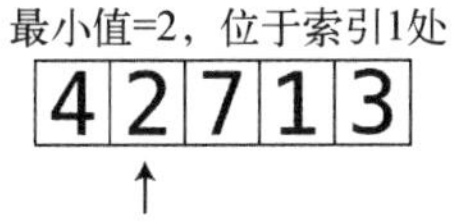

第 2 步：把下一个值 7 和最小值做比较。因为 7 比 2 大，所以最小值仍然是 2，如下图所示。

最小值=2

4 2 7 1 3
↑

第 3 步：把 1 和最小值做比较，如下图所示。

最小值=2

4 2 7 1 3
↑

因为 1 比 2 小，所以 1 就成了新的最小值，如下图所示。

最小值=1，位于索引3处

4 2 7 1 3
↑

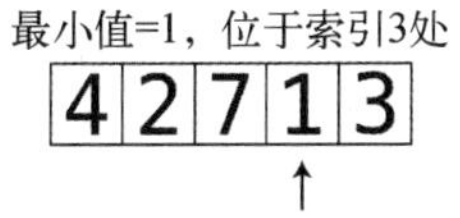

第 4 步：把 3 和最小值 1 做比较。因为 3 已经是数组末尾，所以 1 就是整个数组的最小值，如下图所示。

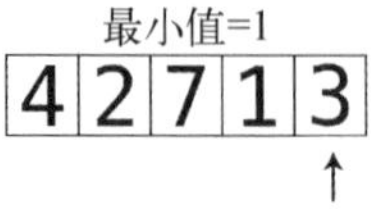

最小值=1

4 2 7 1 3
↑

第 5 步：因为 1 是最小值，所以把它和最初遍历的索引 0 处的值互换，如下图所示。

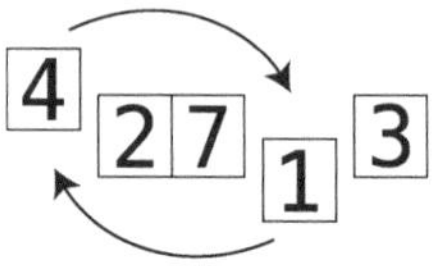

4   2 7   3
1

因为已经把最小值移动到了数组开头，所以以最小值的位置现在是正确的，如下图所示。

1 2 7 4 3

下面可以开始第二次遍历了。

准备工作：因为第一个格子（也就是索引 0）已经正确排序，所以第二次遍历从下一个格子（索引 1）开始。索引 1 处的值是 2，而它也是目前为止第二次遍历中的最小值，如下图所示。

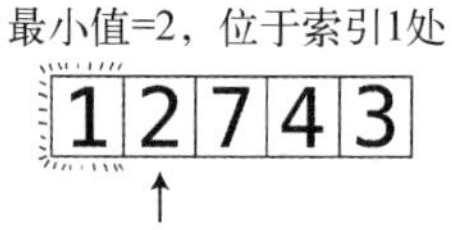

最小值=2，位于索引1处

1 2 7 4 3
↑

第 6 步：把 7 和最小值做比较。因为 2 小于 7，所以 2 仍是最小值，如下图所示。

最小值=2

1 2 7 4 3
↑

第 7 步：把 4 和最小值做比较。因为 2 小于 4，所以 2 仍是最小值，如下图所示。

最小值=2

1 2 7 4 3
↑

第 8 步：把 3 和最小值做比较。因为 2 小于 3，所以 2 仍是最小值，如下图所示。

最小值=2

1 2 7 4 3
↑

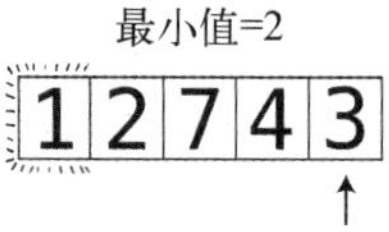

至此我们又遍历到了数组末尾。因为最小值已经在正确位置，所以无须进行交换。第二次遍历结束后，数组如下图所示。

接下来开始第三次遍历。

准备工作：从索引 2 的值 7 开始。7 也是目前为止第三次遍历中的最小值，如下图所示。

最小值=7，位于索引2处
12743

第 9 步：把 4 和 7 做比较，如下图所示。

最小值=7
12743

4 现在成了新的最小值，如下图所示。

最小值=4，位于索引3处
12743

第 10 步：3 比 4 还要小，如下图所示。

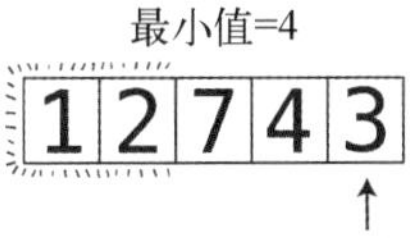

最小值=4
12743

3 成了新的最小值，如下图所示。

最小值=3，位于索引4处
12743

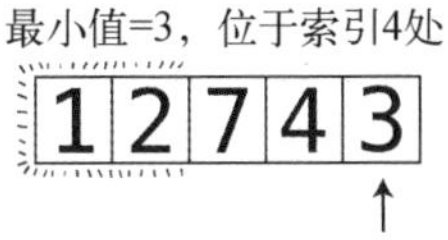

第 11 步：因为 3 位于数组末尾，所以把它和第三次遍历最初检查的值 7 进行交换，如下图所示。

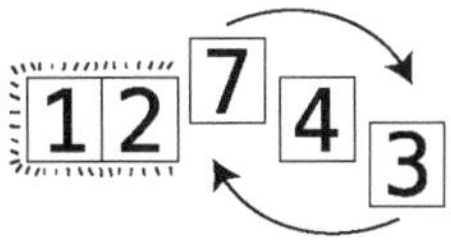

现在 3 也得到了正确排序，如下图所示。

尽管你和我都能看出数组目前已经完成排序，但**计算机**并不知道，它只能开始第四次遍历。

准备工作：本次遍历从索引 3 开始，最小值是 4，如下图所示。

最小值=4，位于索引3处

第 12 步：比较 7 和 4，如下图所示。

最小值=4

4 仍是目前为止本次遍历中的最小值。因为它已经位于正确位置，所以无须交换。

除了最后一个格子，所有格子都已经正确排序，因此最后一个格子，或者说整个数组的顺序必然正确，如下图所示。

代码实现：选择排序

选择排序的 JavaScript 实现如下。

```javascript
function selectionSort(array) {
  for(let i = 0; i < array.length - 1; i++) {
    let lowestNumberIndex = i;
    for(let j = i + 1; j < array.length; j++) {
      if(array[j] < array[lowestNumberIndex]) {
        lowestNumberIndex = j;
      }
    }

    if(lowestNumberIndex != i) {
      let temp = array[i];
      array[i] = array[lowestNumberIndex];
      array[lowestNumberIndex] = temp;
    }
  }
  return array;
}
```

下面逐行分析一下这段代码。

首先是用来遍历数组的一个循环。它使用变量 i 来指向 array 从第一个到倒数第二个索引间的每一个值。

```
for(let i = 0; i < array.length - 1; i++) {
```

这个循环不需要运行到数组的最后一个值，因为数组至此已经正确排序。

接下来，用 index 来记录目前为止的最小值。

```
let lowestNumberIndex = i;
```

lowestNumberIndex 的值在第一次遍历开始时是 0，第二次遍历开始时是 1，以此类推。

之所以记录这个索引，是因为在代码中同时需要该索引以及索引处的值。有了索引，便可以引用这两个值。（array[lowestNumberIndex]就是最小值。）

在每次遍历中，我们都会检查数组的剩余值，看看有没有比当前最小值更小的值。

```
for(let j = i + 1; j < array.length; j++) {
```

如果有，就更新 lowestNumberIndex 存储的索引。

```
if(array[j] < array[lowestNumberIndex]) {
  lowestNumberIndex = j;
}
```

在内层循环结束后，我们就找到了这次遍历中最小值的索引。

如果本次遍历的最小值已经位于正确位置（遍历的第一个值就是最小值），那么就不需要额外操作。**否则**就还需要一次交换。具体来说，需要交换最小值和索引 i 处的值——也就是本次遍历的开始位置。

```
if(lowestNumberIndex != i) {
  let temp = array[i];
  array[i] = array[lowestNumberIndex];
  array[lowestNumberIndex] = temp;
}
```

最后，返回排序后的数组。

```
return array;
```

5.3　选择排序的效率

选择排序包含两类步骤：比较和交换。在每次遍历中，需要把每个值和当前最小值进行比较。如有必要，需要把最小值交换到正确位置。

还是以前面的数组为例，共需进行 10 次比较，详见下表。

遍历轮数	比较次数
1	4
2	3
3	2
4	1

共计 $4 + 3 + 2 + 1 = 10$ 次比较。

一般来说，对于有 N 个元素的数组，一共需要$(N-1) + (N-2) + (N-3) + \cdots + 1$ 次比较。

至于**交换**，每次遍历最多需要 1 次。这是因为在一次遍历中，交换的次数取决于最小值是否位于正确位置。这个次数不是 0 就是 1。而冒泡排序在数组完全倒序这种最坏情况下，**每次比较都需要 1 次交换**。

下表详细对比了冒泡排序和选择排序。

N 个元素	冒泡排序最多步数	选择排序最多步数
5	20	14 (10 次比较 + 4 次交换)
5	20	54 (45 次比较 + 9 次交换)
20	380	199 (180 次比较 + 19 次交换)
40	1560	819 (780 次比较 + 39 次交换)
80	6320	3239 (3160 次比较 + 79 次交换)

从上表可以看出，选择排序所需的步数大约是冒泡排序的一半，因此前者比后者快一倍。

5.4 忽略常数

然而有趣的是，选择排序和冒泡排序的时间复杂度**完全相同**。

记住，大 *O* 记法回答了一个核心问题：对于 N 个数据元素，算法需要多少步？因为选择排序需要的步数大约为 N^2 的一半，所以似乎可以合理推测其效率为 $O(N^2 / 2)$。换言之，对于 N 个数据元素，需要 $N^2 / 2$ 步，详见下表。

N 个元素	$N^2 / 2$	选择排序最多步数
5	$5^2 / 2 = 12.5$	14
10	$10^2 / 2 = 50$	54
20	$20^2 / 2 = 200$	199
40	$40^2 / 2 = 800$	819
80	$80^2 / 2 = 3200$	3239

然而，实际上，和冒泡排序一样，选择排序的复杂度也是 $O(N^2)$。这是因为之前没有提过的大 *O* 记法的一个重要原则：

大 O 记法忽略常数。

这不过是"大 O 记法忽略指数以外的常数"的简单说法。我们会从表达式中忽略常数。

尽管选择排序需要 $N^2 / 2$ 步，但因为"/ 2"是常数，所以忽略它，将其效率记为 $O(N^2)$。

再来看几个例子。

如果一个算法需要 $N / 2$ 步，那么其效率就是 $O(N)$。

如果一个算法需要 $N^2 + 10$ 步，那么因为 10 是常数，所以忽略它，将其效率记为 $O(N^2)$。

如果一个算法需要 $2N$ 步（也就是 $N \times 2$），那么就去掉常数，将其效率记为 $O(N)$。

即便是比 $O(N)$ **慢** 100 倍的 $O(100N)$，也依然是 $O(N)$ 算法。

乍看之下，这个原则让大 O 记法显得非常没用：即便一种算法**比另一种算法快** 100 倍，它们的时间复杂度也可能相同。选择排序和冒泡排序也是如此：虽然前者比后者快一倍，但它们的效率都是 $O(N^2)$。

怎么回事呢？

5.5　大 O 类别

这就引出了大 O 记法的下一个概念：大 O 记法只关注算法速度的**总体类别**。

我们用楼房来做比喻。楼房有很多种：一户人家的住宅可能有 1 层、2 层或者 3 层。也有层数不同的高层公寓。还存在不同高度、不同形状的摩天大楼。

假设要比较普通住宅和摩天大楼，那考虑层数就没什么意义了。因为二者的大小和功能差距过于悬殊，所以根本不用说："这是一个 2 层住宅，而那是一栋 100 层的摩天大楼。"我们只会说一个是住宅，一个是摩天大楼。用类别已经足以区分二者。

算法效率也是这样：$O(N)$ 算法和 $O(N^2)$ 算法间的效率差距过大，以至于前者的效率究竟是 $O(2N)$、$O(N/2)$ 还是 $O(100N)$ 根本无所谓。

那为什么 $O(N)$ 和 $O(N^2)$ 不算同类，而 $O(N)$ 和 $O(100N)$ 就算呢？

回顾 3.2 节，我们发现，大 O 记法不仅仅关注算法所需的步骤数，它还描述了随着数据量增加，算法步骤数的长期增长。$O(N)$ 表示线性增长，即步骤数呈直线增长，和数据量成比例。即便步骤数是 100N 也是如此。而 $O(N^2)$ 则完全不同，它表示指数增长。

指数增长和任何形式的 $O(N)$ 都不同，属于完全不同的类别。你可以这样理解：在数据增长到一定量之后，$O(N^2)$ 算法一定会比**任何**系数的 $O(N)$ 算法都慢。

从下图可以清晰地看出，尽管 N 有不同的系数，但 $O(N^2)$ 最终一定会更慢。

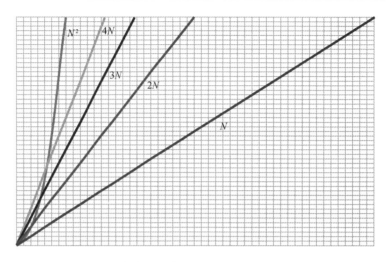

因此，在比较两个属于不同效率类别的算法时，只需比较类别即可。比较 $O(2N)$ 和 $O(N^2)$ 就好像在比较双层住宅和摩天大楼。不妨说 $O(2N)$ 也属于 $O(N)$ 类别。

我们目前遇到的所有时间复杂度（$O(1)$、$O(\log N)$、$O(N)$、$O(N^2)$）以及将来会遇到的其他类型复杂度，都是差别很大的不同类别。乘或除以一个系数并不能改变复杂度的类别。

不过，如果两个算法类别**相同**，则并不意味着它们的速度也相同。尽管同为 $O(N^2)$，但冒泡排序比选择排序慢一倍。因此，虽然大 O 记法可以比较不同类别复杂度的算法，但当两个算法的复杂度属于同一类别时，需要进一步分析才能确定哪个算法更快。

5.5.1 实际例子

让我们稍微修改一下第 1 章中第一个示例代码，以它为例。

```
def print_numbers_version_one(upperLimit):
  number = 2

  while number <= upperLimit:
    # 如果 number 是偶数，就打印它：
    if number % 2 == 0:
      print(number)

    number += 1

def print_numbers_version_two(upperLimit):
  number = 2

  while number <= upperLimit:
    print(number)

    # 根据定义，将 number 加 2，就得到了下一个偶数：
    number += 2
```

这两个算法功能相同，都可以打印从 2 到 upperLimit 间的所有偶数。(在第 1 章中，这个上限被固定为 100，而这里我们让用户可以传入参数 upperLimit。)

在第 1 章中，我提到过第一个函数的步骤数是第二个的两倍。下面用大 O 来分析一下。

大 O 回答了核心问题：对于 N 个数据元素，算法需要多少步？在这个例子中，N 不再表示数组大小，而是传到函数中作为参数 upperLimit 的数字。

第一个函数需要 N 步。换言之，如果 upperLimit 是 100，那么函数就需要 100 步。(严格来说是 99 步，因为循环从 2 开始。)因此可以说第一个算法的时间复杂度是 $O(N)$。

第二个函数需要 $N/2$ 步。如果 upperLimit 是 100，则函数只需要 50 步。虽然这看似是 $O(N/2)$，但我们需要忽略常数，将其表示为 $O(N)$。

第二个函数比第一个函数快一倍，自然是更好的选择。这再次证明，两个时间复杂度相同的算法，也可能需要进一步分析才能确定效率高下。

5.5.2 关键步骤

下面进一步分析一下这个例子。我们说第一个函数 print_numbers_version_one 需要 N 步。这里的 N 指 upperLimit，而循环需要运行 N 次。

但它真的只需要 N 步吗？

仔细分析，就可以发现每轮循环中有**多个**步骤。

第一，比较步骤 (if number % 2 == 0) 会检查 number 是否可以被 2 整除。每轮循环都要进行一次这个比较。

第二，对于偶数，还需要执行打印步骤 (print(number))。这个步骤**每两轮**循环执行一次。

第三，number += 1 也需要每轮循环执行一次。

前几章中提到过：你将来会学到如何确定大 O 记法需要关注哪些关键步骤。那在这个例子的这些步骤中，哪些才是关键呢？我们关注的究竟是比较、打印还是 number 的自增呢？

答案是**全都**很关键。只不过我们在用大 O 表示复杂度时会忽略常数，从而简化了表达式。

来具体看一下。如果要计算所有步骤，那么一共需要 N 次比较，N 次自增，$N/2$ 次打印，共计 $2.5N$ 步。忽略常数 2.5 之后，就变成了 $O(N)$。究竟哪些是关键步骤呢？其实它们都是，但忽略常数本质上等同于只关注循环运行次数，而忽视循环内部的细节。

5.6 小结

我们现在已经掌握了一些非常强大的分析工具，既可以用大 O 来大致确定算法效率，还可以比较相同时间复杂度的算法的效率。

不过，在比较两个算法效率时还需要考虑一个重要因素。至今为止，本书关注的都是算法在最坏情况下的表现。但根据定义，不可能总出现最坏情况。一般来说，大部分情境是平均情况。第 6 章将学习如何考虑所有情况。

习　题

扫码获取
习题答案

(1) 使用大 O 记法表示一个需要 $4N + 16$ 步的算法的时间复杂度。

(2) 使用大 O 记法表示一个需要 $2N^2$ 步的算法的时间复杂度。

(3) 下面的函数会先把数组中所有的数加倍，然后再计算它们的和并返回。请用大 O 记法表示其时间复杂度。

```ruby
def double_then_sum(array)
  doubled_array = []

  array.each do |number|
    doubled_array << number *= 2
  end

  sum = 0

  doubled_array.each do |number|
    sum += number
  end

  return sum
end
```

(4) 下面的函数会读取一个字符串数组，并按不同格式（全部字母大写、全部字母小写、首字母大写）打印每个字符串。请用大 O 记法表示其时间复杂度。

```ruby
def multiple_cases(array)
  array.each do |string|
    puts string.upcase
    puts string.downcase
    puts string.capitalize
  end
end
```

(5) 下面的函数会遍历一个数字数组。每次遇到**索引**为偶数的数，就打印数组中所有数与该数的和。这个函数的时间复杂度是什么？

```ruby
def every_other(array)
  array.each_with_index do |number, index|
    if index.even?
      array.each do |other_number|
        puts number + other_number
      end
    end
  end
end
```

## 第 6 章

根据情况进行优化

至今为止，我们主要关注算法在最坏情况下需要多少步。原因很简单：如果连最坏情况都考虑到，那么一切将不成问题。

不过，你在本章中会看到，最坏情况并非**唯一**值得考虑的情况。考虑**所有**情况也是为每种情况选择合适算法所需的重要技巧。

6.1 插入排序

我们已经看过了两种不同的排序算法：冒泡排序和选择排序。虽然两者的效率同为 $O(N^2)$，但选择排序比冒泡排序快一倍。接下来将学习第三种排序算法——**插入排序**。它也将揭示分析其他情况的原因。

插入排序步骤如下。

(1) 在第一次遍历中，暂时移除索引 1 处（第二个格子）的值，把它存储在一个临时变量中。这样数组中就会有一个空位，如下图所示。

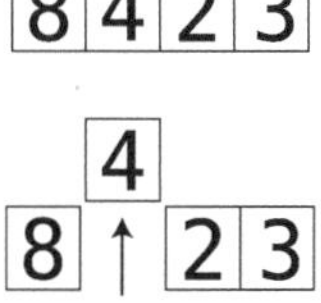

$$\boxed{8}\boxed{4}\boxed{2}\boxed{3}$$

$$\boxed{4}$$
$$\boxed{8}\ \uparrow\ \boxed{2}\boxed{3}$$

在后续遍历中，还会移除其他索引处的值。

(2) 在移位阶段中，把空位左边的每个值和临时变量中存储的值进行比较，如下图所示。

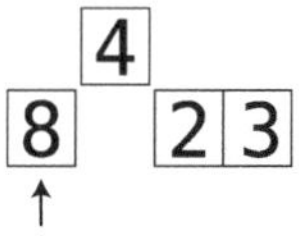

$$\boxed{4}$$
$$\boxed{8}\ \ \boxed{2}\boxed{3}$$
$$\uparrow$$

如果某个值大于临时变量，就把那个值右移，如下图所示。

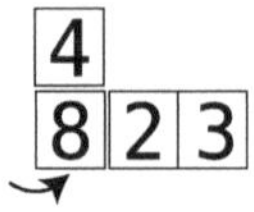

因为右移了值，所以空位自然就移动到了左边。如果遇到一个比临时移除的值更小的值，或者到达了数组的下界，那么移位阶段就结束了。

(3) 随后把临时移除的值插入空位，如下图所示。

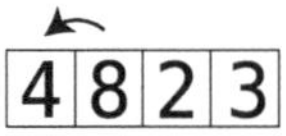

(4) 第(1)~(3)步正是一次遍历的过程。不断重复遍历，直到某次遍历开始于数组的最后一个索引，那就意味着数组已经正确排序了。

6.2 插入排序实战

下面以数组[4, 2, 7, 1, 3]为例来详细介绍插入排序。

第一次遍历开始时，检查索引 1 处的值，也就是本例中的 2，如下图所示。

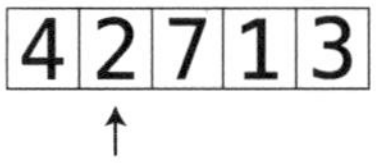

第 1 步：暂时移除 2，把它存储在名为 temp_value 的变量中。下图中用把这个值上移来表示移除。

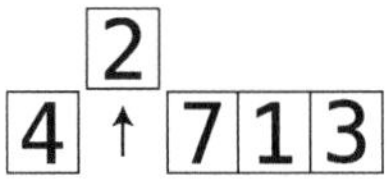

第 2 步：比较 4 和 temp_value，也就是 2，如下图所示。

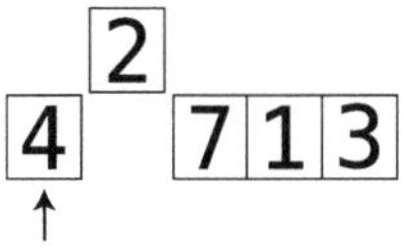

第 3 步：因为 4 大于 2，所以把 4 右移，如下图所示。

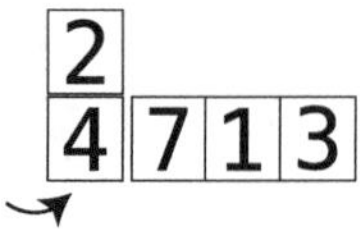

因为空位目前位于数组的下界，所以不再有可以右移的数。

第 4 步：把 temp_value 插入空位，从而结束第一次遍历，如下图所示。

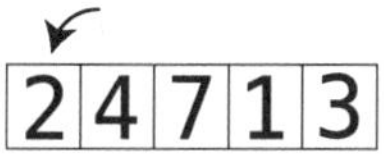

$$2\ 4\ 7\ 1\ 3$$

接下来，开始第二次遍历。

第 5 步：在第二次遍历中，暂时移除索引 2 处的值并存储在 temp_value 中。因此 temp_value 的值现在是 7，如下图所示。

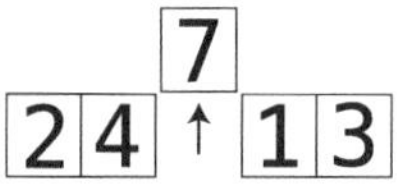

$$2\ 4\ \overset{7}{\uparrow}\ 1\ 3$$

第 6 步：比较 4 和 temp_value，如下图所示。

$$2\ 4\ \boxed{7}\ 1\ 3$$

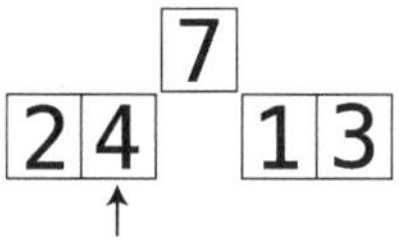

因为 4 更小，所以不移动它。因为我们遇到了一个比 temp_value 小的值，所以移位阶段就结束了。

第 7 步：把 temp_value 插入空位，从而结束第二次遍历，如下图所示。

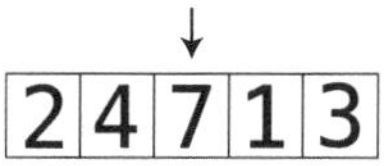

$$2\ 4\ 7\ 1\ 3$$

接下来开始第三次遍历。

第 8 步：暂时移除 1，存储到 temp_value 中，如下图所示。

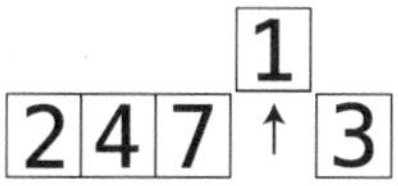

$$2\ 4\ 7\ \overset{1}{\uparrow}\ 3$$

第 9 步：比较 7 和 temp_value，如下图所示。

$$2\ 4\ 7\ \boxed{1}\ 3$$

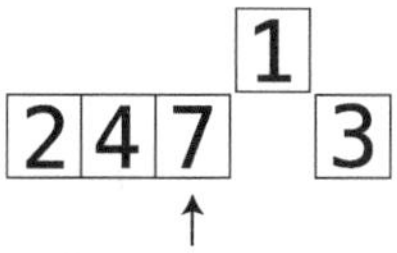

第 10 步：因为 7 大于 1，所以把 7 右移，如下图所示。

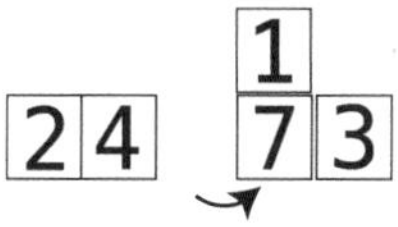

$$2\ 4\ \ \overset{1}{7}\ 3$$

第 11 步：比较 4 和 temp_value，如下图所示。

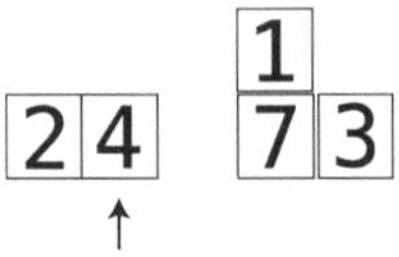

第 12 步：因为 4 大于 1，所以把 4 右移，如下图所示。

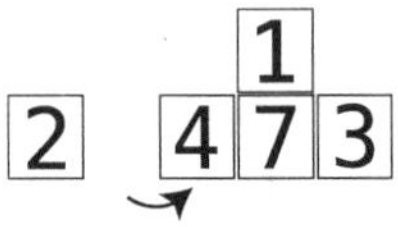

第 13 步：比较 2 和 temp_value，如下图所示。

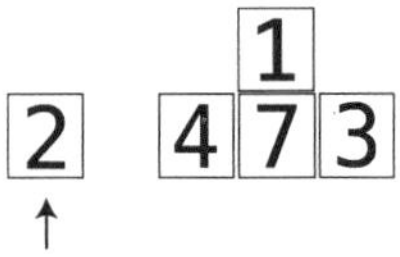

第 14 步：因为 2 大于 1，所以把 2 右移，如下图所示。

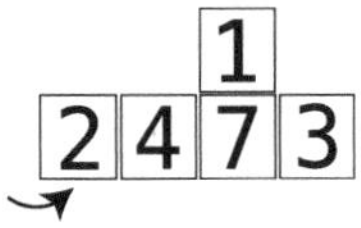

第 15 步：因为空位现在位于数组下界，所以把 temp_value 插入空位，从而结束这次遍历，如下图所示。

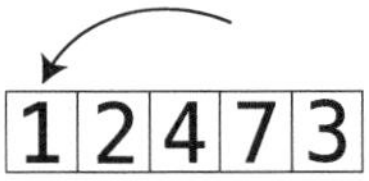

接下来开始第四次遍历。

第 16 步：暂时移除索引 4 处的值 3，存储在 temp_value 中，如下图所示。

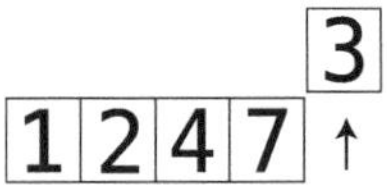

第 17 步：比较 7 和 temp_value，如下图所示。

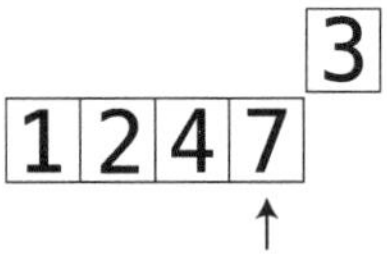

第 18 步：因为 7 大于 3，所以把 7 右移，如下图所示。

第 19 步：比较 4 和 temp_value，如下图所示。

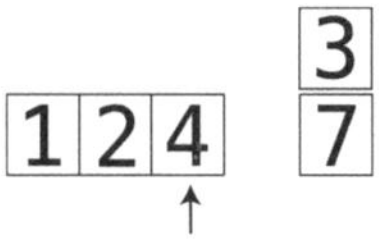

第 20 步：因为 4 大于 3，所以把 4 右移，如下图所示。

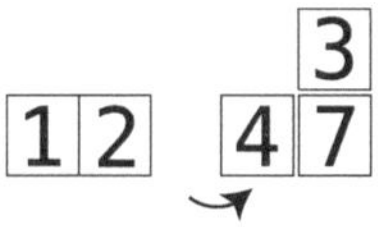

第 21 步：比较 2 和 temp_value。因为 2 小于 3，所以移位阶段结束，如下图所示。

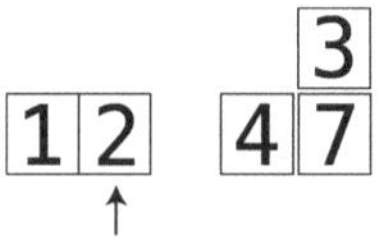

第 22 步：把 temp_value 插入空位，如下图所示。

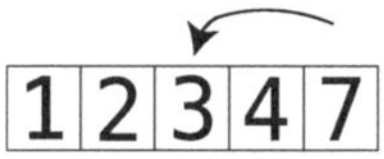

数组现在已经排列正确，如下图所示。

代码实现：插入排序

下面是插入排序的 Python 实现。

```python
def insertion_sort(array):
  for index in range(1, len(array)):

    temp_value = array[index]
    position = index - 1

    while position >= 0:
      if array[position] > temp_value:
```

```
        array[position + 1] = array[position]
        position = position - 1
    else:
      break

  array[position + 1] = temp_value

return array
```

下面来逐步分析一下这段代码。

首先，使用一个循环，从索引 1 处开始遍历数组。每一轮循环都代表一次遍历。

```
for index in range(1, len(array)):
```

在每次遍历中，把"移除"的值存入变量 temp_value 中。

```
temp_value = array[index]
```

接下来，创建变量 position。它一开始指向 temp_value 的索引的左边。position 用来表示和 temp_value 进行比较的值。

```
position = index - 1
```

随着遍历的进行，不断地把新的值和 temp_value 做比较，position 也不断左移。

然后使用内层 while 循环。只要 position 不小于 0，该循环就会继续执行。

```
while position >= 0:
```

之后执行比较步骤——确认 position 处的值是否大于 temp_value。

```
if array[position] > temp_value:
```

如果大于 temp_value，就把这个值左移。

```
array[position + 1] = array[position]
```

为了在下一轮 while 循环中比较更左边的值，position 需要自减。

```
position = position - 1
```

如果 position 处的值小于或等于 temp_value，则意味着需要把 temp_value 移入空位，从而结束本次遍历。

```
    else:
      break
```

把 temp_value 移入空位也是每次遍历的最后一步。

```
array[position + 1] = temp_value
```

在所有遍历完成后，返回排序后的数组。

```
return array
```

6.3 插入排序的效率

插入排序中有 4 类步骤：比较、移位、移除和插入。要分析插入排序的效率，需要把它们都考虑进来。

首先来看比较。我们需要把空位左边的值和 temp_value 进行比较。在原数组倒序排列的最坏情况下，在每次遍历中，都需要把 temp_value 左边所有的值和 temp_value 进行比较。因为那些值全都比 temp_value 大，所以只有空位移动到数组左边界时才能停止遍历。

在第一次遍历中，temp_value 中存储了索引 1 处的值。因为它左边只有一个值，所以最多只需要 1 次比较。而在第二次遍历中，最多需要 2 次比较，以此类推。在最后一次遍历中，需要把数组中除了 temp_value 以外的所有值和它进行比较。换言之，如果数组中有 N 个元素，则最后一次遍历最多需要 $N-1$ 次比较。

因此，总共需要 $1 + 2 + 3 + \cdots + (N-1)$ 次比较。

对上面含有 5 个元素的数组来说，最多需要 $1 + 2 + 3 + 4 = 10$ 次比较。

对有 10 个元素的数组来说，需要 $1 + 2 + 3 + 4 + 5 + 6 + 7 + 8 + 9 = 45$ 次比较。

而对有 20 个元素的数组来说，则需要 190 次比较，以此类推。

仔细观察就会发现，对有 N 个元素的数组来说，大约需要 $N^2 / 2$ 次比较。（$10^2 / 2$ 是 50，$20^2 / 2$ 是 200。第 7 章会更仔细地研究这一规律。）

继续分析其他步骤。

把一个值右移一个格子时需要移位。如果数组倒序排列，那么因为每次比较都需要右移，所以移位的次数和比较的次数是相同的。

在最坏情况下，一共需要

$N^2 / 2$ 次比较
$+ N^2 / 2$ 次移位
———————
N^2 步。

每次遍历只需要移除和插入 temp_value 1 次。因为总是有 $N-1$ 次遍历，所以有 $N-1$ 次移除和 $N-1$ 次插入。

因此，总共需要 N^2 次比较和移位，再加上

$N-1$ 次移除
$+ N-1$ 次插入
———————
$N^2 + 2N - 2$ 步。

我们已经学过大 O 的一个重要规则：大 O 记法忽略常数。根据这个规则，插入排序的复杂度乍看之下应该被简化为 $O(N^2 + N)$。

不过我现在要介绍另一个重要规则：**如果有多个不同阶的项，那么大 O 记法只考虑 N 的最高阶**。

换言之，如果一个算法需要 $N^4 + N^3 + N^2 + N$ 步，则只有 N^4 才有意义。我们会说这个算法是 $O(N^4)$。这是为什么呢？

请看下表。

N	N^2	N^3	N^4
2	4	8	16
5	25	125	625
10	100	1000	10 000
100	10 000	1 000 000	1 000 000 000
1000	1 000 000	1 000 000 000	1 000 000 000 000

随着 N 的增大，N^4 的增长速度比其他阶更快，因此低阶项就没那么重要了。以表中最后一行为例，$N^4 + N^3 + N^2 + N$ 的和是 101 010 100。但完全可以把它向下近似为 100 000 000，这刚好就是忽略低阶项的结果。

插入排序也适用这个规则。尽管我们把它的步骤数简化为了 $N^2 + N$ 步，但还可以通过去掉低阶项进一步简化为 $O(N^2)$。

因此，在最坏情况下，插入排序的时间复杂度和冒泡排序以及选择排序相同，都是 $O(N^2)$。

第 5 章中说过，尽管冒泡排序和选择排序的复杂度都是 $O(N^2)$，但后者的步数是前者的一半，因此后者更快。插入排序也需要大约 N^2 步，乍看之下，我们可能觉得它和冒泡排序一样慢。

假如就介绍到这儿，你可能真的会认为选择排序是三者中的最优解。毕竟它比冒泡排序和插入排序都快一倍。但事实没那么简单。

6.4　平均情况

在最坏情况下，选择排序**确实**比插入排序快。但还得考虑**平均情况**。

为什么？

根据定义，平均情况出现频率最高。请看下图这个简单的钟形曲线。

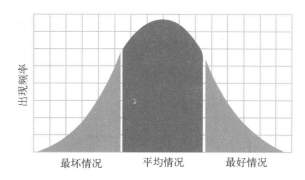

最好情况和最坏情况的发生频率相对较低。现实中出现最多的还是平均情况。

以随机排列的数组为例，其中的值完全升序或者降序排列的概率又有多高呢？它们很有可能排列得乱七八糟。

接下来就来分析插入排序在所有情况下的性能。

我们已经看过其在最坏情况，也就是数组降序排列时的表现了。在此情况下，每次遍历都要比较、右移遇到的每一个值。（根据计算，一共需要 N^2 次比较和移位。）

在最好情况下，数组已经按升序排列。因为每一个值都位于正确位置，所以每次遍历只需要一次比较，不需要任何移位。

假如数据是随机排列的，那么一次遍历可能需要比较、右移所有数据或部分数据，也可能不需要移动任何数据。回顾 6.2 节中的例子，你会发现：在第一次和第三次遍历中，我们比较、右移了遇到的所有数据。在第四次遍历中，只比较、右移了部分数据。而在第二次遍历中，只进行了一次比较，没有进行移位。

（这是因为有些遍历需要把 temp_value 左边的全部数据和它做比较，有些遍历因为遇到了一个比 temp_value 小的值而提前结束。）

因此，在最坏情况下，需要比较、右移**所有数据**。在最好情况下，**无须移动任何数据**（只需要每次遍历比较一次）。而在平均情况下，可以说整体上可能需要比较并移动大约**一半数据**。因此，如果插入排序在最坏情况下需要 N^2 步，那么在平均情况下就需要大约 $N^2/2$ 步。（不过两者的时间复杂度都是 $O(N^2)$。）

下面来看一些具体例子。

因为数组[1, 2, 3, 4]已经正确排列，所以是最好情况。如果变成[4, 3, 2, 1]，那就是最坏情况。而[1, 3, 4, 2]则是一种平均情况。

在最坏情况下（[4, 3, 2, 1]），需要 6 次比较和 6 次移位，共计 12 步。在[1, 3, 4, 2]这种平均情况下，需要 4 次比较和 2 次移位，共计 6 步。而在最好情况下（[1, 2, 3, 4]），需要 3 次比较，不需要移位。

现在不难看出，插入排序的性能受具体情况**影响很大**。插入排序在最坏情况下需要 N^2 步，平均情况下需要 $N^2/2$ 步，而最好情况下只需要 N 步。

下图展示了这 3 种情况的性能区别。

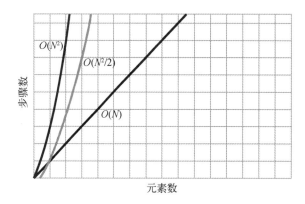

可以将其与选择排序进行对比。无论是最坏、平均还是最好情况下，选择排序都需要 $N^2/2$ 步。这是因为选择排序没有提前结束遍历的机制。每次遍历都需要比较当前索引右边的每一个值，没有例外。

下表对选择排序和插入排序进行了对比。

	最好情况	平均情况	最坏情况
选择排序	$N^2/2$	$N^2/2$	$N^2/2$
插入排序	N	$N^2/2$	N^2

那么，选择排序和插入排序究竟谁更优秀呢？答案是：看情况。如果数组随机排列，那么它们的表现就差不多。如果你有合理理由相信要处理的数据**大体上按顺序排列**，那么插入排序就是更好的选择。如果你有合理理由相信要处理的数据大体上按倒序排列，那么选择排序就是更好的选择。如果你不确定，那么基本上就是平均情况，两者的表现都差不多。

6.5 实际例子

假设你要写一个 JavaScript 应用。你发现代码中需要求两个数组的交集。交集指的是在两个数组中都出现的值。例如，数组[3, 1, 4, 2]和[4, 5, 3, 6]的交集就是数组[3, 4]。这是因为 3 和 4 在两个数组中均有出现。

下面是一个可能的实现。

```
function intersection(firstArray, secondArray){
    let result = [];
```

```
for (let i = 0; i < firstArray.length; i++) {
    for (let j = 0; j < secondArray.length; j++) {
        if (firstArray[i] === secondArray[j]) {
            result.push(firstArray[i]);
        }
    }
}
return result;
}
```

这个实现使用了嵌套循环。在外层循环中，遍历第一个数组中的每一个值，然后对每一个值都执行内层循环，检查第二个数组中是否有值和它相等。

这个算法包含两类步骤：比较和插入。我们把两个数组中的所有值互相比较，然后把一致的值插入 result 数组中。先来看看一共需要多少次比较。

假设两个数组的大小都是 N，那么一共需要 N^2 次比较。这是因为需要把第一个数组中的每一个值和第二个数组中的每一个值进行比较。如果两个数组都有 5 个元素，就需要 25 次比较。因此，这个交集算法的效率是 $O(N^2)$。

而插入最多只需要 N 步（假如两个数组完全相同）。相对 N^2 来说，N 是低阶项。因此，我们仍然说算法是 $O(N^2)$。假设两个数组的大小不同，分别是 N 和 M，那么我们就会说这个函数的效率是 $O(N \times M)$。（第 7 章会深入介绍这一点。）

能不能优化这个算法呢？

在这个例子中，考虑更多情况就很重要了。在这个 intersection 函数实现中，无论两个函数是完全相同还是毫无交集，都需要 N^2 次比较。

假如两个数组有公共元素，那么就不用把第二个数组中的**每一个**值都和第一个数组中的每一个值做比较。理由如下图所示。

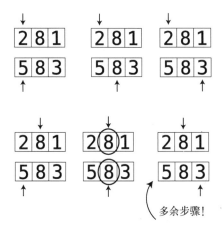

在这个例子中，找到公共元素 8 之后，就不需要执行完第二个循环了。还能比较出什么呢？我们已经知道第二个数组也含有 8 这个元素，并且已添加到 result 中。最后一步是多余的。

为了修正这一点，可以给上述实现加上一个单词。

```
function intersection(firstArray, secondArray){
    let result = [];

    for (let i = 0; i < firstArray.length; i++) {
        for (let j = 0; j < secondArray.length; j++) {
            if (firstArray[i] == secondArray[j]) {
                result.push(firstArray[i]);
                break;
            }
        }
    }
    return result;
}
```

加上 break 之后，就可以提前结束内层循环，节约步数（以及时间）。

在两个数组不含任何公共元素的最坏情况下，除了执行 N^2 次比较以外别无他法。但在两个数组完全相同的最好情况下，算法只需要 N 次比较。如果两个数组不完全相同，那么步骤数会介于 N 和 N^2 之间。

相较在任何情况下都需要 N^2 次比较的第一个实现，上述修改是对 intersection 函数的巨大优化。

6.6　小结

辨别最好、平均和最坏情况是选择合适算法以及优化已有算法速度的重要技巧。记住：为最坏情况做打算当然是好事，但大多数时候出现的还是平均情况。

在介绍完与大 O 记法相关的重要概念后，可以把这些知识应用到实际算法中。在第 7 章中，我们会看看实际代码库中可能出现的日常算法，用大 O 记法表示它们的时间复杂度。

习　　题

扫码获取
习题答案

(1) 用大 O 记法描述一个需要 $3N^2 + 2N + 1$ 步的算法的效率。

(2) 用大 O 记法描述一个需要 $N + \log N$ 步的算法的效率。

(3) 下面的函数可以检查数组中是否含有和为 10 的两个数。

```
function twoSum(array) {
  for (let i = 0; i < array.length; i++) {
    for (let j = 0; j < array.length; j++) {
```

```
      if (i !== j && array[i] + array[j] === 10) {
        return true;
      }
    }
  }
  return false;
}
```

请描述最好、平均以及最坏情况，然后用大 O 记法表示最坏情况下的复杂度。

(4) 下面的函数会返回字符串中是否含有大写字母 "X"。

```
function containsX(string) {

  foundX = false;

  for(let i = 0; i < string.length; i++) {
    if (string[i] === "X") {
      foundX = true;
    }
  }

  return foundX;

}
```

请用大 O 记法表示该函数的时间复杂度。

然后修改代码，优化其在最好和平均情况下的效率。

6

## 第 7 章

日常代码中的大 O

7

在前面几章中，你已经学习了如何使用大 O 记法来表示代码的时间复杂度。如你所见，大 O 分析中包括很多细节。本章我们将用至今为止所学知识来分析现实世界代码库中可能出现的实际代码的效率。

确定代码效率是优化的第一步。如果连代码运行速度都不知道，那又怎么知道所做的修改能不能让它更快呢？

此外，一旦确定了代码的时间复杂度，就能判断它是否需要优化。例如，一般认为复杂度为 $O(N^2)$ 的算法是比较"慢"的。所以，如果你判断自己的算法也属于此类，那么就应该停下来考虑有没有优化的方法。

当然，$O(N^2)$ 的算法对于特定问题可能是最优解。但知道自己的算法不够快，则会让我们深入思考和分析，并寻找更好的方案。

在后面的章节中，你会学到许多优化代码运行速度的技巧。但要优化代码，首先需要确定它当前的运行速度。

下面开始吧。

7.1　偶数平均数

下面这个 Ruby 方法会读取一个数字数组，并返回其中所有**偶数**的平均数。如何用大 O 记法表示其效率呢？

```ruby
def average_of_even_numbers(array)

  # 因为我们定义偶数平均数为数组中偶数之和与偶数个数的商，所以需要同时记录偶数的和以及个数：

  sum = 0.0
  count_of_even_numbers = 0

  # 遍历数组中的每个数，如果发现偶数，就更新和以及个数：
```

```
array.each do |number|
  if number.even?
    sum += number
    count_of_even_numbers += 1
  end
end

# 返回平均数:

return sum / count_of_even_numbers
end
```

下面来分析一下这段代码，并确定其效率。

请记住，大 O 分析法的根本在于回答如下核心问题：如果有 N 个数据元素，那么算法需要多少步？因此，首要任务是确定"N"个数据元素是什么。

本例中，算法处理的是传入的数字数组。那么"N"个数据元素指的就是这些数，其中 N 表示数组大小。

接下来看看该算法处理 N 个值需要多少步。

可以看出，该算法的核心是一个遍历数组中每一个数的循环，因此我们首先来分析这一循环。因为循环需要遍历 N 个元素，所以该算法需要至少 N 步。

进一步观察循环**内部**会发现在每轮循环中执行的步数不同。对于数组中的每一个数，都要检查它是不是偶数。如果是，则还需要额外两步：更新变量 sum 和 count_of_even_numbers。因此，处理偶数比处理奇数要多执行两步。

正如之前学过的那样，大 O 分析法主要关注最坏情况。本例的最坏情况是，所有数都是偶数，那么每一轮循环都需要 3 步。因此，可以说该算法需要用 $3N$ 步来处理 N 个数据元素。换言之，对于这 N 个数中的每一个，算法都要执行 3 步。

这一方法在循环之外还有一些步骤要执行。在进入循环之前，要初始化两个变量并将它们赋值为 0。严格意义上讲，这需要 2 步。在退出循环之后还有 1 步：计算 sum/count_of_even_numbers。也就是说，我们的算法在 $3N$ 步之外还需要额外的 3 步，因此总的步数是 $3N + 3$。

但是你也学过，大 O 记法会忽略常数，因此简单地说，这是一个 $O(N)$ 算法，而不是 $O(3N+3)$ 算法。

7.2 构词程序

下一个例子中的算法会读取一个单字母数组，并返回使用这些字母且长度为 2 的所有字符串组合。如果输入数组 ["a", "b", "c", "d"]，那么程序会返回包含如下字符串组合的新数组。

```
[
  'ab', 'ac', 'ad', 'ba', 'bc', 'bd',
  'ca', 'cb', 'cd', 'da', 'db', 'dc'
]
```

下面是该算法的 JavaScript 实现。来看看能否给出它的时间复杂度。

```
function wordBuilder(array) {
  let collection = [];

  for(let i = 0; i < array.length; i++) {
    for(let j = 0; j < array.length; j++) {
      if (i !== j) {
        collection.push(array[i] + array[j]);
      }
    }
  }

  return collection;
}
```

我们在循环中嵌套了另一个循环。外层循环会遍历数组中的每一个字母，记录其索引 i。对于每一个索引 i，我们都执行一个内层循环。内层循环会使用索引 j 再次遍历同一数组，只要 i 和 j 不相等，就把索引为 i 和 j 的字母连接起来。

要判断该算法的效率，还是需要先确定 *N* 个数据元素是什么。本例和前一个例子相同，*N* 都是传给函数的数组中元素的数量。

下一步就是判断算法处理 *N* 个数据元素所需要的步数。在本例中，外层循环会遍历 *N* 个元素。对于每一个元素，内层循环都要再次遍历 *N* 个元素，也就是在 *N* 步的基础上再乘以 *N* 步。

就和一般的循环嵌套算法一样，它也是典型的 $O(N^2)$ 算法。

如果把算法改为返回所有长度为 3 的字符串组合，那么又会怎样呢？换言之，使用同样的输入用例["a", "b", "c", "d"]，函数会返回如下数组。

```
[
  'abc', 'abd', 'acb',
  'acd', 'adb', 'adc',
  'bac', 'bad', 'bca',
  'bcd', 'bda', 'bdc',
  'cab', 'cad', 'cba',
  'cbd', 'cda', 'cdb',
  'dab', 'dac', 'dba',
  'dbc', 'dca', 'dcb'
]
```

下面的实现使用了三层循环嵌套。它的时间复杂度是多少呢？

```
function wordBuilder(array) {
  let collection = [];
```

```
for(let i = 0; i < array.length; i++) {
  for(let j = 0; j < array.length; j++) {
    for(let k = 0; k < array.length; k++) {
      if (i !== j && j !== k && i !== k) {
        collection.push(array[i] + array[j] + array[k]);
      }
    }
  }
}

return collection;
}
```

该算法在处理 N 个数据元素时，需要 i 循环的 N 步乘以 j 循环的 N 步再乘以 k 循环的 N 步。$N \times N \times N$ 的结果是 N^3 步，因此其时间复杂度是 $O(N^3)$。

如果循环嵌套达到了四层或五层，那么算法的时间复杂度就会分别变成 $O(N^4)$ 和 $O(N^5)$。可以用下图来对比这些时间复杂度。

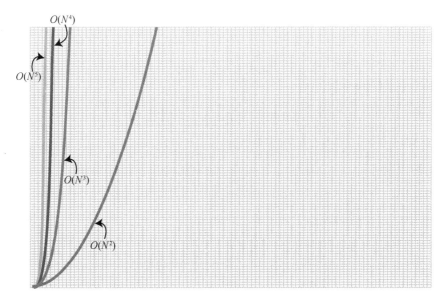

因为这是一种指数级的提升，所以把代码速度从 $O(N^3)$ 优化到 $O(N^2)$ 是一次巨大胜利。

7.3 数组抽样

在下面的例子中，我们会创建一个函数，从数组中抽取小块样本。因为输入数组预期会很大，所以只取数组的第一个、最中间的那个以及最后一个值。

函数的 Python 实现如下所示。看看你能否看出它的时间复杂度。

```
def sample(array):
  first = array[0]
  middle = array[int(len(array) / 2)]
  last = array[-1]

  return [first, middle, last]
```

在这个例子中，主要数据是传入函数的数组，因此 N 表示数组中元素的数量。

不过，无论 N 是多少，这个函数所需步骤数都相同。无论数组大小是多少，从数组的开头、中间和结尾读取都只需要 1 步。计算数组长度以及长度除以 2 同样只需要 1 步。

无论 N 是多少，步骤数都是固定的，因此这个算法是 O(1)算法。

7.4 摄氏温度平均值

下面是另一个有关平均数计算的例子。假设我们要编写一款天气预报软件。为了确定一个城市的温度，需要读取城市中大量温度计的读数，计算它们的平均值。

我们想同时显示华氏温度[①]和摄氏温度，但温度计读数最初只显示了华氏温度。

为了计算平均摄氏温度，算法需要完成两件事：首先要把读数从华氏温度转换为摄氏温度，然后要计算所有摄氏温度的平均值。

下面是该算法的 Ruby 实现。它的时间复杂度是多少呢？

```
def average_celsius(fahrenheit_readings)

  # 在这里存储摄氏温度:
  celsius_numbers = []

  # 把每个读数转换为摄氏温度并存储在数组中:
  fahrenheit_readings.each do |fahrenheit_reading|
    celsius_conversion = (fahrenheit_reading - 32) / 1.8
    celsius_numbers.push(celsius_conversion)
  end

  # 求温度之和:
  sum = 0.0

  celsius_numbers.each do |celsius_number|
    sum += celsius_number
  end

  # 返回平均值:
  return sum / celsius_numbers.length
end
```

---

① 摄氏温度（℃）和华氏温度（℉）之间的换算关系为：$C = (F - 32) \div 1.8$。——译者注

首先，可以看出 N 表示传入该方法的 fahrenheit_readings 的数量。

这个方法包括两个循环。第一个循环会把读数转换为摄氏温度，第二个循环会计算摄氏温度的和。因为两个循环都要遍历 N 个元素，所以一共需要 $N + N = 2N$ 步（以及一些步数固定的步骤）。因为大 O 记法忽略常数，所以时间复杂度可以表示为 $O(N)$。

不要因为看了构词程序就觉得两个循环会让算法效率变为 $O(N^2)$。构词程序的两个循环是**嵌套**的，因此需要 N 步**乘以** N 步。而在这个例子中，两个循环先后运行，因此是 N 步**加上** N 步，时间复杂度是 $O(N)$。

7.5　衣服标签

假设我们在给服装制造商编写软件。我们的代码会读取一个新生产服装数组（字符串数组）并生成需要的全部标签。

具体来说，标签需要包含商品名和尺寸（数字 1~5）。假如数组是["Purple Shirt", "Green Shirt"]，则需要以下标签。

```
[
"Purple Shirt Size: 1",
"Purple Shirt Size: 2",
"Purple Shirt Size: 3",
"Purple Shirt Size: 4",
"Purple Shirt Size: 5",
"Green Shirt Size: 1",
"Green Shirt Size: 2",
"Green Shirt Size: 3",
"Green Shirt Size: 4",
"Green Shirt Size: 5"
]
```

这个程序的 Python 实现如下。

```python
def mark_inventory(clothing_items):
  clothing_options = []

  for item in clothing_items:
  # 遍历尺寸1~5 (Python 的 range 到第二个数为止，但不包括第二个数)：
  for size in range(1, 6):
    clothing_options.append(item + " Size: " + str(size))

return clothing_options
```

接下来看看这个算法的效率。算法处理的主要数据是 clothing_items，因此 N 表示 clothing_items 的数量。

代码包含嵌套循环，你可能想说它是 $O(N^2)$ 算法，不过仍然需要仔细分析。尽管包含嵌套循环的算法通常是 $O(N^2)$，但这个算法例外。

只有当两个循环运行次数都和 N 有关时，嵌套循环才会让算法复杂度变为 $O(N^2)$。在本例中，尽管外层循环运行了 N 次，但内层循环只运行了 5 次。换言之，无论 N 的值是多少，内层循环都只运行 5 次。

因此，尽管外层循环运行了 N 次，但内层循环对于每个字符串都只运行了 5 次。所以算法需要 $5N$ 步，其时间复杂度可以简化为 $O(N)$。

7.6　1 的个数

这个例子的时间复杂度又和看起来的不同。函数会读取**数组的数组**，内层数组只包含 1 和 0。函数需要返回 1 的个数。

对于下列输入：

```
[
  [0, 1, 1, 1, 0],
  [0, 1, 0, 1, 0, 1],
  [1, 0]
]
```

函数需要返回其中 1 的个数，也就是 7。它的 Python 实现如下。

```python
def count_ones(outer_array):
  count = 0

  for inner_array in outer_array:
    for number in inner_array:
      if number == 1:
        count += 1

  return count
```

该算法的时间复杂度是多少？

你可能注意到了嵌套循环，然后认为答案是 $O(N^2)$，但这两个循环遍历的内容完全不同。

外层循环遍历的是内层数组，而内层循环遍历的是实际的数。**一共有多少数，内层循环就会运行多少次。**

因此，我们可以说 N 表示数字的数量。因为算法实际上只是遍历每个数，所以该函数的时间复杂度是 $O(N)$。

7.7　回文检查

回文序列指的是正反排列都一样的词或词组。"racecar" "kayak" 和 "deified" 都是回文序列。

下面的 JavaScript 函数可以检查一个字符串是不是回文序列。

```javascript
function isPalindrome(string) {

  // leftIndex 从索引 0 开始:
  let leftIndex = 0;
  // rightIndex 从数组最后一个索引开始:
  let rightIndex = string.length - 1;

  // 遍历字符串, 直到 leftIndex 位于数组中央:
  while (leftIndex < string.length / 2) {

    // 如果左边的字符和右边的字符不同, 那么字符串就不是回文序列:
    if (string[leftIndex] !== string[rightIndex]) {
      return false;
    }

    // leftIndex 右移一位:
    leftIndex++;
    // rightIndex 左移一位:
    rightIndex--;
  }

  // 如果循环结束后没有找到不同的字符, 那么字符串一定是回文序列:
  return true;
}
```

来看看这个算法的时间复杂度。

在这个例子中, N 是传入函数的 string 的长度。

该算法的核心在于 while 循环。这个循环有些不同, 因为它只运行到字符串中点。换言之, 循环会运行 $N / 2$ 次。

因为大 O 记法忽略常数, 所以该算法的时间复杂度可以去掉除以 2 的部分, 表示为 $O(N)$。

7.8 计算所有的积

下面的算法会读取一个数字数组, 返回其中每对数的积。

如果传入数组[1, 2, 3, 4, 5], 那么函数就会返回如下内容。

[2, 3, 4, 5, 6, 8, 10, 12, 15, 20]

这是因为我们首先把 1 和 2、3、4 以及 5 相乘, 然后把 2 和 3、4 以及 5 相乘, 接下来把 3 和 4、5 相乘, 最后计算 4 和 5 的积。

有一点很有趣: 在把 2 和其他数相乘时, 只需乘 2 右边的数即可。因为已经计算过 1 乘 2, 所以不用再计算 2 乘 1。因此, 每个数都只需要和它右边的数相乘。

下面是该算法的 JavaScript 实现。

```
function twoNumberProducts(array) {
  let products = [];

  // 外层循环:
  for(let i = 0; i < array.length - 1; i++) {

    // 内层循环, j 永远从 i 右边一个索引开始:
    for(let j = i + 1; j < array.length; j++) {
      products.push(array[i] * array[j]);
    }
  }

  return products;
}
```

下面来分析一下这个实现。N 表示传入函数的数组中元素的数量。

外层循环执行了 N 次（实际上是 $N-1$ 次，但我们忽略常数），内层循环则有些不同。因为 j 总是从 i 右边一个索引开始，所以内层循环中执行的步数会随着外层循环的执行而减少。

以上面的 5 个元素的数组为例，来看看内层循环的运行次数。

如果 i 是 0，那么内层循环需要在 j 等于 1、2、3 和 4 时执行 4 次。如果 i 是 1，那么内层循环需要在 j 等于 2、3 和 4 时执行 3 次。如果 i 是 2，那么内层循环需要在 j 等于 3 和 4 时执行 2 次。如果 i 是 3，那么内层循环只需要在 j 等于 4 时执行 1 次。内层循环总计需要执行 4+3+2+1 次。

用 N 来表示的话，内层循环大约需要执行 $N+(N-1)+(N-2)+(N-3)+\cdots+1$ 次。

这个表达式的结果大约是 $N^2/2$。下图展示了这个过程。图中的 N 是 8，所以一共有 $8^2=64$ 个方块。

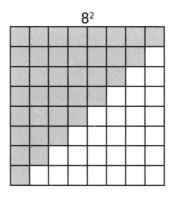

如果从上向下看，你会发现最上面一行有 N 个灰色方块，下一行有 $N-1$ 个灰色方块，接下来一行有 $N-2$ 个灰色方块，以此类推，最后一行只有 1 个灰色方块。

一看就知道有大约一半方块是灰色的。这证明了 $N+(N-1)+(N-2)+(N-3)+\cdots+1$ 确实

等价于 $N^2 / 2$。

我们已经证明内层循环会执行 $N^2 / 2$ 次。因为大 O 记法忽略常数，所以该算法的时间复杂度可以表示为 $O(N^2)$。

处理多个数据集

假设我们不再计算一个数组中的两两乘积，而是用一个数组的每一个数去乘**另一个数组**的每一个数，那么新算法的时间复杂度会是多少呢？

假设一个数组是[1, 2, 3]，另一个数组是[10, 100, 1000]，我们想得到如下的乘积数组。

[10, 100, 1000, 20, 200, 2000, 30, 300, 3000]

可以稍微修改一下上一段代码来实现该功能。

```
function twoNumberProducts(array1, array2) {
  let products = [];

  for(let i = 0; i < array1.length; i++) {
    for(let j = 0; j < array2.length; j++) {
      products.push(array1[i] * array2[j]);
    }
  }

  return products;
}
```

下面来分析这个函数的时间复杂度。

首先，N 表示什么？我们现在有两个数组，也就是**两个数据集**，这个问题就成了第一个障碍。

你可能想把所有元素放到一起，令 N 表示两个数组元素数的和。不过这样做会带来以下问题。

考虑两种情景。在情景 1 中，两个数组的大小都是 5。在情景 2 中，一个数组的大小是 9，另一个数组的大小是 1。

按我们的想法，因为 $5 + 5$ 和 $9 + 1$ 都等于 10，所以两种情景的 N 都是 10。但这两种情景的效率有**天壤之别**。

在情景 1 中，代码需要 25（5×5）步。因为 N 是 10，所以这等价于$(N / 2)^2$步。

在情景 2 中，代码需要 9（9×1）步，和 N 差不多。这可比情景 1 快多了。

因此，我们不希望 N 表示两个数组元素数的和。这样会让不同情景拥有不同的效率，永远也无法确定其复杂度。

我们这里有点儿左右为难，因此只能把复杂度表示为 $O(N \times M)$，其中 N 表示一个数组的大小，M 表示另一个数组的大小。

这是一个新概念：如果有两个不同的数据集必须通过乘法彼此互动，则必须在表示时间复杂度时把它们区分开来。

尽管这是表示该算法时间复杂度的正确方式，但它和前面所讲的大 O 表达式比起来就没什么用处了。把用 $O(N \times M)$ 表示复杂度的算法与只用 N（不用 M）表示复杂度的算法相比，就好像把苹果和橘子相比，二者并不属于同一类别。

不过，我们确实知道 $O(N \times M)$ 所在的范围。如果 N 和 M 相等，那么它就等价于 $O(N^2)$。如果它们不同，并且假设 M 更小，那么即便 M 是 1，复杂度也至少是 $O(N)$。因此，可以说 $O(N \times M)$ 介于 $O(N)$ 和 $O(N^2)$ 之间。

虽然算不上好结果，但也只能如此了。

7.9 密码破解程序

假设要用代码生成特定长度的所有字符串。你可以很快写出如下代码。

```ruby
def every_password(n)
  (("a" * n)..("z" * n)).each do |str|
    puts str
  end
end
```

你可以给函数传入一个数字，作为变量 n 的值。

如果 n 是 3，那么"a" * n 就会生成字符串"aaa"。代码会在循环中遍历"aaa"和"zzz"之间的所有字符串。运行这段代码，就会打印如下字符串。

```
aaa
aab
aac
aad
aae

...

zzx
zzy
zzz
```

如果 n 是 4，那么代码会打印长度为 4 的所有字符串。

```
aaaa
aaab
aaac
aaad
aaae

...
```

```
zzzx
zzzy
zzzz
```

哪怕只是把长度变为 5，代码也会运行很长时间。这是一个很慢的算法。但它的时间复杂度是多少呢？

来分析一下。

如果把字母表中的每个字母都打印一次，那么需要 26 步。

如果打印两个字母的组合，那么需要 26 乘 26 步。

而打印 3 个字母的组合则共有 26 × 26 × 26 种。

如下表所示，你发现规律了吗？

长　　度	组合数
1	26
2	26^2
3	26^3
4	26^4

如果 N 表示每个字符串的长度，**那么共有 26^N 种组合。**

用大 O 记法来表示的话，算法的复杂度就是 $O(26^N)$。这简直和冰河运动一样慢！事实上，**哪怕是 $O(2^N)$ 算法都已经很慢了。** 下图把 $O(2^N)$ 和我们至今遇到的一些算法进行了比较。

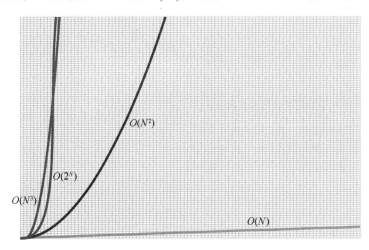

可以看出，在某一点之后，$O(2^N)$ 比 $O(N^3)$ 还要慢。

在一定意义上，$O(2^N)$ 和 $O(\log N)$ 正相反。每当数据量加倍，$O(\log N)$ 算法（比如二分查找）都只多花 1 步。而对 $O(2^N)$ 算法来说，每多**一个**数据元素，算法所需步数都要**翻倍**。

在上面这个密码破解器中，N 每增加 1，步骤数都要变为 26 倍。因为要花大量时间，所以这样做实在不够高效。

7.10 小结

恭喜你成为大 O 的专家！你现在已经可以分析各种算法的时间复杂度。运用这些知识，你就能系统地优化代码速度了。

第 8 章将介绍一种新的数据结构。它是加速算法最有用且最常见的工具。这种数据结构真的能提速很多。

<h1 style="text-align:center">习　题</h1>

扫码获取
习题答案

(1) 使用大 O 记法描述下面函数的时间复杂度。如果输入数组是一个"和为 100 的数组"，那么函数就会返回 True，否则会返回 False。

```
def one_hundred_sum?(array)
  left_index = 0
  right_index = array.length - 1

  while left_index < array.length / 2
    if array[left_index] + array[right_index] != 100
      return false
    end

    left_index += 1
    right_index -= 1
  end

  return true
end
```

"和为 100 的数组"需要满足以下条件。

- 第一个元素和最后一个元素的和为 100。
- 第二个元素和倒数第二个元素的和为 100。
- 第三个元素和倒数第三个元素的和为 100。

以此类推。

(2) 使用大 O 记法描述下面函数的时间复杂度。该函数把两个已排序的数组结合起来为一个新的已排序数组，新数组要包含两个数组中的所有元素。

```
def merge(array_1, array_2)
  new_array = []
  array_1_pointer = 0
  array_2_pointer = 0
```

```
# 只有遍历完两个数组循环才结束:
while array_1_pointer < array_1.length ||
  array_2_pointer < array_2.length

  # 如果遍历完第一个数组, 那么就从第二个数组中添加元素:
  if !array_1[array_1_pointer]
    new_array << array_2[array_2_pointer]
    array_2_pointer += 1
  # 如果遍历完第二个数组, 那么就从第一个数组中添加元素:
  elsif !array_2[array_2_pointer]
    new_array << array_1[array_1_pointer]
    array_1_pointer += 1
  # 如果第一个数组当前的数小于第二个数组的当前数, 那么就从第一个数组中添加元素:
  elsif array_1[array_1_pointer] < array_2[array_2_pointer]
    new_array << array_1[array_1_pointer]
    array_1_pointer += 1
  # 如果第二个数组当前的数小于第一个数组的当前数, 那么就从第二个数组中添加元素:
  else
    new_array << array_2[array_2_pointer]
    array_2_pointer += 1
  end
end

return new_array
end
```

(3) 使用大 O 记法描述下面函数的时间复杂度。该函数用来解决著名的 "字符串搜索" 问题。

```
def find_needle(needle, haystack)
  needle_index = 0
  haystack_index = 0

  while haystack_index < haystack.length
    if needle[needle_index] == haystack[haystack_index]
      found_needle = true

      while needle_index < needle.length
        if needle[needle_index] != haystack[haystack_index + needle_index]
          found_needle = false
          break
        end
        needle_index += 1
      end

      return true if found_needle
      needle_index = 0
    end

    haystack_index += 1
  end

  return false
end
```

needle 和 haystack 都是字符串。假如 needle 是"def"而 haystack 是"abcdefghi", 那么因为"def"是"abcdefghi"的子串, 所以 needle 就在 haystack 之中。但如果 needle 是"dd", 那么在 haystack 中就找不到它。

如果在 haystack 中可以找到 needle，那么函数就会返回 True，否则会返回 False。

(4) 使用大 O 记法描述下面函数的时间复杂度。该函数会计算输入数组中任意 3 个数乘积的最大值。

```
def largest_product(array)
  largest_product_so_far = array[0] * array[1] * array[2]
  i = 0

  while i < array.length
    j = i + 1
    while j < array.length
      k = j + 1
      while k < array.length
        if array[i] * array[j] * array[k] > largest_product_so_far
          largest_product_so_far = array[i] * array[j] * array[k]
        end
        k += 1
      end
      j += 1
    end
    i += 1
  end

  return largest_product_so_far

end
```

(5) 我听说过一个关于人事部门的笑话："想要瞬间淘汰最不幸的应聘者吗？只要把桌上一半的简历扔进垃圾桶即可。"

假设我们要写一个软件，不停地移除一堆简历中的一半，直到只剩下一份简历。可以交替移除上半和下半，也就是先扔掉上面的一半，然后扔掉剩下的简历中下面的一半。交替进行，最后留下一份幸运的简历，并雇用这个应聘者。

用大 O 记法描述这个函数的效率。

```
def pick_resume(resumes)
  eliminate = "top"

  while resumes.length > 1
    if eliminate == "top"
      resumes = resumes[resumes.length / 2, resumes.length - 1]
      eliminate = "bottom"
    elsif eliminate == "bottom"
      resumes = resumes[0, resumes.length / 2]
      eliminate = "top"
    end
  end

  return resumes[0]
end
```

查找迅速的哈希表 8

假设你在写一个快餐店的点单程序。你需要实现一个菜单，列出菜品和单价。严格说来，可以使用数组。

```
menu = [ ["french fries", 0.75], ["hamburger", 2.5],
["hot dog", 1.5], ["soda", 0.6] ]
```

这个数组包含好几个子数组，每个子数组有两个元素。第一个元素是一个字符串，表示菜单上的菜品。第二个元素表示菜品的单价。

第 2 章中讲过，如果数组是无序的，那么搜索特定菜品的单价需要 $O(N)$ 步。这是因为计算机必须线性查找。如果数组是**有序**的，那么计算机就可以使用二分查找，这只需要 $O(\log N)$ 步。

$O(\log N)$ 已经很不错了，但我们还能做得更好。事实上，可以**好很多**。学习本章之后，你就能使用名为**哈希表**的特殊数据结构了，它可以在 $O(1)$ 时间内查找数据。在学习哈希表的工作原理和适用场景后，你可以在许多地方发挥它的速度优势。

8.1 哈希表

大多数编程语言有一个名叫**哈希表**的数据结构。它有一个强大特性：快速读取。哈希表在不同编程语言中的名字可能不同。Hash、Map、Hash Map、Dictionary 和 Associate Array 指的都是哈希表。

下面是 Ruby 中快餐店菜单的哈希表实现。

```
menu = { "french fries" => 0.75, "hamburger" => 2.5,
"hot dog" => 1.5, "soda" => 0.6 }
```

哈希表由一组成对的数组成。每对数的第一个元素称作**键**，第二个元素称作**值**。在哈希表中，键和值之间有着明显的关联。在本例中，字符串"french fries"就是一个键，而 0.75 是其对应的值。它们组合在一起，表示炸薯条的价格是 75 美分。

在 Ruby 中可以使用以下语句来查找一个键的值。

```
menu["french fries"]
```

该语句会返回值 0.75。

因为通常只需要 1 步，所以在哈希表中查找值的平均复杂度是 $O(1)$。下面来看看原因。

8.2 用哈希函数进行哈希

你还记得你小时候用来加密信息的密码吗?

以下面这个字母和数字的简单映射为例。

A = 1
B = 2
C = 3
D = 4
E = 5

以此类推。

使用这个密码:

ACE 变成了 135,
CAB 变成了 312,
DAB 变成了 412,

而 BAD 变成了 214。

这个把字母转换为数字的过程称为**哈希**。用来把字母转换成特定数字的密码就是**哈希函数**。

除此之外，还有很多种哈希函数。例如，把字母转换成对应数字再**求和**也是一种哈希函数。使用该函数，BAD 在两步之内就会变为数字 7。

第 1 步：BAD 变为 214。

第 2 步：计算 214 各位数字的和，2 + 1 + 4 = 7。

计算字母对应数字的积也是一种哈希函数。该函数会把 BAD 转换为数字 8。

第 1 步： BAD 变为 214。

第 2 步：计算各位数字的积，2 × 1 × 4 = 8。

本章剩下的例子都会使用最后这个哈希函数。现实世界的哈希函数要复杂得多，但这个"乘法"哈希函数可以让例子简单明了。

事实上，有效的哈希函数只需满足一个条件：对同样的字符串使用哈希函数得到的值应该永远**相同**。如果不能满足这个条件，那么哈希函数就是无效的。

如果一个哈希函数在计算过程中使用了随机数或者当前时间，那么它就是无效的。使用这样的函数，BAD 这次可能会转换为 12，下次可能就会转换为 106。

而使用"乘法"哈希函数，BAD **总是**会转换为 8。这是因为 B 总是 2，A 总是 1，D 总是 4。$2 \times 1 \times 4$ 又**总是**等于 8。结果永远不会变。

有一点需要注意：使用这个函数时，DAB 也会转换为 8。这实际上有一些问题，我们稍后再解决。

明白了哈希函数的概念之后，就可以学习哈希表的工作原理了。

8.3　好玩又赚钱的同义词典（赚钱是重点）

假设你在业余时间独自秘密创办了一家初创企业来占领全球市场。你的产品是一个同义词典。这可不是那些**老旧**的同义词典应用，它叫 Quickasaurus[①]。你确信它能在价值数十亿美元的同义词典市场占据一席之地。用户在过时的同义词典应用中查找单词时，会找到**所有**可能的同义词，而 Quickasaurus 只会返回**一个**结果。

因为每个单词都有一个关联的同义词，所以这正是哈希表出场的好机会。毕竟哈希表就是一组成对的元素。那么我们开始吧。

可以用哈希表来表示同义词典。

thesaurus = {}

和数组类似，哈希表实质上把数据存在一连串格子中。每个格子都有一个对应的数，如下图所示。

（因为使用"乘法"哈希函数不会得到 0，所以没有用索引 0。）

下面向哈希表中添加第一条同义词。

thesaurus["bad"] = "evil"

用代码表示的话，哈希表变成了下面这样。

{"bad" => "evil"}

来看看哈希表是如何存储这项数据的。

---

① Quickasaurus 是 Quick 和 Thesaurus 的合成词，意为"快速同义词"。——译者注

首先，计算机会对键使用哈希函数。使用前述的“乘法”函数，结果如下。

BAD = 2 × 1 × 4 = 8

因为键"bad"的哈希值是 8，所以计算机会把其对应的值"evil"存在第 8 格中，如下图所示。

1	2	3	4	5	6	7	8	9	10	11	12	13	14	15	16
							"evil"								

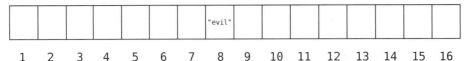

接下来，添加另一个键-值对。

```
thesaurus["cab"] = "taxi"
```

计算机仍会先计算键的哈希值。

CAB = 3 × 1 × 2 = 6

因为结果是 6，所以计算机会把值"taxi"存在第 6 格中，如下图所示。

1	2	3	4	5	6	7	8	9	10	11	12	13	14	15	16
					"taxi"		"evil"								

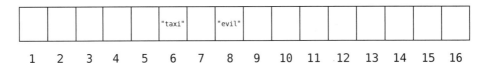

再添加一个键-值对。

```
thesaurus["ace"] = "star"
```

总结一下这个过程：对每个键-值对来说，先对键进行哈希，然后把**值**存储在**哈希值**对应的索引处。

因为 ACE 的哈希值为 15（ACE = 1 × 3 × 5 = 15），所以"star"被放到了第 15 格中，如下图所示。

1	2	3	4	5	6	7	8	9	10	11	12	13	14	15	16
					"taxi"		"evil"							"star"	

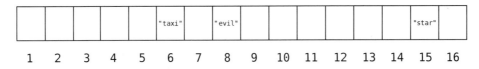

用代码表示的话，哈希表变成了下面这样。

```
{"bad" => "evil", "cab" => "taxi", "ace" => "star"}
```

8.4　哈希表查找

在哈希表中查找时，我们使用键来寻找和它关联的值。下面会以 Quickasaurus 中的哈希表为例来展示这一过程。

假设要查找和键"bad"关联的值。这一操作可以用如下代码完成。

```
thesaurus["bad"]
```

要找到和"bad"关联的值，计算机只需执行简单的两步。

(1) 计算查找的键的哈希值：BAD = 2 × 1 × 4 = 8。

(2) 因为结果是 8，所以计算机会检查第 8 个格子并返回其中的值——"evil"。

宏观来看，哈希表中每个值的位置是由键决定的。对键进行哈希，就得到了存储该键关联值的索引。

因为键决定了值的位置，所以查找简直是"小菜一碟"。如果想查找一个键对应的值，那么这个键本身就已经告诉了我们值的所在位置。就和插入时计算键的哈希值一样，只需再次计算哈希值，即可找到之前存储这个值的位置。

这下能明白查找哈希表为什么是 $O(1)$ 了吧：这个过程只需要固定时间。计算机只需调用哈希函数，计算键的哈希值，然后跳转到对应索引并读取值即可。

现在你可以理解为什么哈希表比数组能更快地查找快餐店菜单了吧。用数组查找菜品价格时，必须搜索每一个格子。这个过程在无序数组中最多需要 $O(N)$ 步，而在有序数组中则最多需要 $O(\log N)$ 步。如果用哈希表，则可以用菜品名字作为键，实现 $O(1)$ 的查找。这就是哈希表的好处。

单向查找

必须要指出：只有知道值对应的键，才能在哈希表中用 1 步查找任意值。如果想找一个值，却不知道它的键，则还得用 $O(N)$ 步查找哈希表中每一个键–值对。

类似地，用**键**去寻找**值**只需要 $O(1)$ 步。如果反过来用**值**去寻找**键**，那么就无法利用哈希表快速查找的优势了。

这是因为哈希表的大前提是键决定值的位置。可这个前提是单向的：必须用键去寻找值。值不能决定键的位置，因此无法简单地找到某个键，只能遍历所有键。

那么想一想：键存储在哪儿呢？在前面的图中，我们只能看到值的存储方式。

这个答案因语言而异。有些语言就把键存储在值的旁边。这在发生冲突时很有帮助，下一节会详细介绍。

总之，哈希表的单向本质还有一个值得讨论的特性。在哈希表中，键不能重复，但值可以重复。

以本章开头的菜单为例，菜单上不能重复列出汉堡包（我们也不想这样做，因为一样菜品只有一个价格）。但是，**可能**会有多种价格为 2.5 美元的菜品。

如果试图存储一个键–值对，而其中的键已经存在，那么很多语言会保留这个键并覆盖旧值。

8

8.5   解决冲突

哈希表很强大，但也不是没有缺点。

以同义词典为例：如果要加入下面这个词条，那么会发生什么呢？

thesaurus["*dab*"] = "*pat*"

首先，计算机会把键哈希。

DAB = 4 × 1 × 2 = 8

然后，计算机会试图把"pat"存储到哈希表的第 8 格中，如下图所示。

不好，第 8 格已经被邪恶的"evil"占据了。

向已经有内容的格子添加数据就会发生**冲突**。幸运的是，我们有解决办法。

一种经典的解决方案叫**拉链法**。发生冲突时，格子中不再存储**单一**值，而是会存储一个数组的引用。

我们来更仔细地看看哈希表的底层数据结构，如下图所示。

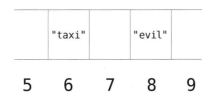

在上述例子中，计算机想要把"pat"存入第 8 格，但其中已经存储了"evil"。因此，计算机会把第 8 格的内容替换为下图所示的数组。

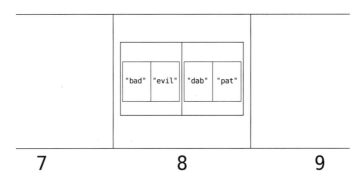

这个数组包含了两个子数组。每个子数组的第一个值是单词，第二个值是它的同义词。

我们来分析一下这种情况下哈希表查找的步骤。假设要查找下列内容：

thesaurus["*dab*"]

则计算机会执行如下步骤。

(1) 把键哈希：DAB = 4 × 1 × 2 = 8。

(2) 检查第 8 格。计算机会发现第 8 格中不是单一值，而是一个数组的数组。

(3) 线性查找数组，检查每个子数组的索引 0，直到找到键"dab"。随后返回对应子数组的索引 1 处的值。

以上步骤可以用图来表示。

由于 DAB 的哈希值是 8，因此计算机会检查第 8 格，如下图所示。

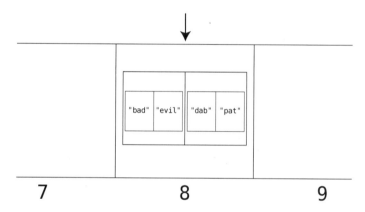

因为第 8 格存储了数组的数组，所以线性查找，遍历每个子数组。首先检查第一个子数组的索引 0，如下图所示。

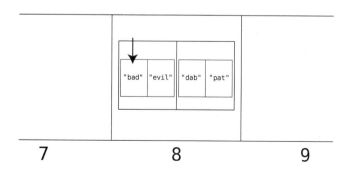

因为它不是我们想查找的键"dab"，所以继续检查下一个子数组的索引 0，如下图所示。

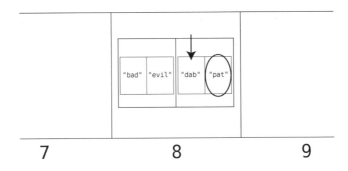

这个值正是 "dab"，因此这个子数组的索引 1 处的值 "pat" 就是要找的值。

如果计算机检查的格子引用了一个数组，那么它需要对一个有多个值的数组进行线性查找，而这为查找带来了额外步骤。假设所有的数据最后都位于同一个格子，那么哈希表就和数组没有区别了。因此，哈希表查找在最坏情况下的复杂度是 $O(N)$。

让哈希表尽可能没有冲突非常重要。只有这样，查找才能在 $O(1)$ 而不是 $O(N)$ 时间内完成。

好在大多数编程语言已经实现了哈希表，我们无须担心这些细节。不过，理解哈希表的工作原理能让我们体会到哈希表维持 $O(1)$ 级别性能的可贵之处。

下面来看看避免频繁冲突的哈希表设计方法。

8.6　创造高效的哈希表

归根结底，哈希表的效率取决于 3 个因素。

❑ 哈希表中存储的数据量。
❑ 哈希表中格子的数量。
❑ 哈希表使用的哈希函数。

前两个因素的重要性显而易见。假如你有很多数据，却只有几个格子，那么就会产生很多冲突，让哈希表不再高效。但为什么哈希函数也会影响哈希表的效率呢？下面来看一下。

假设我们使用的哈希函数的哈希值总是在 1 和 9 之间。以下面这个哈希函数为例：该哈希函数会先把字母转换为数字，然后计算数字的和。如果和有不止一位数字，则会继续求它各位数字的和。重复此过程，直到结果为一位数字。

下面用一个例子来描述这个哈希过程。

PUT = 16 + 21 + 20 = 57

因为 57 有两位数字，所以哈希函数会把它分为 5 + 7。

5 + 7 = 12

因为 12 还是有两位数字，所以哈希函数会把它分为 1 + 2。

1 + 2 = 3

因此 PUT 的哈希值是 3。

根据定义，该哈希函数的哈希值**永远**是 1 和 9 之间的数。

回顾之前使用的哈希表，如下图所示。

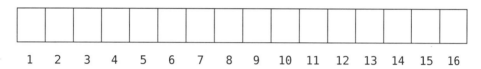

如果用上述哈希函数，那么计算机将永远用不到第 10 格后面的格子。所有数据都会堆在第 1 格和第 9 格之间。

因此，好的哈希函数需要将数据分布在**所有**可用格子中。数据分布越广，就越不容易冲突。

伟大的平衡法案

你已经看到，冲突越少，哈希表的效率就越高。理论上，避免冲突的最好方法就是使用拥有很多格子的哈希表。假设要存储 5 个元素，那么一个拥有 1000 个格子的哈希表就很合适，因为不会发生冲突的概率很高。

避免冲突固然重要，但这需要在冲突和内存占用之间取得平衡。

用有 1000 个格子的哈希表存储 5 个元素当然能避免冲突，但这造成了内存的浪费。

这就是哈希表必须遵守的平衡法案。好的哈希表可以**在避免冲突和节约内存间取得平衡**。

为此，计算机科学家提出了如下准则：每增加 7 个元素，哈希表就应该增加 10 个格子。

假如你要存储 14 个元素，那么就需要 20 个可用的格子，以此类推。

数据与格子的比值称为**负载因子**。上述准则可以用该术语表述为：理想的负载因子是 0.7（7 个元素 / 10 个格子）。

假如你开始要存储 7 个元素，那么计算机就会为哈希表分配 10 个格子。在你添加更多数据时，计算机也会给哈希表扩容。除了添加格子，计算机还需要调整哈希函数，这样新数据便能均匀分配进新的格子中。

大多数哈希表的幕后工作是由编程语言管理的。它决定了哈希表的大小、使用的哈希函数以及扩容的时机。你可以假设自己使用的编程语言已经为哈希表做了优化。

现在我们已经学习了哈希表的工作原理，也知道了它们有着 $O(1)$ 级别的优秀查找速度。接下来我们将利用这一点来优化代码速度。

但首先来看看哈希表在整合简单数据方面的几个用例。

8.7　用哈希表整合数据

因为哈希表的数据按键–值对存储，所以它在很多数据整合的情景中有用。

有些数据天然就是成对的。本章中的快餐店菜单和同义词典就是经典例子。菜单中的菜品和价格可以配对。同义词典中，单词和它的同义词也是一对。事实上，因为字典是成对数据的一种常见形式，所以 Python 中的哈希表就叫**字典**：它是单词和其定义的列表。

积分表也是一种天然成对的数据。比如在选举中，候选人和其得票数可以用如下形式表示。

```
{"Candidate A" => 1402021, "Candidate B" => 2321443, "Candidate C" => 432}
```

记录库存中物品数量的库存跟踪系统也是一种积分表。

```
{"Yellow Shirt" => 1203, "Blue Jeans" => 598, "Green Felt Hat" => 65}
```

哈希表非常适合成对的数据，它们甚至可以用来简化条件逻辑。

假如有一个函数，该函数会返回常见 HTTP 状态码的含义。

```
def status_code_meaning(number)
  if number == 200
    return "OK"
  elsif number == 301
    return "Moved Permanently"
  elsif number == 401
    return "Unauthorized"
  elsif number == 404
    return "Not Found"
  elsif number == 500
    return "Internal Server Error"
  end
end
```

如果仔细分析，就会发现这个条件逻辑也基于成对的数据——状态码及其对应含义。

使用哈希表就可以避免使用条件逻辑语句了。

```
STATUS_CODES = {200 => "OK", 301 => "Moved Permanently",
                401 => "Unauthorized", 404 => "Not Found",
                500 => "Internal Server Error"}

def status_code_meaning(number)
  return STATUS_CODES[number]
end
```

哈希表的另一种常见用途是表示有多种属性的对象。比如，一条狗可以像下面这样表示。

`{"Name" => "Fido", "Breed" => "Pug", "Age" => 3, "Gender" => "Male"}`

如你所见，属性也是一种成对的数据。属性名是键，而实际的属性就是值。

如果把多个哈希表放到一个数组中，那么就创建了一个狗的列表。

```
[
  {"Name" => "Fido", "Breed" => "Pug", "Age" => 3, "Gender" => "Male"},
  {"Name" => "Lady", "Breed" => "Poodle", "Age" => 6, "Gender" => "Female"},
  {"Name" => "Spot", "Breed" => "Dalmatian", "Age" => 2, "Gender" => "Male"}
]
```

8.8　用哈希表优化速度

除了适合成对的数据，哈希表还可以用来给代码提速，即便数据不成对也可以。这才是哈希表激动人心的地方。

下面是一个简单数组。

`array = [61, 30, 91, 11, 54, 38, 72]`

假如你要查找数组中的一个数，那么需要多少步呢？

因为数组是无序的，所以必须进行线性查找，这需要 N 步。本书开头就介绍过这一点。

不过，假如用一段代码把这些数存储到哈希表中呢？

```
hash_table = {61 => true, 30 => true, 91 => true,
11 => true, 54 => true, 38 => true, 72 => true}
```

这里把数本身作为键，把布尔值 true 作为关联的值。

如果在这个哈希表中搜索作为键的特定值，那么需要多少步呢？

答案是使用下面这行简单的代码：

`hash_table[72]`

只要 1 步就能找到 72。

换言之，用 72 作为键进行哈希表查找，只需要 1 步就能确定 72 是否在哈希表中。原因很简单：如果 72 确实是表中的一个键，那么因为 72 对应的值是 true，所以代码会返回 true。反之，如果 72 **不是**表中的键，则代码会返回 nil。（对于不存在于哈希表中的键，不同语言会返回不同的值。Ruby 会返回 nil。）

因为哈希表查找只需要 1 步，所以在哈希表中查找任意数（作为键）都只要 1 步。

你看出名堂了吗？

像这样把数组转化成哈希表，就可以把查找从 $O(N)$ 变为 $O(1)$。

有趣的地方在于，虽然哈希表常用于成对数据，但这里的数据**并不**成对。我们只关心单独的一组数据。

尽管为每个键分配了值，但这个值是什么并不重要。上面使用了 `true`，但其实任意值（“确实”如此）都可以。

核心在于，把这些数作为键插入哈希表，就可以用 1 步来查找了。假如查找返回了值，那么就意味着哈希表中有这个键。如果返回了 `nil`，那么这个键一定不在哈希表中。

我把哈希表的这种用法称为“用作索引”。（这是我自创的术语。）一本书的索引可以告诉你某主题在书中的位置，这样你就不用一页一页翻找了。同样，这里用哈希表作为索引：它告诉你某一项是否存在于原数组中。

下面用这个技巧来优化一个实际算法的速度。

数组子集

假设要判断一个数组是否是另一个数组的子集。以下面两个数组为例。

```
["a", "b", "c", "d", "e", "f"]
["b", "d", "f"]
```

第二个数组 `["b", "d", "f"]` 是第一个数组 `["a", "b", "c", "d", "e","f"]` 的子集，因为第二个数组中的每一个值都会在出现第一个数组中。

而对下面两个数组来说：

```
["a", "b", "c", "d", "e", "f"]
["b", "d", "f", "h"]
```

因为第二个数组中的 `"h"` 并不存在于第一个数组中，所以第二个数组**不是**第一个数组的子集。

该如何实现判断一个数组是否是另一个数组子集的函数呢？

一种方法是使用嵌套循环。我们遍历较小的数组中的每一个元素，每次遍历都再用一个循环遍历较大的数组中的元素。如果发现较小的数组中有一个元素不在较大的数组中，那么函数就返回 `false`。如果循环执行完毕，那么就意味着较小的数组中的每一个值都在较大的数组中出现过，因此函数会返回 `true`。

下面是这种方法的 JavaScript 实现。

```javascript
function isSubset(array1, array2) {

  let largerArray;
  let smallerArray;
```

```
// 判断哪一个数组更小：
if(array1.length > array2.length) {
  largerArray = array1;
  smallerArray = array2;
} else {
  largerArray = array2;
  smallerArray = array1;
}

// 遍历较小的数组：
for(let i = 0; i < smallerArray.length; i++) {

  // 暂时假设较小的数组中的当前值不在较大的数组中：
  let foundMatch = false;

  // 对于较小的数组中的每一个值，遍历较大的数组：
  for(let j = 0; j < largerArray.length; j++) {

    // 如果两个值相等，则意味着较小的数组中的值也在较大的数组中出现：
    if(smallerArray[i] === largerArray[j]) {
      foundMatch = true;
      break;
    }
  }

  // 如果较小的数组中的当前值不存在于较大的数组中，则返回 false：
  if(foundMatch === false) { return false; }
}

// 如果循环执行完毕，则意味着较小的数组中的所有值都在较大的数组中出现过：
return true;
}
```

因为循环执行次数是两个数组元素数量的积，所以这个算法的效率是 $O(N \times M)$。

接下来利用哈希表来大幅优化该算法的效率。这次要完全重写。

在新算法中，确定大小数组之后，执行一个循环遍历较大的数组，把每个值存储在哈希表中。

```
let hashTable = {};

for(const value of largerArray) {
  hashTable[value] = true;
}
```

在这段代码中，我们在变量 hashTable 内部创建了一个空哈希表。然后遍历 largerArray 中的每一个值并插入哈希表中。用元素本身作为键，true 作为对应的值。

以数组["a", "b", "c", "d", "e", "f"]为例，在运行上述代码之后，哈希表内容如下所示。

```
{"a": true, "b": true, "c": true, "d": true, "e": true, "f": true}
```

这就成了我们的 "索引"，后面可以用它来实现 $O(1)$ 的查找。

接下来是关键的部分。一旦第一个循环结束，可以使用这个哈希表之后，就可以开始第二个（非嵌套）循环来遍历**较小**的数组。

```
for(const value of smallerArray) {
  if(!hashTable[value]) { return false; }
}
```

这个循环会检查 smallerArray 中的每一项是否是 hashTable 中的键。因为 hashTable 会将 largerArray 中的所有元素都作为键存储，所以如果在 hashTable 中找到了对应元素，那么就意味着这个元素也在 largerArray 中。否则，它就不在 largerArray 中。

接下来，检查 smallerArray 中的每一项是否是 hashTable 中的一个键。如果不是，那么就意味着该项不在 largerArray 中，而 smallerArray 也就不是较大数组的子集，函数会返回 false。（如果这个循环执行结束，那么就意味着较小的数组**确实是**较大的数组的子集。）

以下是完整的代码实现。

```
function isSubset(array1, array2) {
  let largerArray;
  let smallerArray;
  let hashTable = {};

  // 判断哪个数组更小:
  if(array1.length > array2.length) {
    largerArray = array1;
    smallerArray = array2;
  } else {
    largerArray = array2;
    smallerArray = array1;
  }

  // 把 largerArray 中的所有项都存储到 hashTable 中:
  for(const value of largerArray) {
    hashTable[value] = true;
  }

  // 遍历 smallerArray 中的每一项，如果有某一项不在 hashTable 中，就返回 false:
  for(const value of smallerArray) {
    if(!hashTable[value]) { return false; }
  }

  // 如果执行到这里都没有返回 false，那么就意味着 smallerArray 中的所有项都在 largerArray 中:
  return true;
}
```

这个算法需要多少步呢？首先，为了构建哈希表，我们遍历了**较大**的数组中的每一项。

然后遍历了**较小**的数组中的每一项，并在哈希表中查找该项。而哈希表查找只需要 1 步。

如果 N 是两个数组元素数的和，那么因为每个元素都只访问一次，所以这个算法的复杂度是 $O(N)$。换言之，较大的数组中的每个元素需要 1 步，较小的数组中的每个元素也需要 1 步。

这和第一个 $O(N \times M)$ 算法比起来是巨大的进步。

这种用哈希表做 "索引" 的技巧在那些需要在一个数组内做多次查找的算法中会频繁出现。如果你的算法需要在一个数组内不断查找，那么每次查找都可能花上 N 步。如果使用哈希表作为该数组的 "索引"，那么每次查找都只用 1 步。

正如先前指出的，这个技巧有趣的地方在于：使用哈希表作为 "索引" 时，我们处理的甚至都不是成对的数据。我们只想知道键本身是否位于哈希表中。如果用键查找哈希表时返回了值（可以是任意值），那么这个键一定位于哈希表中。

8.9　小结

在构建高效的软件时，哈希表不可或缺。因为读取和插入的复杂度都是 $O(1)$，所以这是一种很难超越的数据结构。

至今为止，对于不同数据结构的分析都是围绕着它们的效率和速度。但你是否知道，有些数据结构有着速度之外的优势？第 9 章会介绍两种能够提高代码优雅程度和可维护性的数据结构。

习　题

扫码获取
习题答案

(1) 请编写一个函数，返回两个数组的交集。两个数组的交集是一个新数组，其中包括了两个数组共有的元素。例如，[1, 2, 3, 4, 5] 和 [0, 2, 4, 6, 8] 的交集是 [2, 4]。函数复杂度应为 $O(N)$。（如果你使用的编程语言中有交集函数，那么请不要直接使用。希望你能自己思考算法。）

(2) 请编写一个函数，该函数会读取一个字符串数组并返回第一个重复的值。如果输入是 ["a", "b", "c", "d", "c", "e", "f"]，那么因为 "c" 在数组中出现了两次，所以函数需要返回 "c"。（假设数组中只有一对重复的值。）函数复杂度应为 $O(N)$。

(3) 有的字符串会包含 26 个英文字母中的 25 个。例如，字符串 "the quick brown box jumps over a lazy dog" 包含除了 "f" 以外的所有字母。请编写一个函数，读取满足上述要求的字符串，并返回缺失的字母。函数复杂度应为 $O(N)$。

(4) 请编写一个函数，返回输入字符串中第一个不重复的字母。例如，字符串 "minimum" 中有两个字母只出现了一次，分别为 "n" 和 "u"。因为 "n" 更早出现，所以函数读取该字符串应该返回 "n"。函数复杂度应为 $O(N)$。

8

## 第 9 章

用栈和队列打造优雅的代码

至今为止，本书对数据结构的讨论主要关注它们对不同操作的**性能**影响。不过，学习多种数据结构还可以让你写出简洁易懂的代码。

本章将学习两种新的数据结构：栈和队列。其实它们对你来说并不陌生。栈和队列本质上都是数组，只不过有一些限制。但正是这些限制让它们变得如此优雅。

具体来说，栈和队列是处理临时数据的优雅方法。无论是操作系统架构，还是打印队列，抑或是遍历数据，都可以使用栈和队列作为临时容器，写出漂亮的算法。

你可以把临时数据想象成餐馆的点单。在上菜之后，顾客点了什么就无所谓了。你大可以把单子扔掉，无须一直保存这份信息。临时数据是那些在处理后就不再重要的数据，用过之后即可丢弃。

栈和队列正是处理这种临时数据的数据结构。不过你会发现，它们对于数据的**顺序**有着特别的要求。

9.1 栈

栈和数组存储数据的方式一样，它们都只是元素的列表。不同之处在于栈的以下 3 个限制。

❏ 数据只能从栈末插入。
❏ 数据只能从栈末删除。
❏ 只能读取栈的最后一个元素。

你可以把栈想象成一叠盘子。你只能看到最上面的一个盘子。同理，你只能往最上面放盘子，而且不能从下面拿盘子。（至少不应该这样做。）事实上，大多数计算机科学的文献会把栈的末尾称为**栈顶**，而把栈的开头称为**栈尾**。

下图把栈描绘成了垂直的数组，这样能更好地反映这两个术语。

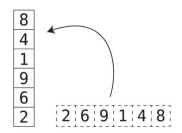

如你所见，数组的第一项成了栈尾，而最后一项成了栈顶。

虽然栈的限制看起来有些"不近人情"，但你马上就会发现它们其实很有用。

下面将详细介绍栈的工作原理。先从一个空栈开始。

向栈插入新值也称为**压栈**。你可以把这个过程想象成在一叠盘子上面压上新的盘子。

首先，把 5 压入栈，如下图所示。

这并不复杂。只不过是向数组末尾插入数据元素。

接下来，把 3 压入栈，如下图所示。

再将 0 压入栈，如下图所示。

注意，我们一直是在向栈顶（也就是末尾）添加数据。不能向栈尾或者中间插入值（比如 0），因为栈的特性如此：只能向栈顶添加数据。

从栈顶移除元素称为**出栈**。因为栈的限制，所以只能从栈顶弹出数据。

下面从示例栈中弹出一些元素。

首先，弹出 0，如下图所示。

9

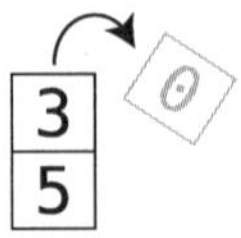

栈中现在只有两个元素：5 和 3。

接着，弹出 3，如下图所示。

栈中现在只有 5，如下图所示。

5

压栈和出栈操作可以用 LIFO 形容，也就是"后进先出"（last in, first out）。**最后一个压入栈的元素同时也是第一个被弹出**的。这有点儿像偷懒的学生——总是最后一个到校，第一个回家。

9.2　抽象数据类型

大多数编程语言的内置数据类型或者类中没有栈，你需要自行实现。这和大多数编程语言内置的数组截然不同。

要创建一个栈，一般需要用某种内置数据结构来实际存储数据。下面是栈的一种使用数组的 Ruby 实现。

```ruby
class Stack
  def initialize
    @data = []
  end

  def push(element)
    @data << element
  end

  def pop
    @data.pop
  end

  def read
    @data.last
  end
end
```

如你所见，这个实现在一个名为@data 的数组中存储数据。

实例化栈的时候，会自动建立一个空数组@data = []。这个栈会使用 push 方法向@data

数组插入元素，使用 pop 方法从@data 数组移除元素，使用 read 方法从@data 数组读取元素。

但这样使用数组构建 Stack 类，该接口就会强制用户只能用有限方式访问数组。正常情况下，我们可以读取数组的任意索引。但通过栈接口使用数组就只能读取最后一个元素。插入数据和删除数据也是如此。

因此栈和数组并不是同类数据结构。数组可以直接访问计算机内存，并且内置于大多数编程语言中。而栈其实是限制访问数组的一组规则和过程，它让我们只能获得特定结果。

事实上，用**什么数据结构**来实现栈根本不重要。只要有一组数据以 LIFO 方式操作就足够了。至于使用数组还是其他内置数据结构来实现栈都无所谓。因此，栈属于所谓的**抽象数据结构**——也就是围绕其他内置数据结构构建的一组理论规则。

第 1 章中讲过的集合也是一种抽象数据结构。有些集合使用数组实现，有些则使用哈希表。但集合本身只是一个理论概念：一组不重复的数据元素。

本书后面将要讲述的很多数据结构是抽象数据结构。它们都是用其他内置数据结构实现的代码。

有一点需要指出：即便是内置数据结构也可能是抽象数据结构。即便某种编程语言实现了 Stack 类，栈仍然是一种概念，可以用不同数据结构实现。

9.3 栈实战

尽管我们通常不用栈存储长期数据，但它可以作为许多算法的一部分来处理临时数据。来看一个例子。

我们来写一个初级的 JavaScript 分析器。分析器是分析代码语法是否正确的程序。因为有很多不同类型的语法规则需要分析，所以实际的分析器非常复杂。

但这里只关注一条语法，即左右括号匹配。这包括圆括号、方括号和花括号。括号不匹配是常见的语法错误，漏掉括号实在让人郁闷。

要解决这个问题，首先需要分析错误类型。仔细研究之后，会发现有 3 种错误。

第一种是有左括号但没有右括号。

```
(var x = 2;
```

这是第一类语法错误。

第二种是有右括号，但没有左括号。

```
var x = 2;)
```

这是第二类语法错误。

9

而第三种，也即第三类语法错误是右括号和最近的左括号**类型**不同。

```
(var x = [1, 2, 3)];
```

在这个例子中，有一组匹配的圆括号和一组匹配的方括号。但右圆括号的位置不对，其最近的左括号是方括号。

该如何实现这个检查 JavaScript 代码中括号错误的算法呢？使用栈刚好可以实现一个美妙的分析器算法。其原理如下。

首先准备一个空栈，然后按下列规则从左向右读取字符。

(1) 如果字符不是括号（圆括号、方括号或花括号），那么就跳过它，前往下一个字符。

(2) 如果找到了一个左括号，就把它压入栈顶。它在栈顶就意味着这个括号还没有对应的右括号。

(3) 如果找到了一个右括号，就把栈顶元素弹出并进行检查。需要分析如下几点。

- ❏ 如果弹出的元素（永远是左括号）和当前的右括号不匹配，那么就意味着存在第三类语法错误。
- ❏ 如果栈是空栈，无法弹出元素，那么就意味着这个右括号没有对应的左括号，存在第二类语法错误。
- ❏ 如果弹出的元素**确实**对应当前的右括号，那么就意味着成功地匹配了一组括号，可以继续分析该行代码。

(4) 如果抵达一行末尾后，栈中已经没有任何元素，那么就意味着有一个左括号没有闭合，存在第一类语法错误。

我们用下图这行代码作为例子来演示一遍。

```
(var x = {y: [1, 2, 3]})
```

有了空栈之后，就可以从左向右读取字符了。

第 1 步：首先是第一个字符，这里碰巧是一个左圆括号，如下图所示。

```
↓
(var x = {y: [1, 2, 3]})
```

第 2 步：因为它是左括号，所以把它压入栈，如下图所示。

因为接下来的字符 var x = 都不是括号，所以可以跳过。

第3步：接下来是下一个左括号，如下图所示。

(var x = {y: [1, 2, 3]})

第4步：压栈，如下图所示。

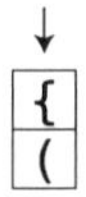

接着跳过 y:。

第5步：然后是一个左方括号，如下图所示。

(var x = {y: [1, 2, 3]})

第6步：压栈，如下图所示。

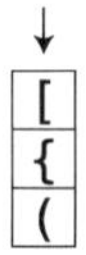

跳过 1, 2, 3。

第7步：然后是第一个右括号，它是一个右方括号，如下图所示。

(var x = {y: [1, 2, 3]})

第8步：弹出栈顶元素左方括号，如下图所示。

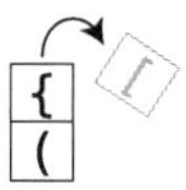

因为右方括号和栈顶元素匹配，所以可以继续该算法，不用抛出错误。

第9步：继续该算法，遇到一个右花括号，如下图所示。

(var x = {y: [1, 2, 3]})

第10步：出栈，如下图所示。

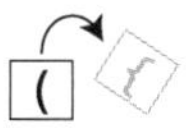

栈顶元素是左花括号，因此又找到了一对匹配的括号。

第 11 步：接着是右圆括号，如下图所示。

$$\downarrow$$
$$(var\ x = \{y:\ [1,\ 2,\ 3]\})$$

第 12 步：出栈。栈顶元素和右圆括号匹配，因此至今为止都没有错误。

因为在处理完这行代码之后栈已经为空，所以可以确定这一行中没有和括号相关的语法错误。

代码实现：基于栈的代码分析器

下面是上述算法的 Ruby 实现。注意，这里使用了之前 Stack 类的 Ruby 实现。

```ruby
class Linter

  def initialize
    # 用一个简单的数组来作为栈：
    @stack = Stack.new
  end

  def lint(text)
    # 用循环读取字符：
    text.each_char do |char|

      # 如果字符是左括号：
      if is_opening_brace?(char)

        # 就压栈：
        @stack.push(char)

      # 如果字符是右括号：
      elsif is_closing_brace?(char)

        # 就出栈：
        popped_opening_brace = @stack.pop

        # 如果栈为空，就弹出 nil，这就意味着缺少左括号：
        if !popped_opening_brace
          return "#{char} doesn't have opening brace"
        end

        # 如果弹出的左括号与当前的右括号不匹配，那么返回错误：
        if is_not_a_match(popped_opening_brace, char)
          return "#{char} has mismatched opening brace"
        end
      end
    end

    # 如果抵达该行末尾，但栈不为空：
    if @stack.read
```

```
    # 则意味着有一个没有闭合的左括号，因此返回错误：
    return "#{@stack.read} does not have closing brace"
  end

  # 如果代码不含错误，则返回 true：
  return true
end

private

def is_opening_brace?(char)
  ["(", "[", "{"].include?(char)
end

def is_closing_brace?(char)
  [")", "]", "}"].include?(char)
end

def is_not_a_match(opening_brace, closing_brace)
  closing_brace != {"(" => ")", "[" => "]", "{" => "}"}[opening_brace]
end
end
```

lint 方法会读取一个包含 JavaScript 代码的字符串并用下面的代码遍历每个字符。

```
text.each_char do |char|
```

如果遇到左括号，就执行压栈。

```
if is_opening_brace?(char)
  @stack.push(char)
```

注意，这里使用了一个名为 is_opening_brace?的辅助函数，它可以检查一个字符是否是左括号。

```
["(", "[", "{"].include?(char)
```

如果遇到右括号，就弹出栈顶元素，把它存储在变量 popped_opening_brace 中。

```
popped_opening_brace = @stack.pop
```

因为栈只存储左括号，所以只要栈中有东西要弹出，就一定是某种左括号。

但是栈有可能为空，弹出的结果可能是 nil——这就意味着存在第二类语法错误。

```
if !popped_opening_brace
  return "#{char} doesn't have opening brace"
end
```

为简单起见，在分析过程中遇到错误时，我们会返回一个包含错误信息的字符串。

假设我们已经弹出了一个左括号，想检查它和当前的右括号是否匹配。如果不匹配，那么这正是第三类语法错误。

9

```
if is_not_a_match(popped_opening_brace, char)
  return "#{char} has mismatched opening brace"
end
```

（`is_not_a_match` 是代码后面定义的另一个辅助函数。）

在分析完该行代码后，用 `@stack.read` 检查栈中是否仍有左括号。如果是，那么就有一个没有闭合的左括号，我们需要返回一条错误信息。这正是第一类语法错误。

```
if @stack.read
  return "#{@stack.read} does not have closing brace"
end
```

最后，如果 JavaScript 代码不含错误，那么就返回 `true`。

可以像下面这样使用这个 `Linter` 类。

```
linter = Linter.new
puts linter.lint("( var x = { y: [1, 2, 3] } )")
```

在这个例子中，这行代码是正确的，因此会得到 `true`。

假如我们输入了一行错误代码，比如下面这行缺少了左圆括号的代码：

```
"var x = { y: [1, 2, 3] })"
```

那么就会得到错误信息 `)doesn't have opening brace`。

在这个例子中，我们用栈实现了一个很不错的分析器算法。但如果栈的底层实现使用数组，那么为什么还要用栈呢？干脆就用数组不行么？

9.4　受限数据结构的重要性

根据定义，如果栈是一个受限制的数组，那么数组就可以胜任栈的所有工作。既然如此，栈又有什么优势呢？

像栈以及接下来要介绍的队列这样的受限数据结构的重要性体现在以下几个方面。

首先，使用受限数据结构可以避免潜在的错误。例如，分析器算法仅在只能从栈顶移除元素时才是正确的。如果程序员不小心从数组的中间移除元素，那么算法就不对了。因为栈无法移除栈顶之外的元素，所以使用栈可以强制从栈顶移除元素。

其次，像栈这样的数据结构为解决问题提供了新的思维方式。以栈为例，它让我们知道了 LIFO 的概念。LIFO 方法可用于解决各种问题，上述的分析器就是一例。

熟悉栈和 LIFO 之后，我们用栈写出的代码也会让阅读代码的其他开发者感到亲切和优雅。你一看到某个算法使用了栈，就能立刻知道该算法处理 LIFO 的过程。

栈的小结

　　栈最适合处理那些需要后进先出的数据。例如，文字处理程序的"撤回"功能就是栈的一个使用场景。随着用户键入文字，我们把每次敲击压栈并做记录。当用户点击"撤回"时，我们就弹出最后一次键盘敲击，并把对应内容删除。现在位于栈顶的就是倒数第二次操作，你可以按需继续撤回。

9.5　队列

　　队列是另一种处理临时数据的数据结构。队列和栈在很多方面很相近，但二者处理数据的顺序不同。和栈一样，队列也是抽象数据结构。

　　你可以把队列想象成电影院门口排队的观众。第一个排队的人也是第一个离开队列、进入电影院观看电影的人。同样，第一个添加到队列中的元素也是第一个被移除的。这就是计算机科学家使用"FIFO"这一术语的原因：先进先出（first in, first out）。

　　正如排队一样，我们通常水平地描述队列。队列的开头被称为**前端**，而结尾被称为**后端**。

　　和栈一样，队列也是有 3 条限制（与栈的限制不同）的数组。

　　❑ 数据只能插入队列**末尾**（与栈一样）。
　　❑ 只能从队列**前端**删除数据（与栈相反）。
　　❑ 只能读取队列**前端**的数据（与栈相反）。

　　下面从一个空队列开始，来看一下实际的队列的工作方式。

　　首先，插入 5（插入队列通常称为**入队**，但我们会不加区分地使用插入和入队这两种说法），如下图所示。

　　然后，插入 9，如下图所示。

　　接下来，插入 100，如下图所示。

　　目前为止，队列和栈还没有什么区别。不过，一旦要移除数据，它们就正好相反了，因为只能从队列**前端**移除数据。(从队列移除元素也称为出队。)

如果要移除数据, 则必须从队列前端的 5 开始, 如下图所示。

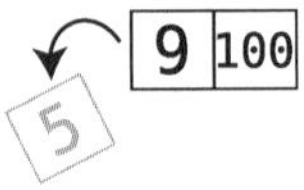

接下来, 移除 9, 如下图所示。

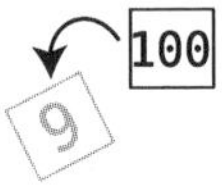

现在队列中只剩 100 这一个元素了。

队列实现

前面讲过, 队列是抽象数据结构。和许多其他抽象数据结构一样, 大部分编程语言没有默认实现队列。下面是队列的一个 Ruby 实现。

```ruby
class Queue
  def initialize
    @data = []
  end

  def enqueue(element)
    @data << element
  end

  def dequeue
    # Ruby 的 shift 方法会移除并返回数组的第一个元素:
    @data.shift
  end

  def read
    @data.first
  end
end
```

和栈一样, Queue 类也用一个限制数据操作的接口包装了数组。我们只能用特定方式处理数据。enqueue 方法可以向数组末尾插入数据, 而 dequeue 方法则会移除数组的第一个元素。read 方法让我们可以读取数组的第一个元素。

9.6　队列实战

队列在很多应用中很常见, 比如打印机的打印队列和网络应用中的后台任务。

　　假设我们要为一台可以从网络中的不同计算机获取打印任务的打印机编写一个简单的 Ruby 接口。我们希望打印机按收取任务的顺序打印文件。

可以使用上面的 Queue 类来实现。

```ruby
class PrintManager

  def initialize
    @queue = Queue.new
  end

  def queue_print_job(document)
    @queue.enqueue(document)
  end

  def run
    # 每次执行循环都读取队列前端的文件:
    while @queue.read
      # 将文件出队并打印:
      print(@queue.dequeue)
    end
  end

  private

  def print(document)
    # 这里是打印机执行打印动作的代码。为了演示，暂时打印到命令行:
    puts document
  end

end
```

然后就可以像下面这样使用这个类了。

```ruby
print_manager = PrintManager.new
print_manager.queue_print_job("First Document")
print_manager.queue_print_job("Second Document")
print_manager.queue_print_job("Third Document")
print_manager.run
```

每次调用 queue_print_job 时，都把"文件"（在这个例子中用字符串表示）插入队列。

```ruby
def queue_print_job(document)
  @queue.enqueue(document)
end
```

调用 run 时，按照收到任务的顺序 print 每个文件。

```ruby
def run
  while @queue.read
    print(@queue.dequeue)
  end
end
```

9

注意，在打印时也需要出队。

运行上述代码，程序会按顺序输出 3 个文件。

```
First Document
Second Document
Third Document
```

这个例子简化并抽象了真实打印系统必须处理的一些细节。不过其中的队列用法是真实有效的，你完全可以以此为基础构建这样的系统。

队列还是处理异步请求的完美工具——它们可以确保按顺序处理请求。队列也常用来模拟现实世界中需要按顺序处理事件的场景，比如飞机等待起飞或者病人等待看诊等。

9.7　小结

如你所见，栈和队列都是巧妙解决各种现实问题的编程工具。

既然已经学习了栈和队列，那么你就又解锁了一项新成就：已经准备好学习基于栈的递归了。递归也是很多更先进、更高效的算法的基础。后续章节会对其进行介绍。

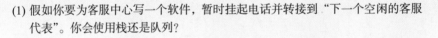

习　题

扫码获取
习题答案

(1) 假如你要为客服中心写一个软件，暂时挂起电话并转接到"下一个空闲的客服代表"。你会使用栈还是队列？

(2) 假如按如下顺序压栈：1、2、3、4、5、6。然后又弹出两个元素。你现在能从栈中读取到哪个数呢？

(3) 假如按如下顺序入队：1、2、3、4、5、6。然后出队两个元素。你现在能从队列中读取到哪个数呢？

(4) 编写一个使用栈来反转字符串的函数。（例如，"abcde"会被反转为"edcba"。）你可以使用本章中的 Stack 类实现。

## 第 10 章

用递归不停递归

递归是计算机科学中的一个关键概念。它是后面要学习的高级算法的基础。正确使用递归可以轻而易举地解决一些很麻烦的问题。有时候递归就像魔法一样。

不过在开始学习前，我们先来一个突击测试。

调用下面的 blah() 函数会发生什么？

```
function blah() {
  blah();
}
```

你也许能猜到，它会无限调用自己。blah() 会调用自己，被调用的 blah() 会再调用自己，无限循环下去。

递归函数就是调用自身的函数。上述这样的无限递归函数用处不大。但只要使用得当，递归就是一个强大的工具。

10.1　用递归代替循环

假设你在 NASA 工作，需要一个用于发射宇宙飞船的倒数函数。这个函数需要读取一个数字，比如 10，然后显示 10 和 0 之间的数。

你可以先暂停阅读，选一种语言来实现这个函数，完成之后再继续阅读。

你很可能使用了一个简单的循环，就像下面的 JavaScript 代码一样。

```
function countdown(number) {
  for(let i = number; i >= 0; i--) {
    console.log(i);
  }
}

countdown(10);
```

这个实现当然没错。但你肯定没想到，使用循环**不是**唯一的答案。

还能怎么做？

来试试递归。下面是使用递归实现 countdown 函数的第一次尝试。

```
function countdown(number) {
  console.log(number);

  countdown(number - 1);
}
```

我们详细分析一下这段代码。

第 1 步：调用 countdown(10)，这样参数变量的 number 就会从 10 开始。

第 2 步：将 number（值为 10）打印到命令行中。

第 3 步：在 countdown 函数完成之前，因为 number − 1 是 9，所以调用 countdown(9)。

第 4 步：countdown(9)开始执行。在这个函数调用中，将 number（值为 9）打印到命令行中。

第 5 步：在 countdown(9)完成之前，调用 countdown(8)。

第 6 步：countdown(8)开始执行。将 8 打印到命令行中。

在继续分析代码之前，你需要注意我们是如何使用递归达成目标的。我们不使用循环，而是让 countdown 函数调用自己。这样就能从 10 开始倒数，把每个数都打印到命令行中。

大部分使用循环的场合能替换为递归。但能使用递归并不代表应该使用递归。递归是写出优雅代码的工具。在前面的例子中，递归并不比 for 循环优雅或者高效多少。但你很快就会碰到递归真正大显神威的场景。不过现在先来继续探索递归的工作方式。

10.2　基准情形

下面继续分析 countdown 函数的步骤。为简洁起见，我们跳过一些中间步骤。

第 21 步：调用 countdown(0)。

第 22 步：将 number（也就是 0）打印到命令行中。

第 23 步：调用 countdown(-1)。

第 24 步：将 number（也就是−1）打印到命令行中。

糟糕。如你所见，因为我们会打印无穷多的负数，所以这种方案并不完美。

要修正这个算法，需要让算法在倒数到 0 时停止，不再继续递归。

可以加入一个条件语句，确保在 number 为 0 时不再继续调用 countdown()。

```
function countdown(number) {
  console.log(number);
  if(number === 0) {
    return;
  } else {
    countdown(number - 1);
  }
}
```

现在，当 number 为 0 时，代码不会再调用 countdown()，而是直接返回。这样就不会无限调用下去。

在递归术语中，这种函数**不再**继续递归的情形称为**基准情形**。因此 0 就是 countdown()函数的基准情形。每个递归函数都需要至少一个基准情形才能避免无限调用。

10.3 阅读递归代码

我们需要时间和练习来习惯递归。你最终会学会两类技能：**阅读**递归代码和**编写**递归代码。因为阅读递归代码相对来说更简单，所以先来练习阅读。

先从另一个例子开始：阶乘计算。

阶乘的定义可以用下面两个例子来描述。

3 的阶乘是 $3 \times 2 \times 1 = 6$。而 5 的阶乘是 $5 \times 4 \times 3 \times 2 \times 1 = 120$。以此类推。

下面是计算阶乘的 Ruby 递归实现。

```
def factorial(number)
  if number == 1
    return 1
  else
    return number * factorial(number - 1)
  end
end
```

乍一看这段代码可能让人困惑。要看清它的作用，我推荐以下流程。

(1) 辨认基准情形。

(2) 用基准情形分析代码的步骤。

(3) 找出"倒数第二个"情形。这是基准情形的前一步，稍后你就会明白了。

(4) 用"倒数第二个"情形分析代码的步骤。

(5) 重复这个过程，找出你刚刚分析的情形的前一个情形，并用它分析代码的步骤。

下面用前述代码来实践一下这个流程。分析代码之后你很快就会发现有两条路径。

```
if number == 1
  return 1
else
  return number * factorial(number - 1)
end
```

可以看出，递归发生在 else 部分，factorial 调用了自身。

```
else
  return number * factorial(number - 1)
end
```

因此，基准情形一定是函数**没有**调用自己的这部分。

```
if number == 1
  return 1
```

可以得出结论，number 为 1 即是基准情形。

接下来，假设函数 factorial 处理的是基准情形 factorial(1)，我们来分析其步骤。和它相关的是如下这段代码。

```
if number == 1
  return 1
```

这再简单不过了——它是基准情形，不会发生递归。如果我们调用 factorial(1)，那么该方法会直接返回 1。你可以找一张纸，写下这个事实，如下图所示。

factorial (1) returns 1

来看下一个情形，也就是 factorial(2)。该方法中的相关代码如下。

```
else
  return number * factorial(number - 1)
end
```

因此，调用 factorial(2)会返回 2 * factorial(1)。要计算 2 * factorial(1)，需要知道 factorial(1)的返回值。看过纸上所写之后，你会发现该值是 1。因此 2 * factorial(1)会返回 2 × 1，也就是 2。

把这个事实也写在纸上，如下图所示。

factorial (2) returns 2

factorial (1) returns 1

那要是调用 factorial(3)呢？相关代码依然是下面这一段。

```
else
  return number * factorial(number - 1)
end
```

换言之，就是 return 3 * factorial(2)。factorial(2)的返回值是多少呢？无须重新分析一遍，因为纸上已经有答案了。这个值是 2。因此，factorial(3)的返回值是 6（3×2＝6）。把这个美妙的事实也写在纸上，如下图所示。

factorial (3) returns 6

factorial (2) returns 2

factorial (1) returns 1

你可以自己花点儿时间，分析一下 factorial(4)的返回值。

如你所见，从基准情形开始慢慢向上分析是理解递归代码的好方法。

10.4　计算机眼中的递归

要完全理解递归，还需了解计算机如何处理递归函数。人类用将事实写在纸上的方法理解递归是一回事，计算机从函数内部调用自己又是另一回事。下面来分析一下计算机执行递归函数的过程。

假设我们调用了 factorial(3)。因为 3 不是基准情形，所以计算机会执行下面这行代码。

```
return number * factorial(number - 1)
```

它会调用 factorial(2)。

问题来了：当计算机开始执行 factorial(2)时，factorial(3)执行完毕了吗？

这就是对计算机来说递归是一个棘手的问题的原因。在计算机执行到 factorial(3)的 end 关键字前，factorial(3)并未执行完。因此我们遇到了一种奇怪的情况。计算机还未执行完 factorial(3)，却要在执行 factorial(3)的**过程中**开始执行 factorial(2)。

但这并未结束，因为 factorial(2)还会调用 factorial(1)。这听起来有些不可思议：在执行 factorial(3)的过程中，计算机调用了 factorial(2)。而在执行 factorial(2)时，计算机又调用了 factorial(1)。从结果来看，在执行 factorial(1)时，factorial(2)和 factorial(3)都仍处在执行过程中。

计算机该如何记录这些过程呢？它需要记得，在执行完 factorial(1)之后返回并执行 factorial(2)。然后在执行完 factorial(2)之后返回并继续完成 factorial(3)。

10.4.1　调用栈

第 9 章介绍过栈。计算机使用栈来记录正在调用的函数。这个栈有一个恰如其分的名字——调用栈。

以 factorial 函数为例，调用栈的工作原理如下。

首先，计算机会调用 factorial(3)。该方法在执行完成前会调用 factorial(2)。为了记录计算机仍在执行 factorial(3)，它需要把这个信息压入调用栈，如下图所示。

这就表示计算机处在执行 factorial(3) 的过程中。（事实上，计算机还需要保存执行到了哪一行，以及变量值等信息。这里的表示法只是为了让图更简单。）

然后，计算机会执行 factorial(2)。factorial(2)会调用 factorial(1)。在计算机开始执行 factorial(1)前，它需要记录自己仍在执行 factorial(2)。因此计算机会把 factorial(2) 也压入调用栈，如下图所示。

接下来，计算机会执行 factorial(1)。因为 1 是基准情形，所以 factorial(1)不用再次调用 factorial 方法就可以返回。

在执行完 factorial(1)后，计算机会检查调用栈，确认是否仍在执行其他函数。如果调用栈不为空，就表示计算机仍有未完成的工作，也就是说它还需要完成之前执行到一半的函数。

我们知道，栈只能弹出栈顶元素。因为栈顶元素正是**最近调用的函数**，也就是计算机需要完成的工作，所以这正好适合递归。这正是 LIFO：最后（或者说最近）调用的函数需要最先完成。

接着，计算机会弹出调用栈的栈顶元素，也就是 factorial(2)，如下图所示。

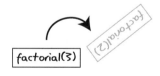

随后计算机会完成 factorial(2)的执行。

之后，计算机会弹出栈中的下一个元素。因为现在栈中只有 factorial(3)，所以计算机会将其弹出并完成执行过程。

至此，调用栈已经变成空栈。计算机知道自己已经处理完所有方法调用并完成了递归过程。

从整体来看这个例子，你会发现计算机在计算 3 的阶乘时顺序如下。

(1) 调用 factorial(3)。在它结束前……

(2) 调用 factorial(2)。在它结束前……

(3) 调用 factorial(1)。

(4) factorial(1) 最先**完成**。

(5) 基于 factorial(1) 的结果完成 factorial(2)。

(6) 基于 factorial(2) 的结果完成 factorial(3)。

factorial 函数的计算基于递归完成。本质上，这个过程开始于 factorial(1) 将自己的结果（也就是 1）传递给 factorial(2)。然后，factorial(2) 将 1 乘以 2 得到 2，再将这个结果传递给 factorial(3)。最后，factorial(3) 将这个结果乘以 3，得到了 6。

有些人把这个过程称为**把值沿调用栈向上传递**。换言之，每个递归函数都会把自己的计算结果返回给"父函数"。最后，第一个被调用的函数会计算最终结果。

10.4.2 栈溢出

回顾本章开头的无限递归的例子，你会发现 blah() 会无限调用自己。你觉得调用栈会变成什么样？

在无限递归中，计算机会一直把同一个函数压入调用栈。调用栈的大小不断增加，最终会耗尽计算机的短期存储。这就会导致**栈溢出**错误，即计算机会停止递归然后报错："没内存了，不干了。"

10.5 文件系统遍历

学习了递归的原理之后，就可以用递归来解决一些原本无法解决的问题了。

有一类问题很适合递归：这类问题有很多层，但我们不知道到底有几层。

以遍历文件系统为例。假设你有一个脚本，该脚本可以打印一个目录下的所有子目录的名字。但你不希望脚本只能处理第一级子目录，你希望它能处理子目录下的子目录以及更深层的子目录。

下面写一个简单的 Ruby 脚本来打印已知目录下的所有子目录的名字。

```ruby
def find_directories(directory)
  # 检查目录中的每个文件。这些"文件"中有一些可能是子目录
  Dir.foreach(directory) do |filename|

    # 如果当前文件是子目录：
    if File.directory?("#{directory}/#{filename}") &&
```

```
        filename != "." && filename != ".."

            # 就打印完整路径:
            puts "#{directory}/#{filename}"
        end
    end
end
```

可以通过传递目录名来调用这个函数。如果要在当前目录调用，那么可以这样写。

```
find_directories(".")
```

在这个脚本中，先检查目录中的所有文件。如果某个文件其实是子目录（并且不是表示当前目录的.和表示上级目录的..），那么就打印其名字。

但这个脚本只能打印**一级**子目录的名字，而不会打印一级子目录下的子目录的名字。

修改一下脚本，这样它便能多搜索一层。

```
def find_directories(directory)
  # 循环遍历一级目录:
  Dir.foreach(directory) do |filename|
    if File.directory?("#{directory}/#{filename}") &&
    filename != "." && filename != ".."
      puts "#{directory}/#{filename}"

        # 循环遍历二级子目录:
        Dir.foreach("#{directory}/#{filename}") do |inner_filename|
          if File.directory?("#{directory}/#{filename}/#{inner_filename}") &&
          inner_filename != "." && inner_filename != ".."
            puts "#{directory}/#{filename}/#{inner_filename}"
          end
        end

    end
  end
end
```

现在，脚本每发现一个目录，都会执行一个相同的循环，搜索**这个**目录的子目录下的子目录，并打印它们的名字。但这个脚本同样有局限性，它只能搜索 2 层。如果有 3 层、4 层甚至 5 层目录怎么办？只能用 5 层嵌套循环。

如果想穷尽所有层次呢？这听起来不太可能，因为我们根本不知道究竟有多少层。

而**此时**就是递归出场的时候了。我们可以用递归写一个搜索任意层的简单脚本。

```
def find_directories(directory)
  Dir.foreach(directory) do |filename|
    if File.directory?("#{directory}/#{filename}") &&
    filename != "." && filename != ".."
      puts "#{directory}/#{filename}"

        # 用子目录递归调用这个函数:
```

```
    find_directories("#{directory}/#{filename}")
  end
 end
end
```

如果这个脚本搜索到了一个子目录，那么它会用这个子目录调用 find_directories。这样脚本就可以搜索任意层数，不会遗漏任何子目录。

下图展示了这个算法的工作过程，其中的序号表示脚本的遍历顺序。

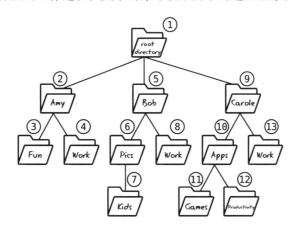

我们会在 18.5 节再次遇到这个过程，届时将用插图详细分析其步骤。

10.6　小结

正如文件系统的例子中所介绍的，递归是处理任意多层事情的算法的绝佳选择。

你已经学习了递归的工作原理，并且见识到了它的用途。还学习了如何一步步分析、阅读递归代码。然而，大多数人第一次写递归函数时会遇到困难。第 11 章会探索帮助你学习编写递归代码的技巧。同时，你还会见到递归的其他重要使用情景。

习　题

扫码获取
习题答案

(1) 下面的函数会把 low 和 high 之间的数字每隔一个打印出来。如果 low 是 0 而 high 是 10，那么函数会打印如下数字。

```
0
2
4
6
8
10
```

10

请指出该函数的基准情形。

```
def print_every_other(low, high)
  return if low > high
  puts low
  print_every_other(low + 2, high)
end
```

(2) 我家小孩儿在玩我的计算机时，把 factorial 函数的计算方式从 n * factorial(n - 1) 改成了 n * factorial(n - 2)。请预测 factorial(10) 的行为。

```
def factorial(n)
  return 1 if n == 1
  return n * factorial(n - 2)
end
```

(3) 下面的函数接受两个输入：low 和 high。函数会返回 low 和 high 之间所有数的和。如果 low 是 1，high 是 10，那么函数就会返回 1 和 10 之间所有数的和，也就是 55。不过，这段代码缺少基准情形，会无限运行下去。请添加正确的基准情形来修复代码。

```
def sum(low, high)
  return high + sum(low, high - 1)
end
```

(4) 下面的数组中既包含数字，也包含其他数组，而这些数组又可能包含数字和数组。

```
array = [  1,
           2,
           3,
           [4, 5, 6],
           7,
           [8,
             [9, 10, 11,
               [12, 13, 14]
             ]
           ],
           [15, 16, 17, 18, 19,
             [20, 21, 22,
               [23, 24, 25,
                 [26, 27, 29]
               ], 30, 31
             ], 32
           ], 33
        ]
```

请编写一个递归函数，打印其中的所有数字（只打印数字）。

## 第 11 章

学习编写递归代码

在第 10 章中，你已经学习了递归的定义和原理。不过，我自己在学习递归的时候发现，即便懂了它的原理，也无法顺利地写出递归函数。

通过练习和总结规律，我发现了一些技巧，可以让"编写递归代码"更加容易学习。我想把这些技巧分享给大家。与此同时，你还会发现递归新的适用场景。

注意：本章不会讨论递归的效率。递归对于算法的时间复杂度可能会产生严重的负面影响，但那是第 12 章的主题。本章暂时只关注培养递归思维。

11.1 递归类别：重复执行

随着解决各种递归问题，我慢慢发现这些问题可以分为不同"类别"。一旦学会了解决一类问题的有效方法，就可以用这种方法去解决其他的同类问题。

我认为最简单的一类，就是那些目标为重复执行一项任务的算法。

第 10 章的 NASA 飞船倒计时算法就是一个很好的例子。那段代码打印了 10 和 0 之间的数字。虽然每次打印的数字不同，但其本质就是重复执行一项工作，即打印数字。

该算法的 JavaScript 实现如下。

```javascript
function countdown(number) {
  console.log(number);

  if(number === 0) { // 基准情形是 number 为 0
    return;
  } else {
    countdown(number - 1);
  }
}
```

我发现在这类问题中，函数的最后一行代码通常是一个简单的函数调用，比如上面这段代码中的 countdown(number - 1)。这一行代码只做一件事：进行下一个递归调用。

另一个例子是第 10 章中的目录打印算法。这个函数会重复执行打印目录名这项工作。其

Ruby 实现如下所示。

```ruby
def find_directories(directory)
  Dir.foreach(directory) do |filename|
    if File.directory?("#{directory}/#{filename}") &&
    filename != "." && filename != ".."
      puts "#{directory}/#{filename}"

      # 用子目录递归调用这个函数:
      find_directories("#{directory}/#{filename}")
    end
  end
end
```

这里的最后一行代码 `find_directories("#{directory}/#{filename}")`同样是对递归函数的调用。

递归窍门：传递额外参数

下面来看看"重复执行"类别下的另一个问题。我们这次要写一个算法，把一个数组中的每一个数都翻倍。注意，不是创建一个新数组，而是原地修改数组。

这个算法依然会重复执行同一项任务。具体来说就是把数翻倍。先翻倍第一个数，然后是第二个，以此类推。

原地修改

再来看看**原地修改**的概念，以防你还不了解它。

通常来说，操作数据有两种基本方法。下面以翻倍数组中的值为例。假如有一个数组 [1, 2, 3, 4, 5]，我们想把它"翻倍"成数组[2, 4, 6, 8, 10]。以下是两种做法。

第一种做法是创建一个新数组来存储"翻倍后"的数据，不修改原有数组。其代码如下所示。

```
a = [1, 2, 3, 4, 5]
b = double_array(a)
```

因为 double_array 函数创建并返回了一个新数组，所以检查 a 和 b 的值就会看到如下情形。

```
a # [1, 2, 3, 4, 5]
b # [2, 4, 6, 8, 10]
```

原来的数组 a 没有变化，b 则表示新数组。

第二种做法叫作"原地"修改。函数会修改传进来的**原始数组**。

使用原地修改的话，a 和 b 就会变成下面这样。

```
a # [2, 4, 6, 8, 10]
b # [2, 4, 6, 8, 10]
```

原地函数会直接修改 a。而 b 只是指向 a 所在的同一个数组。

可以根据项目的需要选择其中一种做法。第 19 章会深入介绍原地算法。

下面试试在 Python 中编写这个 double_array()函数。因为我们知道最后一行会是递归调用，所以先把它加进来。

```
def double_array(array):
  double_array(array)
```

接下来需要加入实际执行翻倍操作的代码。但要翻倍哪个数呢？从第一个数开始尝试。

```
def double_array(array):
  array[0] *= 2
  double_array(array)
```

现在索引 0 处的数翻倍了，该如何继续操作索引 1 处的数呢？

假如使用循环，那么就需要用一个变量来记录索引并不断增加 1，就像下面这样。

```
def double_array(array):
  index = 0

  while (index < len(array)):
    array[index] *= 2
    index += 1
```

而在递归版本中，函数唯一的参数就是数组。我们需要某种记录并递增索引的方法。该怎么做呢？

这就是我们要介绍的下一个技巧——传入额外参数。

修改函数的开头，让它接受**两个**参数：函数本身和记录用的索引。

```
def double_array(array, index):
```

这样，在调用函数时就需要传入数组本身和开始的索引，也就是 0。

```
double_array([1, 2, 3, 4, 5], 0)
```

把索引也作为参数后，就有了在递归调用时递增并记录索引的方法。代码如下所示。

```
def double_array(array, index):
  array[index] *= 2
  double_array(array, index + 1)
```

后续的每次递归调用都需要再次传入数组作为第一个参数，同时传入一个递增的索引。这让我们可以像使用循环那样跟踪记录索引。

不过代码还没完成。在索引超过数组末尾后，函数会试图乘一个不存在的数，这就产生了错误。为此，还需要一个基准情形。

```python
def double_array(array, index):
    # 基准情形：索引超过数组末尾
    if index >= len(array):
        return

    array[index] *= 2
    double_array(array, index + 1)
```

可以用下列代码测试这个函数。

```python
array = [1, 2, 3, 4]
double_array(array, 0)
print(array)
```

这样就写完了一个递归函数。不过，如果你的编程语言支持默认参数，则还可以让它更简单一些。

现在需要像下面这样调用函数。

```python
double_array([1, 2, 3, 4, 5], 0)
```

不得不承认，第二个参数 0 实在不太优雅，而它的作用仅仅是记录索引。其实我们希望索引总是从 0 开始。

用默认参数就可以像原来一样调用函数。

```python
double_array([1, 2, 3, 4, 5])
```

为此，还需要对代码进行一点儿修改。

```python
def double_array(array, index=0):
    # 基准情形：索引超过数组末尾
    if (index >= len(array)):
        return

    array[index] *= 2
    double_array(array, index + 1)
```

这里的修改只是加入了一个默认参数 index=0。这样在第一次调用函数时就不用传入索引参数了。不过，后续的调用仍然需要使用索引参数。

使用额外参数这一"窍门"是编写递归函数的常见技巧，非常好用。

11.2　递归类别：计算

上一节讨论了第一类递归函数，它们的工作就是重复执行一个任务。本章在剩余部分中会详细介绍第二大类：根据子问题进行计算。

很多函数的目标是完成计算。无论是返回两个数的和，还是找出数组中的最大值，这些函数均在此列。它们会接收某种输入，然后用这些输入进行某种计算，并返回结果。

在第 10 章中，我们发现递归擅长解决有任意多层深度的问题。而递归擅长的另一个领域是**能根据问题的子问题进行计算**的情景。

在给出**子问题**的定义前，回顾一下第 10 章的阶乘问题。6 的阶乘是 $6 \times 5 \times 4 \times 3 \times 2 \times 1$。

要编写函数来计算阶乘，可以使用循环从 1 开始计算。换言之，可以用 1 乘以 2，再把结果乘以 3，乘以 4，直到乘以 6。

使用循环的 Ruby 实现如下。

```ruby
def factorial(n)
  product = 1

  (1..n).each do |num|
    product *= num
  end

  return product
end
```

不过，还可以用不同的方法来解决该问题，也就是基于**子问题**来计算阶乘。

子问题和原问题相同，只不过输入更小。下面以阶乘为例进行说明。

仔细想一下，你会发现 factorial(6)其实就是 6 乘以 factorial(5)的结果。

这是因为 factorial(6)是 $6 \times 5 \times 4 \times 3 \times 2 \times 1$。而 factorial(5)是 $5 \times 4 \times 3 \times 2 \times 1$。

因此 factorial(6)就等价于 6 × factorial(5)。

只要得到了 factorial(5)的结果，就可以把它乘以 6，从而得到 factorial(6)的答案。

因为 factorial(5)的问题更小，并且可以用来计算一个更大的问题，所以我们说 factorial(5)是 factorial(6)的**子问题**。

第 10 章中的实现如下。

```ruby
def factorial(number)
  if number == 1
    return 1
  else
    return number * factorial(number - 1)
  end
end
```

关键的代码是 return number * factorial(number - 1)。返回值可以表示为 number 乘以子问题 factorial(number - 1)的结果。

两种计算方法

我们已经学过，编写计算函数有两种方法："自下而上"得出答案；基于子问题的计算"自上而下"解决问题。其实计算机科学文献也常用**自下而上**和**自上而下**这两个词汇来描述递归策略。

事实上，以上两种方法都可以通过递归完成。前面介绍过的用循环实现的自下而上方法，现在还可以用递归来实现。

为此，需要像下面这样传入额外的参数。

```
def factorial(n, i=1, product=1)
  return product if i > n
  return factorial(n, i + 1, product * i)
end
```

这个实现用到了 3 个参数。和以前一样，n 表示要计算阶乘的数。i 是一个简单变量，它从 1 开始，每次递归调用时增加 1，直到值变为 n。product 是在不断计算乘积的过程中存储计算结果的变量。在后续的递归调用中，需要一直传入 product 进行记录。

虽然可以使用自下而上的递归来解决这个问题，但是这种方法并不优雅，和使用循环相比并无差别。

采用自下而上方法时，无论用循环还是递归，都使用相同的策略进行计算。计算的方法是一致的。

但采用自上而下方法时，**需要**使用递归。因为递归是实现自上而下策略的唯一方法，所以递归才是一个强有力的工具。

11.3   自上而下递归：新的思维方式

这正是本章的重点：因为自上而下**提供了解决问题的新思考策略**，所以递归在实现自上而下策略时可以大显神威。换言之，自上而下递归让我们可以从完全不同的角度思考问题。

在自上而下思考时，我们会思考"拖延问题"的方法，而无须再费心去思考自下而上的那些烦人细节。

为了让你更好理解，下面再来看一遍自上而下的 factorial 实现中的关键代码。

```
return number * factorial(number - 1)
```

这行代码的计算基于 factorial(number - 1)。在写这行代码时，真的需要理解它调用的 factorial 函数的计算原理吗？从技术角度来说并不需要。在写调用另一个函数的代码时，我们假定调用的函数会返回正确结果，而不需要理解其内部原理。

这里也是一样，当基于调用 factorial 的结果进行计算时，并不需要理解 factorial 的工作原理，只要期望它返回正解即可。当然，奇怪的地方在于**编写 factorial 函数的就是我们自己**。这行代码**就在 factorial 函数中**。但这正是自上而下思考的优点：从某种角度来说，我们可以在不知道如何解决问题的情况下解决该问题。

当用自上而下策略编写"递归"代码时，可以放松一下头脑，甚至可以忽略计算的细节，可以这样对自己说："把细节都丢给子问题吧。"

11.3.1　自上而下的思考过程

如果没有试过自上而下递归，那么你需要时间和练习来学会这种思维方式。不过，我发现以下 3 点对于解决自上而下问题很有帮助。

(1) 把你正在写的函数想象成是别人实现过的函数。

(2) 辨别子问题。

(3) 看看你在子问题上调用函数时会发生什么，然后以此为基础继续。

这些步骤现在看着有点儿难懂，下面用几个例子来具体解释一下。

11.3.2　数组的和

假设我们要写一个 sum 函数，计算数组中所有数的和。如果给函数传入数组[1, 2, 3, 4, 5]，那么它会返回这些数的和 15。

我们需要做的第一件事就是想象已经有人实现了 sum 函数。当然，你可能会对此产生怀疑，毕竟在写函数的其实是我们自己。但可以试着忘掉这一点，先假装 sum 函数已经实现好了。

接下来，来辨别子问题。比起科学，这个过程更像是艺术，只要你多练习就能进步。在这个例子中，可以认为子问题是数组[2, 3, 4, 5]，即原数组中除第一个数以外的元素。

最后，来看看在子问题上调用 sum 函数会发生什么。如果 sum 函数"已被正确实现"并且子问题是[2, 3, 4, 5]，那么调用 sum([2, 3, 4, 5])时会发生什么呢？会得到 $2 + 3 + 4 + 5$ 的和，也就是 14。

而要求[1, 2, 3, 4, 5]的和，只需向 sum([2, 3, 4, 5])的结果再加上 1 即可。

用伪代码可以像下面这样表示。

```
return array[0] + sum(数组的剩余部分)
```

用 Ruby 则可以这样写。

```
return array[0] + sum(array[1, array.length - 1])
```

（在很多语言中，array[x, y]这个语法会返回从索引 x 到索引 y 的数组。）

我们已经写完了，信不信由你。除去稍后再完善的基准情形，sum 函数的实现如下。

```
def sum(array)
  return array[0] + sum(array[1, array.length - 1])
end
```

注意，我们根本没有想过如何把数加到一起，只是想象用别人实现的 sum 函数，并应用到子问题上。我们把问题拖延到子问题上，但这解决了整个问题。

还需要做最后一件事，解决基准情形。换言之，如果每个子问题都递归调用它们的子问题，那么一定会出现 sum([5])这个子问题。函数最终会试着把 5 加到数组剩下的数的和中，但数组中已经没有其他元素了。

因此，需要加入基准情形。

```
def sum(array)
  # 基准情形：数组中只有一个元素
  return array[0] if array.length == 1

  return array[0] + sum(array[1, array.length - 1])
end
```

这样就完成了。

11.3.3　字符串倒序

再来试试另一个例子，这次来写一个反转字符串的 reverse 函数。假如函数的参数是"abcde"，它会返回"edcba"。

首先，来辨别子问题。这需要练习，不过我们通常会先试试和原问题最接近的子问题。

因此，对字符串"abcde"来说，先假设子问题是"bcde"。这个子问题只比原数组少了第一个字母。

接下来，假设已经有人实现了 reverse 函数。

如果可以使用 reverse 函数，而且子问题是"bcde"，那么就意味着调用 reverse("bcde")会返回"edcb"。

这之后再处理字母"a"就很简单了，只需把它加到字符串末尾即可。

因此，可以写出如下代码。

```
def reverse(string)
  return reverse(string[1, string.length - 1]) + string[0]
end
```

我们的计算只不过是在子问题上调用 reverse，然后把第一个字母加到最后。

除了基准情形，函数实现又完成了。就像魔法一样。

基准情形是字符串只有一个字母的情况，因此可以加入一行代码。

```
def reverse(string)
  # 基准情形：字符串只有一个字母
  return string[0] if string.length == 1

  return reverse(string[1, string.length - 1]) + string[0]
end
```

这样就完成了。

11.3.4　x 的个数

既然已经慢慢上手了，那就再来看一个例子。这次要写函数 count_x，它会返回字符串中字母 "x" 的个数。如果传入字符串"axbxcxd"，那么函数会返回 3，因为字母 "x" 出现了 3 次。

首先，来辨别子问题。和上一个例子一样，子问题是原字符串去掉第一个字母。因此"axbxcxd"的子问题是"xbxcxd"。

接下来，假设 count_x 已经实现。如果在子问题上调用 count_x("xbxcxd")，那么结果会是 3。如果第一个字母也是 "x"，那么只需再加 1 即可。（如果第一个字母不是 "x"，则无须对子问题的结果做任何操作。）

因此，可以像下面这样写。

```
def count_x(string)
  if string[0] == "x"
    return 1 + count_x(string[1, string.length - 1])
  else
    return count_x(string[1, string.length - 1])
  end
end
```

这个条件语句非常简单。如果第一个字母是 "x"，那么就给子问题的结果加 1。否则，就直接返回子问题的结果。

又差不多完成了。现在只需考虑基准情形即可。

我们可以说基准情形是只有一个字母的字符串。不过这会导致代码看起来有些尴尬。因为这个字母不一定是 "x"，所以其实有两种基准情形。

```
def count_x(string)

  # 基准情形：
  if string.length == 1
    if string[0] == "x"
      return 1
    else
```

```
        return 0
    end
end

if string[0] == "x"
    return 1 + count_x(string[1, string.length - 1])
else
    return count_x(string[1, string.length - 1])
end
end
```

幸运的是，可以用另一个小窍门来简化代码。在很多语言中，调用 string[1, 0]会返回空字符串。

这样就可以进一步简化代码了。

```
def count_x(string)

    # 基准情形：空字符串
    return 0 if string.length == 0
    if string[0] == "x"
        return 1 + count_x(string[1, string.length - 1])
    else
        return count_x(string[1, string.length - 1])
    end
end
```

在这个版本中，空字符串（`string.length == 0`）就是基准情形。因为空字符串中永远不会有字母"x"，所以只需要返回 0。

当字符串只有一个字母的时候，函数会给下一次递归调用的结果加上 1 或者 0。因为 string.length − 1 是 0，所以这个递归调用正好是 count_x(string[1, 0])。又因为 string[1, 0]是空字符串，所以这次递归调用了基准情形，会返回 0。

这样就完成了。

顺便提一句，在很多语言中，调用 array[1, 0]也会返回空数组。因此，前两个例子也可以使用这个窍门。

11.4　台阶问题

至此，我们已经学会了用自上而下递归这种新的思考策略来解决某些计算问题。但你可能还在疑惑："为什么需要它呢？用循环也一样能解决这些问题。"

确实，简单的计算可能不需要新的思考策略，但递归思维会让复杂函数更容易编写。至少对我来说是这样。

下面是我最喜欢的例子——著名的"台阶问题"。

假设有 N 级台阶，而一个人每次可以上 1 级、2 级或 3 级台阶。那么爬到顶端有多少种不同的"路径"呢？编写一个函数，计算 N 级台阶的路径数。

下图展示了爬上 5 级台阶的 3 种可能路径。

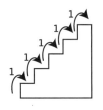 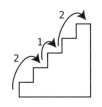

这只是许多可能路径中的 3 种。

我们首先用自下而上方法来研究这个问题，从最简单的情况开始，直到更复杂的情况。

显然，如果只有 1 级台阶，那么就只有一种可能路径。

如果有 2 级台阶，则有两种路径。你可以走两步，也可以一步跨越 2 级台阶。可以把这两种路径写作如下形式。

```
1, 1
2
```

如果有 3 级台阶，则有 4 种可能路径。

```
1, 1, 1
1, 2
2, 1
3
```

4 级台阶则共有 7 种路径。

```
1, 1, 1, 1
1, 1, 2
1, 2, 1
1, 3
2, 1, 1
2, 2
3, 1
```

如果你试着穷举 5 级台阶的所有路径，则会发现这并不容易。这还只是 5 级台阶而已。想象一下 11 级台阶会有多少种路径组合。

回到我们的问题：如何**编写代码**来计算所有路径？

如果不用递归思维，则很难想出一个算法来进行这种计算。不过，如果使用自上而下的思维方式，那么问题就变得非常简单了。

对于 11 级台阶的情况，我们能想到的第一个子问题就是 10 级台阶。先从它开始。如果知道 10 级台阶的可能路径数量，那么能用它来计算 11 级台阶的情况吗？

首先，我们知道爬 11 级台阶的步数**至少**和爬 10 级台阶一样多。换言之，可以用任何路径先爬到第 10 级台阶，然后再多爬 1 级即可。

不过这不是完整答案。我们还可能从第 9 级台阶或者第 8 级台阶爬上去。

如果深入思考，你就会意识到这一点：如果一条路径需要从第 10 级台阶爬到第 11 级台阶，那么它就不可能有从第 9 级台阶直接爬到第 11 级台阶这一步。反之，如果你从第 9 级台阶直接爬到第 11 级台阶，那么这条路径就不会包括从第 10 级台阶爬到第 11 级台阶这一步。

因此，登顶的路径至少是爬到第 10 级台阶的路径数与爬到第 9 级台阶的路径数之和。

因为我们一次可以上最多 3 级台阶，所以还可以从第 8 级台阶直接爬到第 11 级台阶。还需要计算这部分。

这样，我们就确定了登顶路径至少是爬到第 10、9 和 8 级台阶的路径数之和。

不过，如果你继续深入思考，就会发现没有其他可能路径了。毕竟无法从第 7 级台阶直接跳到第 11 级台阶。因此，可以得出结论：爬上 N 级台阶的可能路径数如下。

```
number_of_paths(n - 1) + number_of_paths(n - 2) + number_of_paths(n - 3)
```

除了基准情形，这就是函数的全部代码了。

```
def number_of_paths(n)
  number_of_paths(n - 1) + number_of_paths(n - 2) + number_of_paths(n - 3)
end
```

你可能半信半疑，但事实如此。只剩基准情形没有处理了。

台阶问题的基准情形

确定这个问题的基准情形稍微有点儿麻烦。这是因为当函数的输入 n 是 3、2 或者 1 时，递归调用的参数会是 0 或者负数。例如，number_of_paths(2)会调用 number_of_paths(1)、number_of_paths(0)和 number_of_paths(-1)。

解决这个问题的一种方法是把基准情形写成"硬编码"。

```
def number_of_paths(n)
  return 0 if n <= 0
  return 1 if n == 1
  return 2 if n == 2
  return 4 if n == 3
  return number_of_paths(n - 1) + number_of_paths(n - 2) +
    number_of_paths(n - 3)
end
```

另一种方法是使用奇怪但有效的基准情形来巧妙地"操纵"系统。这些基准情形刚好可以得到正确结果。下面我来解释一下。

因为 number_of_paths(1)的结果必须是 1，所以我们从这个基准情形开始。

`return 1 if n == 1`

虽然 number_of_paths(2)需要返回 2，但不用写出这个基准情形。可以利用 number_of_paths(2)会调用 number_of_paths(1)、number_of_paths(0)和 number_of_paths(-1)这个事实。因为 number_of_paths(1)会返回 1，所以我们只要让 number_of_paths(0)和 number_of_paths(-1)分别返回 1 和 0，就可以得到想要的结果 2。

因此，我们可以加入这个基准情形。

```
return 0 if n < 0
return 1 if n == 1 || n == 0
```

下面来看 number_of_paths(3)，它的结果是 number_of_paths(2)、number_of_paths(1)和 number_of_paths(0)的和。这个值应该是 4，来看看该怎么凑数。我们已经让 number_of_paths(2)返回 2 了。number_of_paths(1)会返回 1，而 number_of_paths(0)也会返回 1。这样就已经凑出我们想要的结果 4 了。

因此，完整的函数实现如下。

```
def number_of_paths(n)
  return 0 if n < 0
  return 1 if n == 1 || n == 0
  return number_of_paths(n - 1) + number_of_paths(n - 2) +
    number_of_paths(n - 3)
end
```

尽管没有前一个版本看起来直观，但只用两行代码就涵盖了所有基准情形。

如你所见，自上而下递归让这个问题变得非常容易解决。

11.5　易位构词生成

结束讨论之前，再来解决一个比前面的问题都复杂的递归问题，它会用到先前讲到的所有工具。

我们要写一个函数，返回包含输入字符串的所有易位构词的数组。易位构词就是用字符串的所有字母重新排序后得到的词。例如，"abc"的所有易位构词如下所示。

```
["abc",
"acb",
"bac",
"bca",
"cab",
"cba"]
```

假设现在需要字符串"abcd"的所有易位构词。可以使用自上而下思维来解决这个问题。

我们可能会说"abcd"的子问题是"abc"。这样的话，问题就会变成：如果有一个 anagrams 函数的实现能返回"abc"的所有易位构词，那么该如何利用它们得到"abcd"的所有易位构词呢？你可以思考一下，看看是否有方法做到这一点。

下面是我想到的方法。（不过还有别的方法。）

如果得到了"abc"的 6 种易位构词，那么就可以把"d"插到每个词的所有可能位置，从而得到"abcd"的所有易位构词，如下图所示。

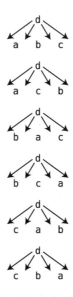

下面是这个算法的 Ruby 实现。你会发现它比本章前面的所有例子都要复杂。

```ruby
def anagrams_of(string)
  # 基准情形：如果字符串只有一个字母，就返回一个只有单字母字符串的数组
  return [string[0]] if string.length == 1

  # 创建一个数组以存储所有易位构词：
  collection = []

  # 寻找第二个字母到最后一个字母间的子字符串的所有易位构词。如果字符串是"abcd"，那么子字符串就是"bcd"。
  # 因此要寻找"bcd"的所有子字符串：
  substring_anagrams = anagrams_of(string[1, string.length - 1])

  # 遍历每个子字符串
  substring_anagrams.each do |substring_anagram|

    # 遍历子字符串的每个索引，从 0 开始直到字符串末尾的下一个索引：
    (0..substring_anagram.length).each do |index|

      # 复制子字符串所有的易位构词：
      copy = String.new(substring_anagram)
```

```
# 将字符串的第一个字母插入子字符串易位构词的副本中，插入位置取决于这次循环的 index。
# 然后把新字符串插入易位构词的数组中：
collection << copy.insert(index, string[0])
    end
  end


# 返回易位构词数组：
return collection
end
```

这段代码有点儿复杂，我们仔细分析一下，并暂时跳过基准情形。

首先，创建一个空数组来存储易位构词。

```
collection = []
```

这和我们最后返回的数组是同一个数组。

然后，用字符串的子字符串来获取所有易位构词的数组。这个子字符串就是子问题中的字符串，也就是从第二个字母到结尾部分。如果字符串是"hello"，那么子字符串就是"ello"。

```
substring_anagrams = anagrams_of(string[1, string.length - 1])
```

注意，还是遵循自上而下的思维方式，假设 anagrams_of 函数已经可以正确处理子字符串。

接下来，遍历所有 substring_anagrams。

```
substring_anagrams.each do |substring_anagram|
```

在继续之前，有一点值得一提：这里结合了循环和递归。使用递归并不意味着**必须**摒弃循环。我们只是以最自然的方式使用工具，解决问题。

对于每个子字符串的易位构词，我们会遍历它的所有索引，复制该易位构词，并把字符串的第一个字符（也就是子字符串没有包括的字符）插入那个索引中。每次这样做都能得到一个新的易位构词，然后我们会将其插入 collection 中。

```
(0..substring_anagram.length).each do |index|
  copy = String.new(substring_anagram)
  collection << copy.insert(index, string[0])
end
```

结束之后，返回所有的易位构词 collection。

基准情形就是子字符串只有一个字母的情形，它只有一个易位构词——该字符本身。

易位构词生成的效率

如果停下来分析一下算法的效率，你就会发现一些有趣的事情。事实上，这个算法的效率是我们没有遇到过的新一类时间复杂度。

如果思考一下生成的易位构词的个数，你就会发现一个有趣的规律。

对于有 3 个字母的字符串，先以每个字母作为开头进行排列。每一种排列接着又从剩下的字母中选一个作为第二个字母，剩下的一个字母自然就是该排列的第三个字母。这一共有 3 × 2 × 1 = 6 种排列。

其他长度的字符串的情况如下。

4 个字母：4 × 3 × 2 × 1 个易位构词。
5 个字母：5 × 4 × 3 × 2 × 1 个易位构词。
6 个字母：6 × 5 × 4 × 3 × 2 × 1 个易位构词。

发现规律了吗？这正是阶乘。

也就是说，如果字符串有 6 个字母，那么易位构词的个数就是 6 的阶乘，也就是 6 × 5 × 4 × 3 × 2 × 1 = 720。

阶乘的数学符号是叹号。因此，6 的阶乘可以表示为 6!，而 10 的阶乘可以表示为 10!。

别忘了，大 O 表示核心问题的答案：如果有 N 个数据元素，那么算法需要多少步？在这个例子中，N 表示字符串的长度。

对长度为 N 的字符串来说，我们会生成 $N!$ 个易位构词。用大 O 记法表示就是 $O(N!)$。这也被称为阶乘时间。

$O(N!)$ 是本书中最慢的一类算法。下图把它和其他 "缓慢" 的算法进行了比较。

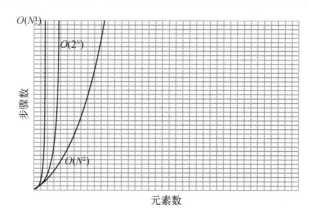

尽管 $O(N!)$ 非常慢，但我们别无选择。我们的任务是生成**所有**的易位构词，而 N 个字母的单词就有 $N!$ 个易位构词。

无论如何，递归都在这个算法中扮演了重要角色。这也是用递归解决复杂问题的一个重要例子。

11.6   小结

学习编写递归函数需要练习，但你现在已经掌握了让这个学习过程更简单的窍门和技巧。

我们学习递归的旅程还没有结束。虽然递归是解决许多问题的好工具，但如果不够小心，那么它也会**大幅拖慢**你的代码。第 12 章会介绍如何在保持代码漂亮、迅速的同时使用递归。

习　题

扫码获取
习题答案

(1) 使用递归编写一个函数，读取一个字符串数组，返回所有字符串的字母数之和。如果输入数组是 ["ab", "c", "def", "ghij"]，那么因为一共有 10 个字母，所以函数应该返回 10。

(2) 使用递归编写一个函数，读取一个数字数组，返回一个新数组，其中只包含原数组中的偶数。

(3) 有一个叫作"三角数"的数列。这个数列开头的几个数是 1、3、6、10、15、21。数列的第 N 个数正好是前一个数加上 N。例如，数列的第 7 个数是 28，也就是 7（N）加上 21（数列中前一个数）。编写一个函数，读取 N 的值，返回数列中对应的数。换言之，如果函数的输入是 7，那么它需要返回 28。

(4) 使用递归编写一个函数，读取一个字符串，返回字母"x"第一次出现的位置。例如，字符串 "abcdefghijklmnopqrstuvwxyz" 中"x"第一次出现在索引 23 处。为简单起见，假设字符串**一定**至少有一个"x"。

(5) 下面这个问题也被称为"不同路径"问题：假设你有一个网格。编写一个函数，以网格的行数和列数作为输入，计算从网格左上角到右下角"最短"路径的个数。

例如，下图是一个 3 行 7 列的网格。你需要从"S"（起点）走到"F"（终点）。

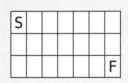

"最短"路径的意思是：每一步都只能向右移动 1 步，如下图所示。

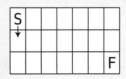

或者向下移动 1 步，如下图所示。

函数需要计算最短路径的**个数**。

## 第 12 章

动态规划

在第 11 章中，你学习了如何编写递归代码以及如何用递归来解决复杂问题。

递归确实能解决**一些**问题，但如果使用不当，它也会带来一些**新问题**。事实上，递归通常是 $O(2^N)$ 这种缓慢算法背后的"罪魁祸首"。

但好消息是，许多问题是可以避免的。在本章中，你会学习如何发现递归代码中最常见的速度问题，以及如何用大 O 记法表示这些算法的复杂度。更重要的是，你会学习解决这些问题的技巧。

还有一个更好的消息：本章介绍的技巧都非常简单。下面来看看如何使用这些简单有效的方法来让递归"噩梦"变成递归"天堂"。

12.1 不必要的递归调用

下面是一个寻找数组中最大值的递归函数。

```
def max(array)

  # 基准情形——如果数组中只有一个元素，那么根据定义，它就是最大值：

  return array[0] if array.length == 1

  # 把第一个元素和数组剩余元素中的最大值做比较。如果第一个元素更大，那么就把它作为最大值返回：
  if array[0] > max(array[1, array.length - 1])
    return array[0]

  # 否则就返回剩余元素中的最大值：
  else
    return max(array[1, array.length - 1])
  end
end
```

这个函数递归调用的本质在于把一个数（array[0]）和数组剩余元素中的最大值做比较。（因为要计算数组剩余元素中的最大值，需要调用 max 函数，所以它是递归函数。）

我们用条件语句进行比较。条件语句的前半部分如下所示。

```
if array[0] > max(array[1, array.length - 1])
    return array[0]
```

以上代码的意思是：如果这个数（array[0]）比数组剩余元素中的最大值（max(array[1, array.length - 1])）还要大，那么 array[0]就是数组的最大值，可以作为结果返回。

条件语句的后半部分如下所示。

```
else
  return max(array[1, array.length - 1])
```

以上代码的意思是：如果 array[0]不大于数组剩余元素中的最大值，那么该最大值也是整个数组的最大值，可以作为结果返回。

虽然这段代码是正确的，但它的效率比较低。如果仔细观察，你会发现 max(array[1, array.length - 1])在条件语句的前后两个部分各出现了一次。

问题在于，每次调用 max(array[1, array.length - 1])都触发了一系列的递归调用。

下面以[1, 2, 3, 4]为例进行分析。

首先我们会把 1 和剩余数组[2, 3, 4]的最大值进行比较。这会触发 2 和[3, 4]的最大值的比较，继而又会触发 3 和[4]的比较。最后这次比较还会触发一次递归调用，也就是基准情形。

不过，要真正看清代码的运行，需要从最"底端"的调用开始，沿着调用链向上分析。

下面开始吧。

最长递归链分析

调用 max([4])时，函数会直接返回 4。这是因为下面这行代码决定了基准情形就是只有一个元素的数组。

```
return array[0] if array.length == 1
```

这很简单——只是一次普通的函数调用，如下图所示。

$$max([4])$$

沿着调用链向上，看看调用 max([3,4])时会发生什么。在条件语句的前半部分（if array[0] > max(array[1, array.length - 1])）中，我们比较了 3 和 max([4])。但调用 max([4])是一次递归调用。下图展示了 max([3, 4])调用 max([4])的过程。

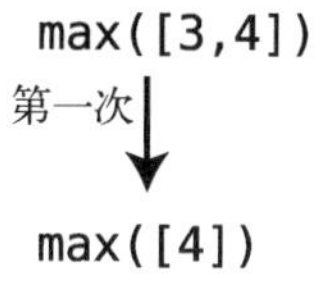

max([3,4])

第一次 ↓

max([4])

注意：箭头旁边的"第一次"表示这个递归调用是由 max([3, 4])中条件语句的**前半部分**触发的。

这一步完成之后，代码现在就可以把 3 和 max([4])的结果进行比较了。因为 3 不大于这个结果（4），所以会触发条件语句的后半部分。（也就是 return max(array[1, array.length - 1])。）在这种情况下，我们会返回 max([4])。

但是在返回 max([4])时，还会调用一次 max([4])。这是第二次触发 max([4])的调用，如下图所示。

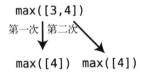

如你所见，max([3, 4])最后调用了 max([4])两次。当然，我们希望避免不必要的事。假如已经计算过了 max([4])的结果，那么为什么还要再调用一次同样的函数，得到相同的结果呢？

如果再沿着调用链向上分析，那么问题只会更严重。

下面是调用 max([2, 3, 4])时会发生的事情。

在条件语句的前半部分，比较 2 和 max([3, 4])，后者已经分析过了，如下图所示。

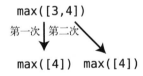

因此，max([2, 3, 4])调用 max([3, 4])就会像下图这样。

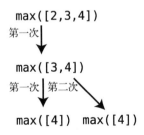

问题就出在这里：这还只是 max([2, 3, 4])条件语句的**前半部分**。在后半部分，还会**再次**调用 max([3, 4])，如下图所示。

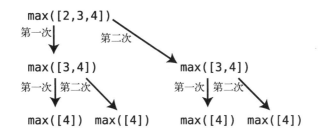

哎呀！

我们鼓起勇气再往上分析一层，调用 max([1, 2, 3, 4])。整体来看，在调用完两次 max 之后，就会得到下图所展示的过程。

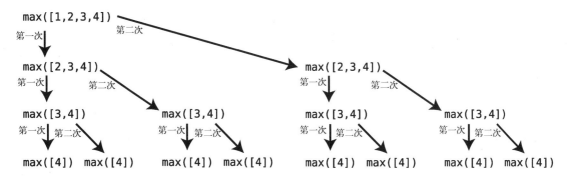

因此，max([1, 2, 3, 4])最后会调用 max 函数 15 次。

可以通过在函数开头加入 puts "RECURSION"来更好地看清这一点。

```
def max(array)
  puts "RECURSION"

  # 为简洁起见，省略剩余代码
```

运行代码时，我们会看到"RECURSION"被打印到控制台 15 次。

我们确实需要**部分**递归调用，但肯定不是全部。例如，我们肯定需要计算 max([4])，但是只要调用一次就能得到它的结果了。而在上面的代码中，它被调用了 8 次。

12.2　大 O 小改

幸运的是，有一种简单的方法可以避免多余的递归调用。代码只会调用 max 一次，然后把结果**存储**在一个变量中。

```
def max(array)

  return array[0] if array.length == 1
```

```
# 计算剩余数中的最大值并存储在变量中:

max_of_remainder = max(array[1, array.length - 1])

# 把第一个数和这个变量进行比较:

if array[0] > max_of_remainder
  return array[0]
else
  return max_of_remainder
  end
end
```

这个简单的修改把调用 max 的次数减少到了 4 次。可以加入 puts "RECURSION"，自己试着运行一下代码。

这里的诀窍在于：每个必要的递归调用只进行一次，然后把结果存储在变量中，这样就无须重复调用了。

虽然只改动了一点儿，但是改动前后的效率可谓天差地别。

12.3　递归的效率

在修改后的版本中，递归调用的次数和数组的大小一致。它是 $O(N)$ 算法。

到目前为止，我们见过的 $O(N)$ 算法都包含了一个执行 N 次的循环。不过，可以用同样的原则分析递归。

你应该还记得，大 O 回答了核心问题：如果有 N 个数据元素，那么算法需要多少步？

因为对于有 N 个值的数组，修改后的 max 函数会运行 N 次，所以其时间复杂度可以表示为 $O(N)$。就算函数本身有 5 个步骤，它的时间复杂度也不过是 $O(5N)$，而这可以简化为 $O(N)$。

然而在原版 max 函数中，每次运行都会调用自身**两次**（基准情形除外）。来看看它在不同大小的数组上的表现。

下表展示了不同大小的数组调用 max 的次数。

N 个元素	调用次数
1	1
2	3
3	7
4	15
5	31

你能发现其中的规律吗？每次数据量增加 1，算法所需步数差不多都要**翻番**。这是 $O(2^N)$ 算法的特征，它也是一种非常慢的算法。

然而，在修改之后，数组中有多少元素，max 函数就会调用自己多少次。这意味着它的效率是 $O(N)$。

牢记一点：避免多余的递归调用是快速递归的关键。把计算结果存储在变量中这种修改乍一看可能很不起眼，但它能把函数的速度从 $O(2^N)$ 提高到 $O(N)$。

12.4　重复子问题

斐波那契数列是一个无限数列，如下所示。

0, 1, 1, 2, 3, 5, 8, 13, 21, 34, 55, …

数列从 0 和 1 开始，后面的每个数都是前面两个数的和。例如，55 就是它前面两个数（21 和 34）的和。

下面的 Python 函数可以返回斐波那契数列的第 N 项。如果把 10 传入函数，那么它就会返回数列的第 10 项，即 55。（0 是数列的第 0 项。）

```python
def fib(n):
  # 基准情形是数列的前两项:
  if n == 0 or n == 1:
    return n

  # 返回前两个斐波那契数的和:
  return fib(n - 2) + fib(n - 1)
```

函数的关键在于下面这一行。

```python
return fib(n - 2) + fib(n - 1)
```

它计算了斐波那契数列中前两项的和。这是一个很精巧的递归函数。

但是看到它调用自己**两次**，你脑海中就该敲响警钟了。

下面以计算斐波那契数列的第六项为例。fib(6)需要调用 fib(4)和 fib(5)，如下图所示。

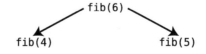

前面已经讲过，调用自己两次的函数很容易就会变成 $O(2^N)$。而 fib(6)所需的递归调用也确实如此，如下图所示。

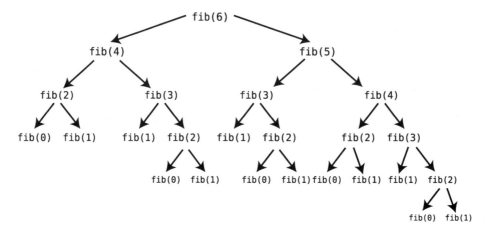

不得不承认，$O(2^N)$ 看着真的很"吓人"。

虽然优化本章的第一个例子只需要简单的修改，但优化斐波那契序列并没有那么容易。

这是因为要存储在变量中的数据不止一个。**需要**同时计算 fib(n - 2) 和 fib(n - 1)（因为每项都是前两项之和），只存储一个结果自然不够。

这就是计算机科学家所说的**重复子问题**。我们来解释一下这个术语。

当一个问题可以通过解决相同问题的更小版本来解决时，小问题就被称为**子问题**。在讨论递归时这个概念已被提及过很多次。而在斐波那契数列中，计算每一项都需要先计算前面的项。这些计算就是子问题。

然而，fib(n - 2) 和 fib(n - 1) 会调用很多彼此相同的函数，这就带来了子问题的**重复**。也就是说，fib(n - 1) 需要一些 fib(n - 2) 已经进行过的计算。例如，你可以从前面的图中看出，fib(4) 和 fib(5) 都会调用 fib(3)（当然还有很多其他重复的调用）。

看起来已经进了"死胡同"：斐波那契数列函数需要进行很多重复的调用，算法以 $O(2^N)$ 的速度缓慢执行。我们什么也做不了。

真的吗？

12.5 动态规划与记忆化

幸运的是，我们**的确**有解决方案，它就是动态规划。**动态规划**是一种优化有重复子问题的递归问题的过程。

（别太在意"动态"这个词。关于这个术语的来历有一些争论，我要展示的方法也没什么特别动态的地方。）

用动态规划优化算法通常有两种方法。

　　第一种方法是**记忆化**。[1]它是一种减少重复子问题中递归调用的方法，简单而巧妙。

　　记忆化本质上通过**记住**之前计算过的函数来减少递归调用。（从这个方面来说，它和听起来很相似的那个词[2]的确很像。）

　　在斐波那契数列的例子中，fib(3)第一次被调用时，函数会进行计算并返回 2。但是在继续之前，函数会把结果存储在哈希表中。哈希表现在看起来就像下面这样：

```
{3: 2}
```

这表示 fib(3)的结果是 2。

　　同样，代码会记住所有新计算的结果。例如，在计算 fib(4)、fib(5)和 fib(6)后，哈希表会变成下面这样。

```
{
  3: 2,
  4: 3,
  5: 5,
  6: 8
}
```

用这个哈希表可以避免未来的递归调用。其原理如下。

　　如果不用记忆化，那么 fib(4)就会调用 fib(3)和 fib(2)，这两个函数又会各自进行递归调用。而有了哈希表就不一样了。在 fib(4)"漫不经心"地调用 fib(3)前，它首先需要检查哈希表，看看 fib(3)是不是已经被计算了。只有 3 这个键不在哈希表中时，函数才会继续调用 fib(3)。

　　对于重复子问题，记忆化可谓直击要害。重复子问题的根源就在于重复计算相同的递归调用。而记忆化会把每个新计算结果都存储在哈希表中以供后用。这样就只需进行没有进行过的计算即可。

　　这听起来不错，但还有一个问题。每个递归函数该如何访问这个哈希表呢？

　　答案是：把哈希表作为第二个参数传入函数。

　　因为哈希表也是内存中的一个对象，所以可以把它从一个递归调用传递到下一个递归调用。即便在调用的过程中还在修改它也无所谓。就算在调用栈上一步步返回时也是如此。虽然最开始时哈希表可能是空的，但在原始调用执行完毕后，哈希表就装满数据了。

记忆化的实现

　　要传入哈希表，需要先让函数接受**两个**参数，其中第二个参数就是哈希表。因为使用了记忆化，所以这个哈希表被称作 memo。

```
def fib(n, memo):
```

---

① 记忆化的英文为 memoization，和 memorization 很相似。——译者注

② 指 memorization。——译者注

第一次调用函数时，要传入所求项数和空哈希表。

```
fib(6, {})
```

fib 每次调用自己时都需要传入哈希表。哈希表会在递归调用的过程中填满数据。

函数剩余部分如下。

```
def fib(n, memo):

  if n == 0 or n == 1:
    return n

  # 检查哈希表 memo, 确认 fib(n) 是否已被计算:
  if not memo.get(n):

    # 如果 n 不在 memo 中, 那么递归计算 fib(n) 并将结果存储在哈希表中:
    memo[n] = fib(n - 2, memo) + fib(n - 1, memo)

  # 至此, fib(n) 的结果肯定在 memo 中了。(它有可能早就在那里了, 也可能上一行代码才把它存进哈希表。
  # 但无论如何它肯定在里面。) 所以可以返回了:
  return memo[n]
```

下面来逐行分析一下这段代码。

函数现在接受两个参数，即 n 和哈希表 memo。

```
def fib(n, memo):
```

也可以给 memo 设置一个默认值，这样在第一次调用时就不用显式地传入一个空哈希表了。

```
def fib(n, memo={}):
```

无论如何，基准情形还是 0 和 1，不受记忆化影响。

在进行递归调用前，代码首先会检查对于参数 n，fib(n) 是否已经被计算。

```
if not memo.get(n):
```

（如果 n 的结果已经在哈希表中，就直接用 return memo[n] 返回结果。）

只有 n 的结果还未计算时，才会进行递归调用。

```
memo[n] = fib(n - 2, memo) + fib(n - 1, memo)
```

这里把计算结果存储在了 memo 中，以避免重复计算。

还要注意每次调用 fib 函数时如何传入 memo。这是在所有 fib 调用间共享哈希表 memo 的关键。

如你所见，函数的本质并未改变。因为 fib 的计算本质上还是 fib(n - 2) + fib(n - 1)，所以依然是在用递归解决问题。但是，如果进行了新的计算，那么就会把结果存入哈希表中；如果要计算的数已经被计算过，则可以从哈希表中获取结果，无须重复计算。

下图展示了使用记忆化之后的递归调用情况。

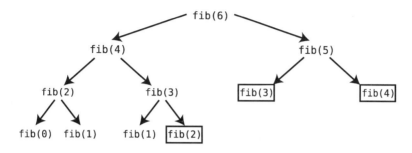

从哈希表中得到的结果的调用在上图中都用方块标了出来。

那么函数的时间复杂度是什么呢？下表展示了不同的 N 所需的递归调用数。

N 个元素	调用次数
1	1
2	3
3	5
4	7
5	9
6	11

可以看出对于第 N 项，需要 $2N - 1$ 次调用。因为时间复杂度忽略常数，所以这是一个 $O(N)$ 算法。

与 $O(2^N)$ 相比，这是巨大的进步。使用记忆化吧！

12.6 自下而上的动态规划

之前提过，动态规划有两种方法。我们已经学习了记忆化，它是一种非常实用的方法。

而第二种方法，即**自下而上**，就没那么神奇了。可能它听起来都不像是一种方法。自下而上的意思就是放弃递归，使用其他方式（比如循环）来解决同一问题。

认为自下而上是一种动态规划方法的原因在于，动态规划能够确保**可以用递归解决**的问题不会因为重复子问题而进行重复调用。使用循环从技术上来说正是这样。

当使用递归可以更自然地解决问题时，自下而上就成了一种可用的方法。对生成斐波那契数来说，递归就是一种简洁优雅的方法。因为方法没那么直观，所以用循环解决同一个问题可能需要更多的思考。（想象一下用循环来解决第 11 章的台阶问题。太难了。）

下面来看看如何用自下而上的方式实现斐波那契函数。

12.6.1 自下而上的斐波那契函数

在下面的自下而上方法中，先从前两个斐波那契数 0 和 1 开始，然后用循环来构建数列。

```
def fib(n):

  if n == 0:
    return 0

  # a 和 b 分别表示数列中的前两个数：
  a = 0
  b = 1

  # 从 1 循环至 n：
  for i in range(1, n):

    # a 和 b 分别变成数列中的下一个数。换言之，b 变成 b + a 的和，而 a 变成之前的 b 的值。
    # 我们需要一个临时变量来进行这两个变动：
    temp = a
    a = b
    b = temp + a

  return b
```

这里，变量 a 和 b 的初始值分别是 0 和 1，也就是斐波那契数列的前两个数。

随后用一个循环来计算数列中的数，直到 n 为止。

```
for i in range(1, n):
```

要计算数列的下一项，需要计算前两项的和。下面给 temp 赋值为前面第二项，给 a 赋值为前面第一项。

```
temp = a
a = b
```

给 b 重新赋值为数列的下一项，也就是前两项的和。

```
b = temp + a
```

因为代码只是简单地从 1 循环至 N，所以需要 N 步。和记忆化一样，它的复杂度也是 $O(N)$。

12.6.2 记忆化与自下而上

你已经学习了动态规划的两种主要方法：记忆化和自下而上。这两种方法有优劣之分吗？

通常来说，这取决于问题本身，以及使用递归的原因。如果递归是给定问题的一个优雅且直观的解法，那么你可能需要继续使用递归，然后用记忆化来解决重复子问题。如果循环的方法也同样直观，那么你可能会想使用自下而上。

有一点非常重要：即便是使用记忆化，递归也比循环要多一些开销。任何递归都需要计算机在调用栈中跟踪记录递归调用，这就需要消耗内存。记忆化本身也需要使用哈希表，这还会占用额外空间。（参见第 19 章。）

　　一般来说，除非递归解法更加直观，否则自下而上通常是更好的选择。而在递归确实更直观的情况下，可以使用递归，然后用记忆化来保证速度。

12.7　小结

　　在学习编写高效的递归代码后，你又解锁了一项超能力。你马上就会见到一些非常高效且高级的算法，其中很多依赖递归。

习　题

扫码获取
习题答案

(1) 下面的函数会以一个数字数组作为输入。只要没有某一个数让数组中数的和超过 100，就返回这个和。如果某一个数会让和大于 100，就跳过它。不过这个函数存在不必要的递归调用。请修改代码，消除这些不必要的递归。

```
def add_until_100(array)
  return 0 if array.length == 0
  if array[0] + add_until_100(array[1, array.length - 1]) > 100
    return add_until_100(array[1, array.length - 1])
  else
    return array[0] + add_until_100(array[1, array.length - 1])
  end
end
```

(2) 下面的函数会使用递归来计算"格伦布数列"的第 N 项，但它非常低效。请用记忆化来优化代码。（不了解格伦布数列也能完成这个习题。）

```
def golomb(n)
  return 1 if n == 1
  return 1 + golomb(n - golomb(golomb(n - 1)));
end
```

(3) 下面是第 11 章"不同路径"问题的一种解法。请用记忆化来优化它的效率。

```
def unique_paths(rows, columns)
  return 1 if rows == 1 || columns == 1
  return unique_paths(rows - 1, columns) + unique_paths(rows, columns - 1)
end
```

## 第 13 章

飞快的递归算法

13

对递归的理解为我们带来了各种新算法：从遍历文件系统到生成易位构词，不一而足。本章会学习一些能够大幅提高代码运行速度的算法，而递归正是这些算法的核心。

在前面几章中，我们学习了包括冒泡排序、选择排序和插入排序在内的排序算法。然而现实生活中的代码并不用这些算法给数组排序。大多数计算机语言内置了数组的排序函数，可以节省我们的时间和精力。很多语言的排序算法的底层实现是**快速排序**。

之所以要介绍快速排序（虽然它已经内置于很多计算机语言中），是因为学习其原理可以帮助你理解使用递归加速算法的过程，这样你就能将其应用于生活中的其他算法了。

快速排序速度飞快，在平均情况下尤其高效。尽管快速排序在最坏情况下（也就是数组完全倒序排列）的表现和插入排序以及选择排序差不多，但它在最常出现的平均情况下要优秀得多。

先来看看快速排序所依赖的一个概念——**分区**。

13.1 分区

数组**分区**的步骤如下：从数组中随机选取一个值作为**基准**，把所有小于基准的数移动到基准左边，所有大于基准的数移动到基准右边。我们用下面例子中描述的简单算法来实际完成一个分区。

假设已知下图中的数组。

$$\boxed{0}\,\boxed{5}\,\boxed{2}\,\boxed{1}\,\boxed{6}\,\boxed{3}$$

为了统一标准，我们永远选择最右边的值作为基准（严格来说可以选择其他值）。因此这里选择 3 作为基准。我们把它圈出来，如下图所示。

$$\boxed{0}\,\boxed{5}\,\boxed{2}\,\boxed{1}\,\boxed{6}\,\boxed{③}$$

然后创建两个"指针"：一个指向数组最左边的值，一个指向除基准以外数组最右边的值，如下图所示。

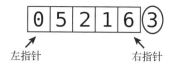

接下来就可以按如下步骤进行分区操作了。稍后我们会用示例数组讲解一遍这些步骤，你现在不用担心看不懂。

(1) 左指针不断右移一格，直到遇到大于或等于基准的数时才停止移动。

(2) 右指针不断左移一格，直到遇到小于或等于基准的数时才停止移动。如果右指针移动到了数组开头，则也需要停止移动。

(3) 在右指针停止移动之后，会出现两种情况。如果左指针遇到（或越过）了右指针，那么就前往第(4)步。否则，就交换左右指针指向的数，并重复前3步。

(4) 最后，交换基准和左指针指向的数。

分区之后，基准左边的值都比它小，右边的值都比它大。这意味着虽然其他值的位置未必正确，但基准本身在数组中的位置已经正确了。

我们用示例数组实践一下以上步骤。

第1步：比较左指针（目前指向0）和基准（值是3），如下图所示。

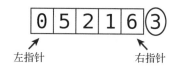

因为0小于基准，所以下一步中左指针会右移。

第2步：左指针右移，如下图所示。

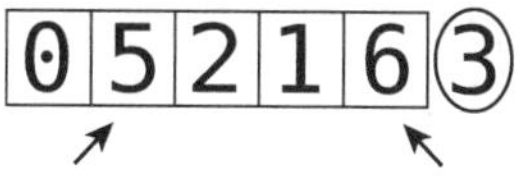

比较左指针（5）和基准。5小于基准吗？因为答案是否定的，所以左指针停止移动。下一步中，右指针会开始移动。

第3步：比较右指针（6）和基准。它指向的值大于基准吗？因为这个值大于基准，所以右指针会继续左移。

第4步：右指针继续左移，如下图所示。

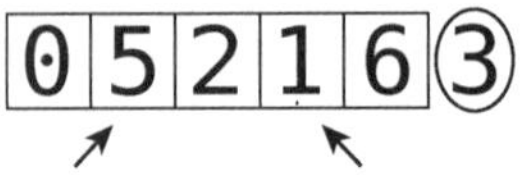

052163

比较右指针（1）和基准。因为这个值小于基准，所以右指针停止移动。

第 5 步：因为两个指针都已经停止移动，所以交换它们指向的数，如下图所示。

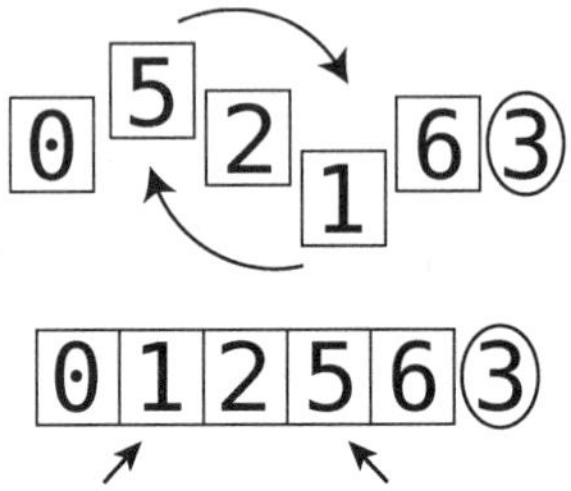

052163

012563

下一步中，左指针将重新开始移动。

第 6 步：左指针开始移动，如下图所示。

012563

比较左指针（2）和基准。因为这个值小于基准，所以左指针继续移动。

第 7 步：左指针移动到下一格。此时，两个指针指向了同一个值，如下图所示。

012563

比较左指针和基准。因为左指针指向的值大于基准，所以它停止移动。又因为此时左右指针相遇，所以指针移动步骤已经结束了。

第 8 步：作为分区的最后一步，交换左指针指向的值和基准，如下图所示。

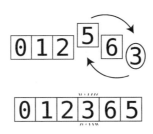

012365

　　虽然数组尚未完全排序，但我们已经成功完成了分区。换言之，所有小于基准 3 的数都已经移动到了其左边，而所有大于基准 3 的数也都移动到了其右边。根据定义，这也意味着 **3 在数组中已经位于正确位置**。

代码实现：分区

下面是 Ruby 中的 SortableArray 类，其中的 partition!函数和我们介绍的分区方法一致。

```ruby
class SortableArray

  attr_reader :array

  def initialize(array)
    @array = array
  end

  def partition!(left_pointer, right_pointer)

    # 总是选择最右边的元素作为基准。记录基准的索引，以便后续使用：
    pivot_index = right_pointer

    # 获取基准值：
    pivot = @array[pivot_index]

    # 让右指针指向基准左边的值：
    right_pointer -= 1

    while true

      # 只要左指针指向的值小于基准，就把它右移：
      while @array[left_pointer] < pivot do
        left_pointer += 1
      end

      # 只要右指针指向的值大于基准，就把它左移：
      while @array[right_pointer] > pivot do
        right_pointer -= 1
      end

      # 现在我们已经不再移动左右指针了。

      # 检查左指针是否已经遇到或者越过右指针。如果是，就跳出循环，以便后续在代码中交换基准：
      if left_pointer >= right_pointer
        break

      # 如果左指针还在右指针的左边，那么就交换它们指向的值：
      else
        @array[left_pointer], @array[right_pointer] =
          @array[right_pointer], @array[left_pointer]

        # 把左指针右移一格，准备进行下一轮指针移动：
        left_pointer += 1
      end

    end

    # 作为分区的最后一步，交换左指针指向的值和基准：
```

```
  @array[left_pointer], @array[pivot_index] =
    @array[pivot_index], @array[left_pointer]

  # 为了本章后面介绍的快速排序需要，返回左指针：
  return left_pointer
end
```

```
end
```

来详细分析一下这段代码。

partition!方法有两个参数，分别是左右指针的起始点。

```
def partition!(left_pointer, right_pointer)
```

对数组第一次调用该方法时，两个指针分别指向数组的左端和右端。不过，快速排序会对数组的子数组也调用该方法。因此，不能认为左右指针总是指向数组的左右两端，而是应该让它们变成方法的参数。等后面我介绍完整的快速排序算法时，你就会更明白这一点了。

接下来，选择基准，也就是所要处理的范围的最右一个元素。

```
pivot_index = right_pointer
pivot = @array[pivot_index]
```

确定基准后，就把 right_pointer 移动到基准左边一个元素。

```
right_pointer -= 1
```

随后执行循环，它会一直运行到 left_pointer 和 right_pointer 相遇。在循环内部，使用一个新的循环来右移 left_pointer，直到它遇到一个大于或等于基准的数。

```
while @array[left_pointer] < pivot do
  left_pointer += 1
end
```

同样，左移 right_pointer，直到它遇到一个小于或等于基准的数。

```
while @array[right_pointer] > pivot do
  right_pointer -= 1
end
```

left_pointer 和 right_pointer 停止移动之后，检查它们是否已经相遇。

```
if left_pointer >= right_pointer
  break
```

如果已经相遇，那么就退出循环并准备进行马上就要看到的交换基准步骤。不过，如果它们尚未相遇，那么就交换两个指针指向的值。

```
@array[left_pointer], @array[right_pointer] =
  @array[right_pointer], @array[left_pointer]
```

最后，两个指针相遇后，交换基准和 left_pointer 指向的值。

```
@array[left_pointer], @array[pivot_index] =
  @array[pivot_index], @array[left_pointer]
```

该方法会返回 left_pointer，因为这是快速排序算法（接下来会介绍）所需要的。

13.2 快速排序

快速排序算法结合了分区和递归。它的步骤如下。

(1) 对数组执行分区。分区后，基准已经位于正确位置。

(2) 把基准左右的子数组当作新数组，递归执行第(1)步和第(2)步。换言之，我们会分区每个子数组，在子数组的基准两侧得到更小的子数组。随后不断进行分区。

(3) 如果某个子数组没有或者只有一个元素，那么它就是基准情形。我们不对基准情形进行任何操作。

还是以前面见过的数组[0, 5, 2, 1, 6, 3]为例。首先对整个数组进行分区。因为快速排序的第一步总是这个分区操作，所以上一节就已经完成了快速排序的部分步骤。分区后的数组如下图所示。

如你所见，原来的基准是 3。既然基准的位置已经正确，那么就需要排序其左右两端的数。虽然这个例子中基准左边的数已经正确排列，但这只是巧合，而且计算机也还不知道这一点。

分区后的下一步就是对基准左边的子数组进行分区。

因为我们目前只关注左边的子数组，所以暂时把右边挡住，如下图所示。

使用[0, 1, 2]子数组最右一个元素 2 作为基准，如下图所示。

确定左右指针，如下图所示。

现在就可以分区这个子数组了。因为上一节进行到了第 8 步，所以这里就从第 9 步开始。

第 9 步：比较左指针（0）和基准（2）。因为 0 小于基准，所以右移左指针。

第 10 步：左指针右移一格，它现在刚好和右指针指向同一个值，如下图所示。

0
1
2
3
6
5

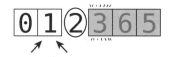

比较左指针和基准。因为 1 小于基准，所以我们继续。

第 11 步：左指针右移一格，它现在刚好指向基准，如下图所示。

0
1
2
3
6
5
（右指针）
（左指针）

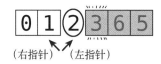

此时，因为左指针指向的值等于基准（毕竟它指向的**就是**基准本身），所以左指针停止移动。

这里左指针悄无声息地越过了右指针。不过没关系，算法在这种情况下依然可以正常工作。

第 12 步：激活右指针。但是因为右指针指向的值（1）小于基准，所以它不用移动。

因为左指针已经越过了右指针，所以这次分区的指针移动操作已经结束了。

第 13 步：接下来交换基准和左指针指向的值。因为左指针就指向基准，所以基准需要和自己交换，不会改变数组。至此，分区已经完成，而基准（2）也移动到了正确位置，如下图所示。

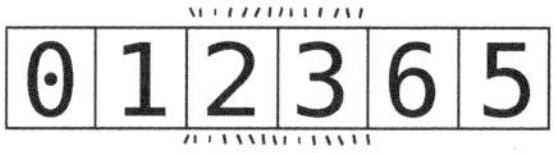

0
1
2
3
6
5

基准（2）的左边是子数组`[0, 1]`，右边则没有任何子数组。下一步是递归分区其左边的子数组，也就是`[0, 1]`。因为右边没有子数组，所以不用处理它的右边。

因为下一步只需要关注子数组`[0, 1]`，所以遮住数组剩余部分，如下图所示。

0
1
2
3
6
5

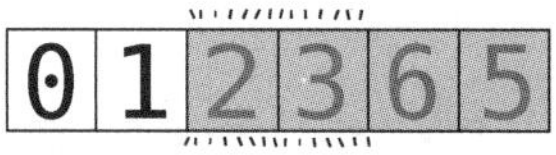

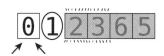

要分区子数组`[0, 1]`，可以选择其最右一个元素（1）作为基准。那左右指针该怎么办呢？首先左指针肯定指向 0。因为右指针总是指向基准左边的一个元素，所以它也指向 `0`，就像下图这样。

0
1
2
3
6
5

现在就可以进行分区了。

第14步：比较左指针（0）和基准（1），如下图所示。

因为左指针小于基准，所以我们继续。

第15步：左指针右移一格。它现在指向基准，如下图所示。

（右指针）（左指针）

因为左指针指向的值（1）并不小于基准（毕竟它就**指向基准**），所以它不再移动。

第16步：比较右指针和基准。因为右指针指向的值小于基准，所以不再移动它。又因为左指针已经越过右指针，所以这次分区的指针移动已经完成。

第17步：交换左指针和基准。这次左指针依然指向基准，所以交换不会改变数组。基准现在位于正确位置，分区也结束了。

目前的数组元素如下图所示。

0 1 2 3 6 5

接下来，为最后一个基准的左子数组分区。这个子数组是[0]，只有一个元素。因为没有或者只有一个元素的数组是基准情形，所以我们什么都不用做。我们认为该元素已经位于正确位置。因此，数组元素如下图所示。

0 1 2 3 6 5

我们首先将 3 作为基准，递归分区了它左边的子数组（[0, 1, 2]）。那么现在就需要返回来再递归分区 3 右边的子数组[6, 5]。

因为已经完成排序，所以把[0, 1, 2, 3]遮起来，只关注[6, 5]，如下图所示。

0 1 2 3 6 5

下次分区会用最右边的元素（5）作为基准，如下图所示。

这次分区的左右指针都指向 6，如下图所示。

第 18 步：比较左指针（6）和基准（5）。因为 6 大于基准，所以左指针不再移动。

第 19 步：因为右指针也指向 6，所以理论上要把它左移一格。但是，因为 6 的左边没有格子可以移动，所以右指针也不再移动了。因为左右指针已经相遇，所以这次分区的指针移动已经完成，可以进行最后一步了。

第 20 步：交换基准和左指针指向的值，如下图所示。

基准（5）现在就在正确的位置了，如下图所示。

接下来，理论上需要递归分区[5，6]子数组左右的子数组。但因为左边没有子数组，所以只需要分区右边的子数组。而 5 右边的子数组只有一个元素 6，因为这是基准情形，所以我们不做任何操作，可以认为 6 已经位于正确位置，如下图所示。

这样就完成了。

代码实现：快速排序

下面是一个 quicksort!方法，可以把它加入前面的 SortableArray 类中，从而完成整个快速排序算法。

```ruby
def quicksort!(left_index, right_index)
  # 基准情形：子数组包含 0 或 1 个元素
  if right_index - left_index <= 0
    return
  end
```

```
# 为参数范围内的元素分区，获得基准的索引：
pivot_index = partition!(left_index, right_index)

# 为基准左边的部分递归调用这个quicksort!方法：
quicksort!(left_index, pivot_index - 1)

# 为基准右边的部分递归调用这个quicksort!方法：
quicksort!(pivot_index + 1, right_index)
end
```

这段代码异常简洁，但还是逐行分析一下。我们暂时跳过基准情形。

首先分区 left_index 和 right_index 之间的元素。

```
pivot_index = partition!(left_index, right_index)
```

第一次运行 quicksort!会分区整个数组。后续调用则会分区 left_index 和 right_index 之间的部分，也就是原数组中的一段。

把 partition!的返回值存储在变量 pivot_index 中。这个值就是 partition!方法完成时指向基准的 left_pointer。

随后，对基准左右的子数组递归调用 quicksort!。

```
quicksort!(left_index, pivot_index - 1)
quicksort!(pivot_index + 1, right_index)
```

当子数组包含的元素数不大于1时，就表示遇到了基准情形，递归可以结束了。

```
if right_index - left_index <= 0
  return
end
```

可以用下面的代码对这个快速排序实现进行测试。

```
array = [0, 5, 2, 1, 6, 3]
sortable_array = SortableArray.new(array)
sortable_array.quicksort!(0, array.length - 1)
p sortable_array.array
```

13.3 快速排序的效率

要确定快速排序的效率，首先需要确定**一次分区**的效率。

分析分区步骤就会发现其中有两类主要步骤。

❑ **比较**：比较指针指向的值和基准。
❑ **交换**：在适当的时候交换左右指针指向的值。

每次分区都要进行至少 N 次比较。换言之，数组中的每个元素都要和基准进行比较。这是因为分区需要让左右指针经过每个格子，直到它们相遇。

不过交换的次数就取决于数组中数据排列的顺序了。即便所有可能发生交换的场合都进行了交换，因为一次交换涉及两个值，所以一次分区最多也只有 $N/2$ 次交换。正如下图所示，分区 6 个元素仅需 3 次交换。

大多数情况下用不到这么多次交换。对于**随机**排列的数据，一般只需交换一半的值。平均来说，需要进行大约 $N/4$ 次交换。

因此，我们平均需要 N 次比较和 $N/4$ 次交换。对 N 个数据元素来说，可以认为有 $1.25N$ 步。因为大 O 记法忽略常数，所以我们说分区需要 $O(N)$ 时间。

但这只是**一次**分区的效率。因为快速排序需要**很多次**分区，所以还需要进一步分析才能确定其效率。

13.3.1　快速排序鸟瞰

下图从鸟瞰角度直观展示了对一个包含 8 个元素的数组进行快速排序的过程。图中描述了每次分区涉及的元素数。因为数组的实际值并不重要，所以图中没有画出它们。图中白色的格子表示了当前分区的子数组。

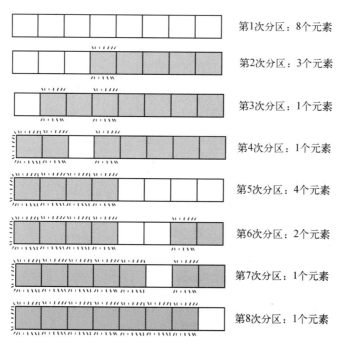

从图中可以看出，一共进行了 8 次分区，但每次分区的数组大小都不同。我们不仅对有 8 个元素的原数组进行了一次分区，也对大小分别为 4、3 和 2 的子数组进行了分区。此外还有 4 次分区处理的是只有 1 个元素的数组。

快速排序本质上就是一系列分区，而每次分区有 N 个元素的子数组都需要大约 N 步。因此，如果把所有子数组的大小加起来，那么就能得到快速排序需要的总步数。

8 个元素
3 个元素
1 个元素
1 个元素
4 个元素
2 个元素
1 个元素
+ 1 个元素
———————
共计约 21 步。

原数组包含 8 个元素，快速排序需要大约 21 步，其前提是最好情况或者平均情况，也就是每次分区后基准都差不多位于子数组中间。

对于包含 16 个元素的数组，快速排序需要大约 64 步。对于包含 32 个元素的数组，快速排序需要大约 160 步，如下表所示。

N	快速排序大致步数
4	8
8	24
16	64
32	160

（虽然前面的例子中包含 8 个元素的数组快速排序需要 21 步，但表中写的是 24。具体数字要看具体例子，24 也算是一个合理的估算。这里写成 24 是为了后面的解释更清楚。）

13.3.2　快速排序的时间复杂度

快速排序的时间复杂度是多少呢？

观察一下上面的表，就会发现快速排序一个包含 N 个元素的数组所需的步数大约是 N 乘以 $\log N$，如下表所示。

N	log N	N × log N	快速排序大致步数
4	2	8	8
8	3	24	24
16	4	64	64
32	5	160	160

事实上，这正是快速排序的复杂度。它是 $O(N \log N)$ 算法。这是一类全新的复杂度。

下图展示了 $O(N \log N)$ 和其他复杂度的对比。

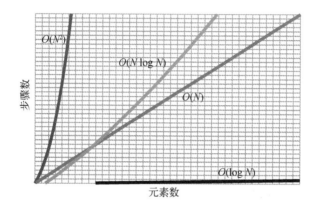

快速排序的步骤数等于 $N \times \log N$ 并不是巧合。如果从更宏观的角度来看，就能明白其**原因**。

每次分区数组，我们都会把它分成两个子数组。在平均情况下，基准最后移动到了数组的中间，两个子数组的大小相差无几。

需要平分数组多少次才能让每个子数组的大小变成 1 呢？对大小为 N 的数组来说，答案是 $\log N$ 次，如下图所示。

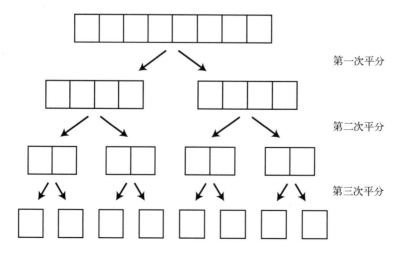

如你所见，如果数组的大小为 8，那么就需要 3 次"平分"才能得到 8 个单独的元素。这正好符合 log N 的定义，也就是平分 N 得到 1 所需的平分次数。

这就是快速排序需要 $N \times$ log N 步的原因。我们需要 log N 次平分，每次平分都需要分区所有的子数组，而子数组的元素数之和为 N。（这是因为子数组合起来就是原数组。）

上一页的第二幅图正好展示了这一过程。在图片上方，我们分区了一个包含 8 个元素的数组，得到了两个大小为 4 的子数组。随后又分别分区了这两个大小为 4 的数组，而这意味着我们总共还是分区了 8 个元素。

你需要记住，$O(N \log N)$ 只是一个估算。实际上，需要先为原数组进行一次分区，而这需要 $O(N)$ 步。此外，因为基准本身不参与"平分"，所以数组不可能等分。

下图展示了更加实际的情况。每次分区后，我们都忽略基准。

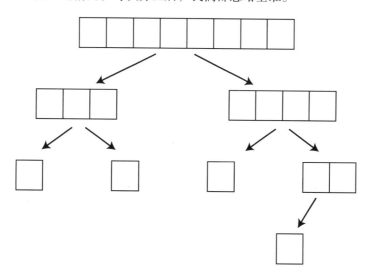

13.4 最坏情况下的快速排序

对其他的很多排序算法来说，最好情况就是数组已经正确排序。对快速排序来说，最好情况则需要基准在分区后总是位于正中间。有趣的是，如果数组的数被均匀地打乱顺序，那么差不多就是最好情况。

最坏情况是分区后基准"跑"到了数组的开头或结尾。如果数组是完全升序或者降序排列，就会出现这种情况，如下图所示。

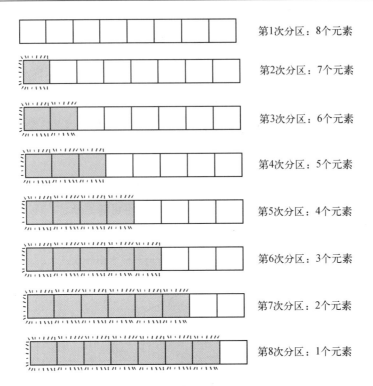

上图中的基准总是在分区后移动到数组开头。

虽然在这种情况下每次分区只需要一次交换，但因为比较的次数变多了，所以最后还是需要更多步骤。在第一个例子中，基准总是位于大约中间的位置，除了第一次以外的分区都是在相对较小的数组上进行的（最大的子数组也只有 4 个元素）。然而，在这个例子中，前 5 次分区的子数组都至少有 4 个元素。这些分区操作需要的比较数都等于子数组的元素数。

因此在最坏情况下，我们要分区 8＋7＋6＋5＋4＋3＋2＋1 个元素，共计 36 次比较。

用公式表示的话，包含 N 个元素的数组就需要 $N + (N - 1) + (N - 2) + (N - 3) + \cdots + 1$ 步。7.8 节介绍过，这加起来是 $N^2 / 2$ 步，复杂度是 $O(N^2)$。

因此，在最坏情况下，快速排序的效率是 $O(N^2)$。

快速排序和插入排序

在学习快速排序后，来把它和简单一点儿的插入排序做一下比较，如下表所示。

	最好情况	平均情况	最坏情况
插入排序	$O(N)$	$O(N^2)$	$O(N^2)$
快速排序	$O(N \log N)$	$O(N \log N)$	$O(N^2)$

可以看出，二者在最坏情况下效率一致，插入排序在最好情况下甚至更胜一筹。不过因为快速排序在平均情况下更优秀，所以其大部分时间好过插入排序。在平均情况下，插入排序的效率是 $O(N^2)$，而快速排序比它快得多，是 $O(N \log N)$。

因为快速排序在平均情况下表现优秀，所以许多编程语言会使用快速排序来实现默认的排序函数。因此，你可能不需要自行实现快速排序。不过有一个类似的算法对于实际代码有帮助，它就是快速选择。

13.5　快速选择

假设有一个随机排列的数组，虽然不需要排序，但你想知道数组中第十小或者第五大的数。这对于计算考试分数的第 25 百分位或者中位数有帮助。

一种解决方案是排序整个数组，然后跳转到对应索引。

不过，就算使用快速排序这样的快速算法，平均情况也需要至少 $O(N \log N)$ 步。虽然这不算太慢，但使用**快速选择**算法可以做得更好。和快速排序一样，快速选择也需要分区。你可以认为它是快速排序和二分查找的结合。

正如本章之前介绍的，基准在分区后会位于正确的位置。快速选择利用了这一点，其原理如下。

假设有一个包含 8 个元素的数组，我们希望找出数组中第二小的值。

首先，分区整个数组，如下图所示。

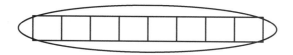

在分区后，我们希望基准位于数组的中间，如下图所示。

基准目前位于第五格，处于正确位置。这样就知道了数组中第五小的值。

虽然要寻找第二小而不是第五小的值，但我们**确定第二小的值就在基准左边**。因此，可以无视基准右边的所有值，只关注其左边的子数组。这也是快速选择类似二分查找的原因：不断把数组分成两半，只关注必定包含要寻找的值的那一半。

接下来，分区基准左边的子数组，如下图所示。

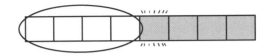

假设新的基准位于第三格，如下图所示。

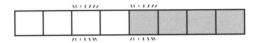

现在我们知道第三格的值位于正确的位置，也就是说它是数组中第三小的值。根据定义，第二小的值肯定在它左边。接下来就可以分区第三格左边的子数组了，如下图所示。

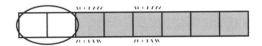

这次分区后，最小的值和第二小的值都位于正确的位置了，如下图所示。

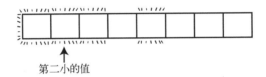

第二小的值

现在可以确定第二格中的值就是整个数组中第二小的值。快速选择的一个优点在于，**无须排序整个数组**也能找到正确的值。

使用快速排序时，每次把数组分成两半都需要重新分区每个子数组，因此快速排序的效率是 $O(N \log N)$。而在快速选择中，每次分区后，都只需要继续分区一个子数组——也就是要找的值所在的那一个。

13.5.1 快速选择的效率

快速选择在平均情况下的效率是 $O(N)$。这是为什么呢?

上一个例子对包含 8 个元素的数组进行了 3 次分区: 一次是整个数组，一次是包含 4 个元素的子数组，一次是包含 2 个元素的子数组。

前面讲过，对于包含 N 个元素的子数组，每次分区都需要大约 N 步。3 次分区的总步数就是 $8 + 4 + 2 = 14$。因此，快速选择一个包含 8 个元素的数组大约要 14 步。

而对于包含 64 个元素的数组，大约需要 $64 + 32 + 16 + 8 + 4 + 2 = 126$ 步。对于包含 128 个元素的数组，大约需要 254 步。如果数组中包含 256 个元素，那么就会大约需要 510 步。

可以看出，如果数组元素数是 N，那么快速选择大约需要 $2N$ 步。

（还可以换一种方法：对于 N 个元素，一共需要 $N + (N / 2) + (N / 4) + (N / 8) + \cdots + 2$ 步。这个和约等于 $2N$。）

因为大 O 记法忽略常数，所以要去掉 2。因此快速选择的效率是 $O(N)$。

13.5.2 代码实现：快速选择

下面是 quickselect! 方法的一个实现，它也可以被放到前面介绍的 SortableArray 类中。你会发现它和 quicksort! 方法很类似。

```
def quickselect!(kth_lowest_value, left_index, right_index)
  # 如果遇到基准情形（子数组只有一个格子），那么我们就知道已经找到了想要寻找的值：
  if right_index - left_index <= 0
    return @array[left_index]
  end

  # 分区数组，获取基准的索引：
  pivot_index = partition!(left_index, right_index)

  # 如果要找的值在基准左边：
  if kth_lowest_value < pivot_index
    # 就对基准左边的子数组递归调用 quickselect：
    quickselect!(kth_lowest_value, left_index, pivot_index - 1)
  # 如果要找的值在基准右边：
  elsif kth_lowest_value > pivot_index
    # 就对基准右边的子数组递归调用 quickselect：
    quickselect!(kth_lowest_value, pivot_index + 1, right_index)
  else # 如果 kth_lowest_value == pivot_index
    # 如果分区后基准就位于第 k 小的值的位置，那么我们就找到了想要的值
    return @array[pivot_index]
  end
end
```

如果要找一个未排序数组中第二小的值，那么可以使用下面的代码。

```
array = [0, 50, 20, 10, 60, 30]
sortable_array = SortableArray.new(array)
p sortable_array.quickselect!(1, 0, array.length - 1)
```

quickselect! 方法的第一个参数是你要寻找的位置，从索引 0 开始。因此 1 表示第二小的值。第二个参数和第三个参数分别表示数组的左右索引。

13.6 基于排序的其他算法

到目前为止，已知最快的排序算法的复杂度就是 $O(N \log N)$。快速排序当然是其中最受欢迎的一个，但这个复杂度分类下还有很多其他算法。归并排序就是另一个著名的 $O(N \log N)$ 排序算法。它是一个精妙的递归算法，你可以查看一下。

排序算法的复杂度不低于 $O(N \log N)$ 这个事实很重要，对别的算法也有影响。这是因为有些算法的步骤中需要排序。

例如，第 4 章中有一个检查数组中是否有重复值的算法。

当时第一种解法使用了嵌套循环，复杂度是 $O(N^2)$。虽然找到了一个 $O(N)$ 解法，但当时也提到了这个算法的缺点是需要额外的内存开销。（第 19 章会讨论这一点。）因此先暂时忘掉这个 $O(N)$ 解法。能不能用其他方法改进那个 $O(N^2)$ 算法呢？提示：这需要排序。

如果提前对数组进行排序，那么就能得到一个不错的算法。

假设原始数组是 [5，9，3，2，4，5，6]。因为其中有两个 5，所以确实有重复值。

如果先进行排序，那么数组就会变成 [2，3，4，5，5，6，9]。

接下来，用循环来遍历每一个数。在检查每一个数时，我们会检查它和**下一个**数是否相等。如果相等，那么就找到了重复值。如果直到循环结束都没有重复的数，那么数组中就不存在重复值。

这个算法的关键在于，排序把重复数字放到了一起。

在上面的例子中，首先检查第一个数，也就是 2。然后检查它是否等于下一个数。因为下一个数是 3，所以它们不重复。

因为 3 的下一个数是 4，所以可以继续。4 的下一个数是 5，仍可以继续。

这里第一个 5 的下一个数还是 5。好！我们找到了一对重复的数字，可以返回 true 了。

该算法的 JavaScript 实现如下。

```
function hasDuplicateValue(array) {
  // 预排序：(在 JavaScript 中，需要像下面这样使用 sort 函数，确保数值按数字顺序而不是“字母”顺序排列。)
  array.sort((a, b) => (a < b) ? -1 : 1);

  // 遍历数组中的所有值：
  for(let i = 0; i < array.length - 1; i++) {

    // 如果一个值等于它的下一个值，那么就找到了重复值：
    if(array[i] == array[i + 1]) {
      return true;
    }
  }

  // 如果直到数组末尾都没有返回 true，那么数组中就不含重复值：
  return false;
}
```

这个算法的其中一步就是排序。它的时间复杂度是多少呢？

先对数组进行排序。可以假设 JavaScript 的 sort() 函数的效率为 $O(N \log N)$。然后遍历数组，而这最多需要 N 步。因此算法总共需要 $(N \log N) + N$ 步。

前面讲过，大 O 记法在计算多阶复杂度的和时只考虑最高阶。这是因为相比之下低阶项影响没那么大。这里也是一样：因为比起 $N\log N$，N 没那么重要，所以算法的复杂度可以简化为 $O(N\log N)$。

我们成功地用排序把 $O(N^2)$ 算法优化为了 $O(N\log N)$ 算法，这是一个巨大的进步。

很多算法需要排序。而现在我们知道，任何需要排序的算法的复杂度都**至少**是 $O(N\log N)$。当然，如果算法中还有其他步骤，那么可能还会更慢。

13.7　小结

快速排序和快速选择都是递归算法，它们可以巧妙而高效地解决一些棘手的问题。虽然像这两者这样精心设计的算法可能不那么直观，但效率非常高。

在学习过一些高级算法之后，现在可以换个方向，探索新的数据结构了。因为其中一部分数据结构使用了递归操作，所以我们已经为此打好了基础。这些数据结构很有趣，能在很多应用中为我们带来优势。

习　题

扫码获取
习题答案

(1) 请编写一个函数，返回正数数组中任意 3 个数的最大乘积。使用三层嵌套循环的算法很慢，复杂度是 $O(N^3)$。请利用排序让函数的复杂度降至 $O(N\log N)$。（其实还有更快的实现，但这里只关注如何用排序给算法提速。）

(2) 下面的函数可以找出整数数组中“缺失的数”。这些数组本应包含 0 和数组长度之间的所有整数，但是现在缺少一个数。例如，数组 [5, 2, 4, 1, 0] 就缺少 3，而数组 [9, 3, 2, 5, 6, 7, 1, 0, 4] 则缺少 8。

下面的实现复杂度是 $O(N^2)$。（因为计算机需要搜索整个数组找到 n，所以 includes 方法本身就已经是 $O(N)$ 了。）

```
function findMissingNumber(array) {
  for(let i = 0; i < array.length; i++) {
    if(!array.includes(i)) {
      return i;
    }
  }

  // 如果所有数都存在：
  return null;
}
```

请用排序实现该函数，把复杂度降至 $O(N\log N)$。（其实还有更快的实现，但这里只关注如何用排序给算法提速。）

(3) 请写出 3 种寻找数组最大值的实现，使它们的复杂度分别为 $O(N^2)$、$O(N\log N)$ 和 $O(N)$。

## 第 14 章

基于节点的数据结构

接下来的几章会探索一系列基于**节点**的数据结构。你很快就会发现，节点表示的数据可能散布在计算机内存各处。基于节点的数据结构提供了新的管理和访问数据的方法，带来了很多性能优势。

本章会学习链表。它是最简单的基于节点的数据结构，也是未来章节的基础。虽然链表看起来类似数组，但因为在效率上有所取舍，所以可以在特定情况下带来性能提升。

14.1 链表

和数组一样，**链表**也是表示一系列元素的数据结构。乍一看二者很相似，但本质上有天壤之别。

正如第 1 章所述，计算机的内存可以表示为存储数据的格子。在创建数组时，代码会找一段连续的空格子，用它们来存储应用数据。

我们还学过，因为计算机可以在一步之内访问任意内存地址，所以可以迅速访问数组的任意索引。如果你的代码要"检查索引 4 处的值"，那么计算机只需 1 步就能找到这个格子。这是因为程序知道数组开始于哪个内存地址。假设这个地址是 1000，因为它要查找索引 4，所以就会直接跳转到地址 1004，如下图所示。

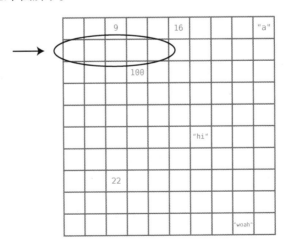

而链表就不一样了。链表中的数据不是存储在连续内存区块中，而是散落在内存的不同格子里。

节点表示散布在内存中的互相连接的数据。在链表中，每个节点都表示其中的一个元素。问题在于：如果节点互不相邻，那么计算机如何才能知道哪些节点属于同一个链表呢？

这就是链表的关键：每个节点都包含了它**下一个**节点的内存地址的信息。

该信息就是**链接**，它以指针形式表示出了下一个节点的内存地址，如下图所示。

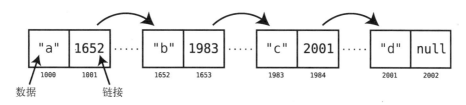

在这个例子中，链表包含 4 项数据："a"、"b"、"c"和"d"。不过链表需要用 8 个内存格子来存储这些数据。这是因为每个节点都包含两个格子。第一个格子用来存储实际数据，第二个格子则用来存储下一个节点开始的内存地址。因为链表已经结束，所以最后一个格子的链接是 null。

（链表的第一个节点被称为**链表头**，最后一个节点被称为**链表尾**。）

只要知道链表开始的内存地址，计算机就可以使用它。因为每个节点都包含到下一个节点的链接，所以计算机只需要跟踪链接就能访问整个链表。

链表数据在内存中无须相连就是它相对于数组的优势。数组需要找一整块连续的格子来存储数据，这在数组较大时就会比较困难。因为这些细节是由编程语言管理的，所以你可能无须担心。但是你马上就会发现链表和数组间有着更实际的区别。

14.2 链表实现

虽然像 Java 这样的编程语言内置了链表，但很多语言没有。不过实现链表相当简单。

我们来用 Ruby 实现自己的链表。这需要 Node 和 LinkedList 两个类。首先来实现 Node 类。

```ruby
class Node

  attr_accessor :data, :next_node

  def initialize(data)
    @data = data
  end

end
```

Node 类包含 data 和 next_node 两个属性：前者表示节点的主要值（比如字符串"a"），后者是到下一个节点的链接。可以像下面这样使用该类。

```
node_1 = Node.new("once")
node_2 = Node.new("upon")
node_3 = Node.new("a")
node_4 = Node.new("time")

node_1.next_node = node_2
node_2.next_node = node_3
node_3.next_node = node_4
```

上面这段代码创建了一个有 4 个节点的链表，其中包含了字符串"once"、"upon"、"a"和"time"。

注意，在上面的实现中，next_node 指向了另一个 Node 实例，而不是实际的内存地址。不过这并没有什么不同——节点还是散布在内存中，依然可以用链接来遍历链表。

接下来我们将简单地讨论指向下一个节点而不是特定的内存地址的每一个链接。这样就可以用下面的简化图来表示链表了。

上图的每个节点都有两个“格子”。第一个格子存储实际数据，第二个格子指向下一个节点。

这正好可以表示上面 Node 类的 Ruby 实现。data 方法会返回节点数据，而 next_node 方法会返回链表的下一个节点。**在这个语境下，next_node 方法就表示节点的链接。**

虽然只用 Node 类就可以创建链表，但是需要一个简单的方法告知程序链表开始的位置。因此需要额外创建一个 LinkedList 类，其基本实现如下。

```
class LinkedList

  attr_accessor :first_node

  def initialize(first_node)
    @first_node = first_node
  end

end
```

LinkedList 实例需要做的就是记录链表的第一个节点。

我们之前创建的链表包括节点 node_1、node_2、node_3 和 node_4。现在可以通过下面的代码用 LinkedList 类来引用这个链表。

```
list = LinkedList.new(node_1)
```

list 变量就像链表的一个把手，因为它是 LinkedList 的一个实例，并且可以访问链表的第一个节点。

有一点很重要：**在使用链表时，能直接访问的只有第一个节点**。你马上就会发现，这会带来严重后果。

乍一看，链表和数组都是列表，非常相似。但如果深入分析，你就会发现这两种数据结构在性能方面存在巨大差异。我们还是用读取、查找、插入和删除这 4 种经典操作来分析。

14.3 读取

我们知道，计算机可以在 $O(1)$ 时间内读取数组。现在来看看其读取链表的效率。

如果你想读取链表的第三项的值，那么计算机是不能用 1 步完成的。这是因为它并不知道该去内存的何处寻找。毕竟链表的节点可能在内存的**任何位置**。程序只知道链表的**第一个**节点的内存地址，而对其他节点暂时还一无所知。

读取第三个节点需要计算机进行一系列操作。首先，它会访问第一个节点。然后，它会通过链接找到第二个节点，再通过第二个节点的链接找到第三个节点。

无论要访问哪个节点，都需要从第一个节点（也就是程序一开始可以访问的唯一节点）开始，沿着节点链找到想要的一项。

如果要读取有 N 个节点的链表的最后一个节点，那么就需要 N 步。链表在最坏情况下需要 $O(N)$ 时间读取，而数组可以在 $O(1)$ 时间内读取任意元素。不过别急，链表马上就会有"发光"的机会的。

代码实现：链表读取

下面来给 LinkedList 类加一个 read 方法。

```
def read(index)
  # 从链表的第一个节点开始:
  current_node = first_node
  current_index = 0

  while current_index < index do
    # 沿着链接前进直到抵达要读取的索引:
    current_node = current_node.next_node
    current_index += 1

    # 如果已经越过链表尾部, 那么就意味着链表没有这个值, 需要返回 nil:
    return nil unless current_node
  end

  return current_node.data
end
```

要从链表读取第四个节点，可以像下面这样传入节点的索引。

```
list.read(3)
```

来具体分析一下这个方法的原理。

首先，变量 current_node 指的是当前访问的节点。因为先访问第一个节点，所以有如下代码。

```
current_node = first_node
```

first_node 是 LinkedList 类的一个属性。

还需要记录 current_node 的索引，这样才能知道是否到达了想要的索引。代码如下。

```
current_index = 0
```

这是因为第一个节点的索引是 0。

接下来的循环会在 current_index 小于要读取的索引时不断执行。

```
while current_index < index do
```

在每轮循环中，程序都会访问链表的下一个节点，使其成为新的 current_node。

```
current_node = current_node.next_node
```

同时 current_index 也需要自增。

```
current_index += 1
```

每轮循环结束时，都要检查是否已抵达链表尾部。如果要找的索引不在链表中，那么就需要返回 nil。

```
return nil unless current_node
```

这是因为链表的最后一个节点的 next_node 是 nil，而不是一个真正的节点。因此，对最后一个节点调用 current_node = current_node.next_node 时，current_node 会变成 nil。

最后，如果确实跳出了循环，那么就意味着找到了想要的索引，可以用如下代码返回节点的值。

```
return current_node.data
```

14.4　查找

查找的意思是在列表中找到一个值并返回其所在的索引。因为计算机一次只能检查一个值，所以线性查找的速度是 $O(N)$。

链表的查找速度也是 $O(N)$。和读取一个值的过程类似，查找需要从第一个节点开始，沿着链接遍历所有节点，并检查每个节点的值是否是要查找的值。

代码实现：链表查找

下面是链表查找操作的 Ruby 实现。该方法名叫 index_of，其参数就是要查找的值。

```ruby
def index_of(value)
  # 从链表的第一个节点开始:
  current_node = first_node
  current_index = 0

  begin
    # 如果找到了要找的数据, 就返回它:
    if current_node.data == value
      return current_index
    end

    # 否则, 就移动到下一个节点:
    current_node = current_node.next_node
    current_index += 1
  end while current_node

  # 如果找遍链表都没有找到要找的数据, 那么就返回nil:
  return nil
end
```

可以像下面这样在链表中查找任意值。

```ruby
list.index_of("time")
```

如你所见，查找的机制和读取类似。区别在于循环不再在特定索引处停止，而是运行到找到 value 或者抵达链表尾部为止。

14.5　插入

到目前为止，链表的性能还没能给我们留下深刻印象。链表在查找方面和数组"平分秋色"，在读取方面甚至比数组还要更慢。不过别担心，接下来就要展示链表的强项了。

在特定情况下，链表在插入方面较数组有明显优势。

因为需要用 $O(N)$ 时间才能把全部数据右移一格，所以在开头插入数据是数组插入的最坏情况。但在链表开头插入数据只需要 1 步，也就是 $O(1)$ 时间。来看看原因。

假设有下图所示的链表。

如果要在链表开头插入"yellow"，则只需要创建一个新节点，使其链接指向"blue"节点，如下图所示。

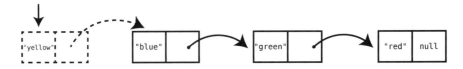

（在代码中，还需要更新 LinkedList 实例的 first_node，使其指向新的"yellow"节点。）

和数组不同，在链表开头插入数据并不需要移动任何数据。是不是很方便？

虽然理论上在链表的**任何位置**插入数据都只需要 1 步，但这里有一个问题。前面的链表目前如下图所示，我们继续以它为例说明。

假设要在索引 2 处（也就是"blue"和"green"中间）插入"purple"。实际插入确实只需要 1步：创建一个新节点，并把"blue"节点的链接指向新节点，如下图所示。

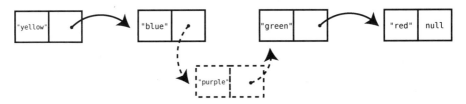

但是，计算机首先需要**移动到**索引 1 处的节点（"blue"）才能修改它的链接。访问特定索引处的节点正是读取操作，而我们已经知道链表读取需要 *O*(*N*)时间。下面来看具体步骤。

我们想在索引 1 后面插入新节点。因此，计算机需要访问索引 1。为此，必须从链表头部开始操作，如下图所示。

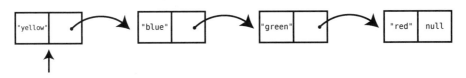

随后通过链接访问下一个节点，如下图所示。

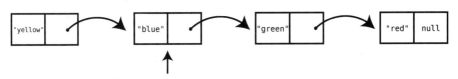

在抵达索引 1 处之后，就可以插入新节点了，如下图所示。

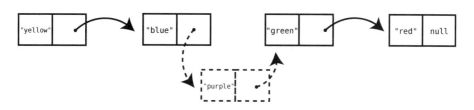

在这个例子中，插入"purple"用了 3 步。如果要把它插到链表结尾，就需要 5 步：先用 4 步抵达索引 1，再用 1 步插入新节点。

实际上，因为往链表尾部插入节点这种最坏情况需要 $N+1$ 步，所以链表插入的复杂度是 O(N)。

而往链表头部插入节点这种最好情况的复杂度只有 O(1)。

有趣的是，数组和链表的好坏情况刚好是相反的，如下表所示。

情 况	数 组	链 表
插到开头	最坏情况	最好情况
插到中间	平均情况	平均情况
插到结尾	最好情况	最坏情况

如你所见，插到数组结尾更简单，而链表正好相反。

我们目前已经找到了链表擅长的一个领域，即在列表开头插入元素。本章在后面会展示一个实际例子，刚好可以让链表发挥这一优势。

代码实现：链表插入

下面给 LinkedList 类添加一个插入方法 insert_at_index。

```
def insert_at_index(index, value)
  # 用传入的值来创建一个新节点：
  new_node = Node.new(value)

  # 如果要插到链表头部：
  if index == 0
    # 就让新节点的链接指向之前的第一个节点：
    new_node.next_node = first_node
    # 让新节点变成链表的第一个节点：
    self.first_node = new_node
    return
  end

  # 如果要插到别的位置：

  current_node = first_node
  current_index = 0
```

```
  # 就首先找到新节点插入位置的前一个节点:
  while current_index < (index - 1) do
    current_node = current_node.next_node
    current_index += 1
  end

  # 让新节点的链接指向下一个节点:
  new_node.next_node = current_node.next_node

  # 修改前一个节点的链接，使其指向新节点:
  current_node.next_node = new_node
end
```

使用这个方法需要传入新的 value 和要插入的位置 index。

如果要在索引 3 处插入"purple"，那么可以使用如下代码。

```
list.insert_at_index(3, "purple")
```

来分析一下 insert_at_index 方法。

首先，需要用传入的值创建一个新的 Node 实例。

```
new_node = Node.new(value)
```

接下来，先解决在链表头部，也就是索引 0 处插入值的情况。这种情况和插到其他位置都不同，需要单独考虑。

要在链表头部插入元素，只需让 new_node 指向链表的第一个节点，并且让 new_node 成为链表头即可。

```
if index == 0
  new_node.next_node = first_node
  self.first_node = new_node
  return
end
```

因为已经完成操作，所以可以用 return 关键字提前结束方法。

剩余的代码解决的都是插到链表头部以外位置的情况。

与读取和查找一样，先要访问链表的第一个节点。

```
current_node = first_node
current_index = 0
```

然后用 while 循环访问 new_node 插入位置的**前一个**节点。

```
while current_index < (index - 1) do
  current_node = current_node.next_node
  current_index += 1
end
```

这时，current_node 就是 new_node 的前一个节点。

接下来，让 new_node 的链接指向 current_node 的下一个节点。

new_node.**next_node** = current_node.**next_node**

最后，把 current_node（也就是 new_node 的前一个节点）的链接指向 new_node。

current_node.**next_node** = new_node

这样就完成了。

14.6　删除

链表的删除也是其优势所在，特别是在删除链表头部元素的时候。

要删除链表头部节点，只需要做一件事：让链表的 first_node 指向其第二个节点。

还是以包含"once"、"upon"、"a"和"time"4 个值的链表为例。如果要删除"once"，那么只需让链表从"upon"开始即可。

list.**first_node** = node_2

相比之下，删除数组的第一个元素需要把所有剩余数据左移，这需要 $O(N)$时间。

而在删除链表的**最后一个**节点时，实际的删除只需要 1 步——仅需让倒数第二个节点的链接变为 null。但因为要从第一个节点开始不断遍历，所以要访问倒数第二个节点需要先花 N 步。

下表比较了数组和链表在删除方面的不同情况。它和插入完全一致。

情　　况	数　　组	链　　表
从开头删除	最坏情况	最好情况
从中间删除	平均情况	平均情况
从结尾删除	最好情况	最坏情况

从链表的开头或结尾删除节点很简单，但从中间删除节点就稍微麻烦一点儿了。

假设要从下图中的颜色列表中删除索引 2 处的值（"purple"）。

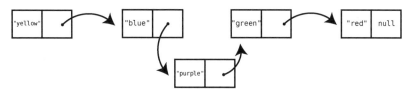

为此，首先要找到要删除的节点的**前一个**节点（"blue"）。然后让它的链接指向要删除的节点的**下一个**节点（"green"）。

把"blue"节点的链接从指向"purple"变为指向"green"的过程如下图所示。

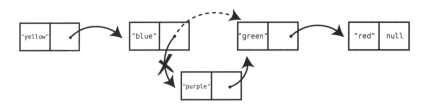

有趣的是，删除节点后，节点仍然存在于内存中。删除只是确保了没有别的节点可以链接到它。就算这个节点仍然在内存中，我们也**事实上**从链表中删除了它。

（不同编程语言使用不同的方法处理这些被删除的节点。有些语言可以自动检测到它们未被使用，然后进行"垃圾回收"，释放内存。）

代码实现：链表删除

下面是 LinkedList 类的删除操作的实现。这个 delete_at_index 方法以要删除的节点的索引为参数。

```
def delete_at_index(index)
  # 如果要删除第一个节点：
  if index == 0
    # 那么只需把第一个节点设置为当前的第二个节点：
    self.first_node = first_node.next_node
    return
  end

  current_node = first_node
  current_index = 0

  # 首先，找到要删除的节点的前一个节点，让它变成 current_node：
  while current_index < (index - 1) do
    current_node = current_node.next_node
    current_index += 1
  end

  # 找到要删除的节点的下一个节点：
  node_after_deleted_node = current_node.next_node.next_node

  # 让 current_node 的链接指向 node_after_deleted_node，把要删除的节点从链表中移除：
  current_node.next_node = node_after_deleted_node
end
```

这个方法和前面学习的 insert_at_index 方法类似。来看看其中不一样的地方。

这个方法首先处理 index 是 0，也就是删除第一个节点的情况。代码非常简单。

```
self.first_node = first_node.next_node
```

只需让链表的 first_node 变成第二个节点即可。

剩下的代码处理的是从其他位置删除的情况。为此，需要用一个 while 循环访问要删除的节点的前一个节点。它会变成 `current_node`。

接下来找到要删除的节点的下一个节点，把它存储在变量 `node_after_deleted_node` 中。

`node_after_deleted_node = current_node.`**`next_node`**`.`**`next_node`**

注意这里用的窍门：这个节点其实就是 `current_node` 后面的第二个节点。

最后让 `current_node` 的链接指向 `node_after_deleted_node`。

`current_node.`**`next_node`**` = node_after_deleted_node`

14.7　链表操作的效率

在分析过后，就会发现链表和数组操作的效率如下表所示。

操　　作	数　　组	链　　表
读取	$O(1)$	$O(N)$
查找	$O(N)$	$O(N)$
插入	在结尾是 $O(1)$	在开头是 $O(1)$
删除	在结尾是 $O(1)$	在开头是 $O(1)$

整体来看，链表的时间复杂度平平无奇：查找、插入、删除都和数组差不多，读取甚至比数组还慢。既然这样，为什么还要用链表呢？

链表的真正优势在于**实际的插入和删除**都只需要 $O(1)$ 时间。

但这只适用于在链表开头插入或者删除节点。要在其他地方插入或者删除节点，需要先用 N 步找到要删除的节点或者要插入的节点的前一个节点。

其实在有些场景中，因为其他原因我们已经找到了正确位置，下一节的例子很好地说明了这一点。

14.8　链表实战

链表适合的一个场景就是检查列表，并从中删除多个元素。假设我们要编写一个应用，梳理一份电子邮件地址列表并从中删除格式不正确的地址。

无论这个列表是数组还是链表，都需要逐一检查每个电子邮件地址。这自然需要 N 步。不过，来看看删除地址时会发生什么。

使用数组的话，每次删除地址时都需要 $O(N)$ 步来把剩余数据左移以填补空缺。这些移动必须在检查下一个地址之前完成。

假设每 10 个地址中有 1 个无效地址。如果列表中有 1000 个地址，那么就有大约 100 个无效地址。算法就需要用 1000 步来读取 1000 个地址。除此之外，因为这 100 个无效地址中，每一个都可能需要移动 1000 个其他元素，所以还需要最多 100 000 步完成删除。

而使用链表时，可以一边遍历列表，一边用 1 步来删除节点。这是因为我们只需把节点的链接指向适合的节点，继续遍历即可。如果有 1000 个地址，那么算法只需要用 1000 步来读取，再用 100 步来删除，共计 1100 步。

事实上，如果遍历列表同时需要插入或者删除操作，那么链表就是非常优秀的数据结构。我们永远也不用操心其他数据的移动。

14.9　双链表

链表有几种不同的类型。我们至今为止看过的算是"经典"的链表。只要稍稍修改一下，就能为链表赋予新的魔力。

双链表是另一类链表。

双链表和链表一样，只不过每个节点有**两个**链接——一个指向后一个节点，一个指向前一个节点。此外，除了第一个节点，双链表还需要记录最后一个节点。

下图是一个双链表的例子。

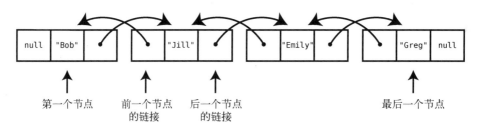

双链表核心机制的 Ruby 实现如下。

```
class Node

  attr_accessor :data, :next_node, :previous_node

  def initialize(data)
    @data = data
  end

end

class DoublyLinkedList

  attr_accessor :first_node, :last_node

  def initialize(first_node=nil, last_node=nil)
```

```
    @first_node = first_node
    @last_node = last_node
  end

end
```

因为双链表知道自己的第一个节点和最后一个节点所在，所以访问它们都只需要 1 步，也就是需花 *O*(1) 时间。因此，我们不仅能在 *O*(1) 时间内从双链表开头读取、插入和删除数据，还可以在 *O*(1) 时间内在其结尾完成相同的操作。

下图展示了在双链表结尾插入节点的过程。

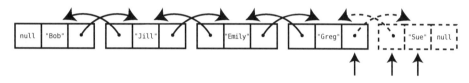

如你所见，我们创建了一个新节点（"Sue"）并把其 previous_node 指向了链表之前的 last_node（"Greg"）。然后，把 last_node（"Greg"）的 next_node 指向了新节点（"Sue"）。最后，让新节点（"Sue"）变成了链表的 last_node。

14.9.1　代码实现：双链表插入

下面是一个新的 insert_at_end 方法的实现，我们可以将其放到 DoublyLinkedList 类中。

```
def insert_at_end(value)
  new_node = Node.new(value)

  # 如果链表中还没有元素:
  if !first_node
    @first_node = new_node
    @last_node = new_node
  else # 如果链表中已经有至少一个节点:
    new_node.previous_node = @last_node
    @last_node.next_node = new_node
    @last_node = new_node
  end
end
```

来看看这个方法中最重要的部分。

首先，创建一个新节点。

```
new_node = Node.new(value)
```

然后，把 new_node 的 previous_node 链接指向之前的最后一个节点。

```
new_node.previous_node = @last_node
```

接下来，更新最后一个节点的链接（之前都是 nil），使其指向 new_node。

```
@last_node.next_node = new_node
```

最后，告诉 DoublyLinkedList 实例，它的最后一个节点是 new_node。

```
@last_node = new_node
```

14.9.2　前后移动

使用 "经典" 链表，只能沿着列表向后移动。也就是说，可以访问第一个节点，然后沿着链接找到其他节点。但因为没有节点知道前一个节点的信息，所以不能反向移动。

双链表则灵活多了，因为沿着前后方向都可以移动。事实上，甚至可以从最后一个节点开始一路移动回第一个节点。

14.10　队列的双链表实现

因为双链表可以访问第一个节点和最后一个节点，所以无论从哪一端插入或者删除数据都只需要 $O(1)$ 时间。

因为双链表在结尾插入数据和从开头删除数据都只需要 $O(1)$ 时间，**所以正好可以作为队列的数据结构**。

9.5 节介绍过队列。它们是只能在结尾插入数据和从开头删除数据的列表。我们当时说过，队列是一种抽象数据类型，可以用数组来实现。

因为队列要在结尾插入数据和从开头删除数据，所以数组算不上特别适合的数据结构。虽然数组从结尾插入只需要 $O(1)$ 时间，但它从开头删除需要 $O(N)$ 时间。

而双链表的这两种操作都需要 $O(1)$ 时间。因此，它刚好适合实现队列。

代码实现：用双链表实现队列

下面是队列的双链表实现。

```
class Node

  attr_accessor :data, :next_node, :previous_node

  def initialize(data)
    @data = data
  end

end

class DoublyLinkedList

  attr_accessor :first_node, :last_node
```

```ruby
  def initialize(first_node=nil, last_node=nil)
    @first_node = first_node
    @last_node = last_node
  end

  def insert_at_end(value)
    new_node = Node.new(value)

    # 如果链表中没有元素：
    if !first_node
      @first_node = new_node
      @last_node = new_node
    else # 如果链表中已经有至少一个节点：
      new_node.previous_node = @last_node
      @last_node.next_node = new_node
      @last_node = new_node
    end
  end

  def remove_from_front
    removed_node = @first_node
    @first_node = @first_node.next_node
    return removed_node
  end

end

class Queue
  attr_accessor :queue

  def initialize
    @data = DoublyLinkedList.new
  end

  def enqueue(element)
    @data.insert_at_end(element)
  end

  def dequeue
    removed_node = @data.remove_from_front
    return removed_node.data
  end

  def read
    return nil unless @data.first_node
    return @data.first_node.data
  end
end
```

此外，还需要给 DoublyLinkedList 类加入一个 remove_from_front 方法。

```ruby
def remove_from_front
  removed_node = @first_node
  @first_node = @first_node.next_node
  return removed_node
end
```

如你所见，通过把链表的@first_node 变为当前的第二个节点我们删除了第一个节点。随后，返回被删除的节点。

Queue 类的方法基于 DoublyLinkedList 实现。enqueue 方法需要 DoublyLinkedList 的 insert_at_end 方法。

```
def enqueue(element)
  @data.insert_at_end(element)
end
```

dequeue 方法则利用了链表从开头删除节点的优势。

```
def dequeue
  removed_node = @data.remove_from_front
  return removed_node.data
end
```

通过用双链表实现队列，队列的插入和删除都可以在 $O(1)$ 时间内完成。这简直是"双喜临门"。

14.11　小结

我们已经看到，数组和链表的差别又给代码提速带来了新的方法。

通过学习链表，你也学习了节点的概念。不过，链表只是最简单的基于节点的数据结构。第 15 章将要介绍的基于节点的数据结构更有趣也更复杂，并且会展现节点的威力和效率。

<h1 style="text-align:center">习　题</h1>

扫码获取
习题答案

(1) 为 LinkedList 类添加一个方法，打印链表的所有元素。

(2) 为 DoublyLinkedList 类添加一个方法，按**倒序**打印链表的所有元素。

(3) 为 LinkedList 类添加一个方法，返回链表的最后一个元素。假设你不知道链表中的元素个数。

(4) 这个问题有点儿难。为 LinkedList 类添加一个方法，将链表反转。也就是说，如果原链表是 A → B → C，那么该方法应该修改所有的链接，使其变成 C → B → A。

(5) 下面这个问题是一个有趣的链表谜题。假设你能访问到链表中间的某个节点，但是无法访问链表本身。换言之，有一个变量指向 Node 实例，但是你无法访问 LinkedList 实例。这样的话，如果你沿着该节点的链接移动，就可以找到这个节点和链表结尾之间的所有节点，但你无法访问链表中该节点之前的节点。

请编写代码，从链表中删除这个节点。链表剩余的部分应该保持完整。

## 第 15 章

用二叉查找树加速万物

有时，我们希望数据按特定顺序排列。例如，我们可能想要按字母顺序排列人名，或者按价格顺序排列产品。

虽然可以用快速排序等排序算法将数据按升序排列，但这需要一些代价。前面讲过，最快的排序算法也需要 $O(N \log N)$ 时间。因此，如果**经常**要保证数据的顺序，则最好让数据一开始就按一定顺序排列，这样就不用重新排序了。

有序数组可以简单而有效地保证数据顺序。它的某些操作也很迅速：读取需要 $O(1)$ 时间，而在使用二分查找的情况下查找只需要 $O(\log N)$ 时间。

但是，有序数组也有缺点。

有序数组的插入和删除都相对较慢。要向有序数组插入一个值，首先需要把比这个值更大的项向右移动一个格子。而在删除值的时候，也需要把比被删除值更大的项向左移动一个格子。在最坏情况（也就是在数组开头插入或者删除）下需要 N 步，而平均也需要 $N/2$ 步。不过无论如何，都是 $O(N)$ 步，对简单的插入或者删除操作来说相对比较慢。

如果要找一个各方面速度都很不错的数据结构，那么哈希表是非常好的选择。哈希表的查找、插入和删除都只需要 $O(1)$ 时间。美中不足的是，哈希表不支持排序，而排序又正是我们需要的。

那什么数据结构能在保证顺序的同时，**又能**快速完成查找、插入和删除呢？有序数组和哈希表都做不到这一点。

这时就该二叉查找树出场了。

15.1 树

第 14 章介绍过基于节点的数据结构——链表。在经典链表中，每个节点都包含了一个指向另一个节点的链接。**树**也是基于节点的数据结构，但树的节点可以指向**多个**节点。

下图是一棵简单的树。

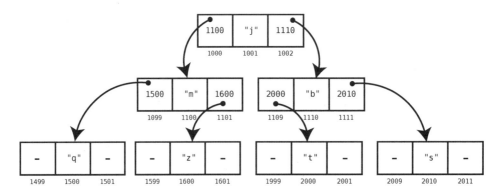

在这个例子中，每个节点都指向了两个其他节点。为简单起见，可以像下图这样以省略内存地址的形式来表示。

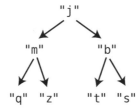

树有着一套独特的术语。

❑ 最上面的节点（在这个例子中就是"j"）叫作**根节点**。没错，在上图中，根位于**树顶**，树通常都是这样表示的。

❑ 在这个例子中，我们会说"j"是"m"和"b"的父节点。相对地，"m"和"b"就是"j"的**子节点**。同样，"m"是"q"和"z"的父节点，"q"和"z"是"m"的子节点。

❑ 和家谱一样，节点也有**后代和祖先**。节点的后代就是起源于该节点的**全部**节点，而祖先就是**所有**可以派生出该节点的节点。在上面的例子中，"j"是其他所有节点的祖先，而其他所有节点都是"j"的后代。

❑ 树具有**层级**。每一层都是树的一行。上面的树有 3 层，如下图所示。

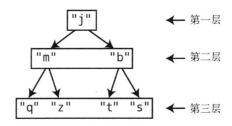

❑ 树的一个属性是它是否**平衡**。如果节点的子树中节点数量相同，那么这棵树就是平衡的。

上图的树是完美平衡的。每个节点的两棵子树都有着相同数量的节点。根节点（"j"）有两棵子树，每个都包含 3 个节点。而这棵树的每个节点都是如此。例如，节点"m"的两棵子树都只有一个节点。

下图的树就是**不平衡**的。

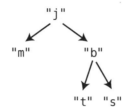

如图所示，因为根节点的右子树的节点比左子树多，所以它不平衡。

15.2 二叉查找树

有很多种基于树的数据结构，但本章主要关注**二叉查找树**。

注意，树的前面有两个形容词：**二叉**和**查找**。

二叉树的每个节点的子节点数量都是 0、1 或 2。

二叉查找树是一种遵循以下规则的二叉树。

❏ 每个节点最多有一个"左"子节点和一个"右"子节点。
❏ 一个节点的"左"子树中的值都小于节点本身，"右"子树中的值都大于节点本身。

下图是一棵以数字表示的二叉查找树。

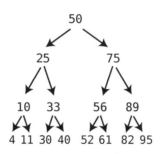

注意：每个节点都有一个值更小的子节点，用左箭头表示；每个节点还有一个值更大的子节点，用右箭头表示。

此外，50 的左子树中的所有值都比它小，而其右子树中的所有值都比它大。这一规律适用于所有节点。

下图是一棵二叉树，但不是二叉**查找**树。

因为每个节点的子节点数量都是 0、1 或 2，所以它是一棵二叉树。但因为根节点有两个"左"子节点，所以它不是二叉**查找**树。它的两个子节点都小于它本身。要成为一棵二叉查找树，这个节点最多只能有一个左（更小的）子节点和一个右（更大的）子节点。

树的节点的 Python 实现如下所示。

```python
class TreeNode:
    def __init__(self,val,left=None,right=None):
        self.value = val
        self.leftChild = left
        self.rightChild = right
```

可以用下面的代码构建一棵简单的树。

```python
node1 = TreeNode(25)
node2 = TreeNode(75)
root = TreeNode(50, node1, node2)
```

因为二叉查找树具有独特的结构，所以可以很快地查找其中的值。

15.3　查找

下图还是一棵二叉查找树。

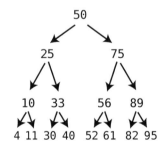

二叉查找树的查找算法步骤如下。

(1) 让一个节点作为"当前节点"。（算法开始时，根节点就是第一个"当前节点"。）

(2) 检查当前节点的值。

(3) 如果这个值就是要找的值，则再好不过了。

(4) 如果要找的值小于当前节点的值，那么就在其左子树中继续查找。

(5) 如果要找的值大于当前节点的值，那么就在其右子树中继续查找。

(6) 重复步骤(1)~(5)，直到找到要找的值，或者到达了树的底端，而这种情况意味着要找的
值不在树中。

假设要查找 61。下面通过图解来看看这要花多少步。

在查找树的时候，必须总是从根节点开始，如下图所示。

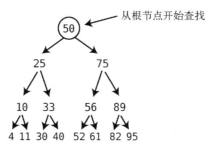

接下来，计算机会判断要查找的值（61）比该节点大还是小？ 如果要查找的值小于当前节点，
那么就去左子树中继续查找。否则，就去右子树中继续查找。

在本例中，因为 61 大于 50，所以它肯定在右边，应该查找右子树。因为 61 不可能在左子
树中，所以下图中把左子树用阴影覆盖了，我们无须在其中查找。

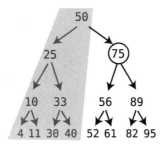

算法会继续检查该节点的值。因为 75 不是我们要找的 61，所以继续移动到下一层。又因为
61 小于 75，所以它只可能在左子树中，于是我们检查 75 的左子节点，如下图所示。

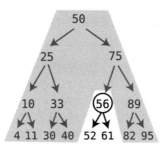

因为 56 也不是我们要找的 61，所以继续查找。又因为 61 大于 56，所以在 56 的右子节点中
查找 61，如下图所示。

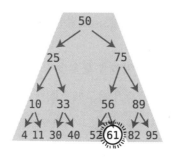

它正是要找的值。我们一共花了 4 步。

15.3.1 二叉查找树的查找效率

如果你重新审视刚才的步骤，就会注意到每一步排除了大约一半的剩余节点。例如，在查找开始检查根节点时，我们想要的值可能位于任意一棵子树中。不过，在选定了一边之后，就排除了另一边的子节点及其**所有后代**。

因此，二叉查找树的查找需要 $O(\log N)$ 时间。任何每一步排除一半错误选项的算法都需要这个时间。（不过你马上就会学到，这只适用于完美平衡的二叉查找树，也就是最好情况。）

15.3.2 $\log N$ 层

二叉查找树的查找需要 $O(\log N)$ 时间还有另一种解释方法，而这也会解释二叉树的另一个通用特性：**如果一棵平衡的二叉树中有 N 个节点，那么就会有大约 $\log N$ 层（或者称为行）。**

假设树的每一行都填满了节点，没有空余位置。每次向树添加一行时，都差不多要加倍节点数量。（其实是加倍再加 1）。

例如，一棵有 4 个完整层级的二叉树有 15 个节点。（你可以自己数数看。）如果要再加入完整的第五层，那么第四层的 8 个节点中的每一个都需要添加 2 个子节点。这样就需要 16 个新节点，差不多使树的节点数翻了一番。

这表明，每个新的层级都会使树的大小加倍。因此，**包含 N 个节点的树需要 $\log N$ 层来容纳所有节点。**

二分查找的每一步都能排除一半数据，我们发现这是 $\log N$ 的特征，而二叉树需要的层数也符合这个特征。

以一棵有 31 个节点的二叉树为例。第五层可以容纳 16 个节点，也就是差不多一半的数据。这样还剩 15 个节点需要处理。第四层又可以容纳 8 个节点，剩下 7 个。第三层可以容纳 4 个节点，以此类推。

而 $\log 31$（差不多）正是 5。因此，我们得出结论：有 N 个节点的平衡树有 $\log N$ 层。

这样，二叉查找树的查找需要最多 log N 步就很合理了：因为每一步都要向下移动一层，所以需要的步骤数应该不会大于树的层数。

不管你觉得怎样解释更好，二叉查找树的查找都需要 O(log N)时间。

二分查找一个有序数组的时间同样是 O(log N)。我们每次选择的数都会排除一半的值。这样看，二叉查找树的查找和有序数组的二分查找效率相同。

不过二叉查找树的优势在于插入。你马上就会学到这一点。

15.3.3　代码实现：二叉查找树查找

要实现包括查找在内的二叉查找树操作，需要大量使用递归。第 10 章中介绍过，递归是处理有任意多层的数据结构的关键。因为树可以有无限层，所以它也是这样的数据结构。

下面是查找使用递归的 Python 实现。

```python
def search(searchValue, node):
    # 基准情形：如果节点不存在或者已经找到了要找的值
    if node is None or node.value == searchValue:
        return node

    # 如果值小于当前节点，那么就继续搜索左子节点：
    elif searchValue < node.value:
        return search(searchValue, node.leftChild)

    # 如果值大于当前节点，那么就继续搜索右子节点：
    else: # searchValue > node.value
        return search(searchValue, node.rightChild)
```

这个 search 函数有两个参数：一个是要寻找的值 searchValue，另一个是作为查找基础的节点 node。第一次调用 search 时，node 就是树的根节点。不过，在后续的递归调用中，node 会是树中的其他节点。

函数一共处理了 4 种可能情形，其中 2 种是基准情形。

```python
if node is None or node.value == searchValue:
    return node
```

一种基准情形是 node 就是要找的 searchValue，这样只需要返回该节点，无须递归调用。

另一种基准情形是 node 为 None。在看过其他情形后你就能理解了，所以稍后再对其进行介绍。

下一种情形是 searchValue 小于当前节点的值。

```python
elif searchValue < node.value:
    return search(searchValue, node.leftChild)
```

在这种情况下，如果 searchValue 存在于树中，则肯定在节点的左子树中。因此，对节点的左子节点递归调用 search 函数。

下一种情形正相反，也就是 searchValue 大于当前节点。

```
else: # searchValue > node.value
    return search(searchValue, node.rightChild)
```

在这种情况下，对节点的右子节点递归调用 search。

因为对当前节点的子节点递归调用时并不检查当前节点有没有子节点，所以才需要第一种基准情形。

```
if node is None
```

换言之，如果调用 search 的子节点并不存在，则会返回 None。（这是因为 node 实际上就是 None。）如果 searchValue 并不存在于树中，那么就会发生这种情况。这是因为我们在访问一个**本来能**找到 searchValue 的节点，但结果又没找到。在这种情况下，需要返回 None，以表示 searchValue 不在树中。

15.4 插入

前面讲过，二叉查找树的优势在于插入。下面来解释一下原因。

假设要向前面的例子中插入 45。首先需要找到应该连接 45 的节点。为此，我们从根节点开始查找，如下图所示。

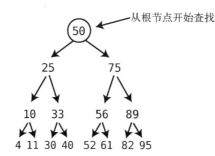

因为 45 小于 50，所以移动到左子节点，如下图所示。

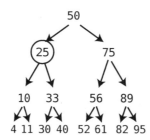

因为 45 大于 25，所以检查右子节点，如下图所示。

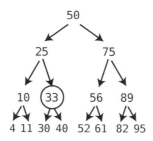

因为 45 大于 33，所以检查 33 的右子节点，如下图所示。

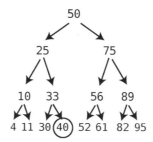

这时，因为找到了一个没有子节点的节点，所以我们无处可去了。这意味着该进行插入操作了。

因为 45 大于 40，所以把 45 作为 40 的右子节点插入，如下图所示。

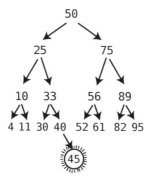

在这个例子中，插入一共用了 5 步，其中 4 步是查找，1 步是插入。在搜索之后，插入总是只需要 1 步，这意味着插入一共需要(log N) + 1 步。因为大 O 记法忽略常数，所以一共需要 $O(\log N)$ 步。

而有序数组的插入则需要 $O(N)$ 步。这是因为除了查找之外，还需要右移数据来给要插入的值腾出空间。

这就是二叉查找树高效的原因。虽然有序数组有着 $O(\log N)$ 的查找和 $O(N)$ 的插入，但是二叉查找树有着 $O(\log N)$ 的查找和 $O(\log N)$ 的插入。如果你的应用要经常改变数据，那么这就很重要。

15.4.1　代码实现：二叉查找树插入

下面是二叉查找树插入新值的 Python 实现。和 search 函数一样，它也是递归函数。

```python
def insert(value, node):
    if value < node.value:

        # 如果左子节点不存在，那么就把这个值作为左子节点插入：
        if node.leftChild is None:
            node.leftChild = TreeNode(value)
        else:
            insert(value, node.leftChild)

    elif value > node.value:

        # 如果右子节点不存在，那么就把这个值作为右子节点插入：
        if node.rightChild is None:
            node.rightChild = TreeNode(value)
        else:
            insert(value, node.rightChild)
```

insert 函数有两个参数：一个是要插入的 value，另一个是 value 的祖先 node。

首先，检查 value 是否小于当前 node 的值。

```python
if value < node.value:
```

如果 value 小于 node，那么就需要把 value 插到 node 的左子树中。

然后，检查当前 node 是否有左子节点。如果 node 没有左子节点，那么就让 value 变成其左子节点，这也正是 value 的正确位置。

```python
if node.leftChild is None:
    node.leftChild = TreeNode(value)
```

因为不需要进行任何递归调用，所以这就是基准情形。

不过，如果 node 已经有左子节点，那么就不能把 value 插到这里。我们需要对左子节点递归调用 insert，来继续寻找 value 的位置。

```python
else:
    insert(value, node.leftChild)
```

最后，我们会找到一个没有子节点的后代节点，而那里就是 value 要插入的位置。

函数剩下的部分和上面的过程正好相反：处理 value 比当前 node 大的情况。

15.4.2　插入顺序

有一点非常重要：通常只有在数据随机排列的情况下，才能构建一棵平衡的树。如果插入的**数据已经按顺序**排列，那么树就会变得不平衡且低效。如果要按 1、2、3、4、5 的顺序插入数据，就会得到像下图这样的一棵树。

因为这棵树完全是线性的，所以在这棵树中搜索 5 需要 $O(N)$ 步。

不过，如果按 3、2、4、1、5 的顺序插入同样的数据，则树就会变得平衡，如下图所示。

只有平衡的树的查找才能在 $O(\log N)$ 步内完成。

因此，如果想把一个有序数组转换成一棵二叉查找树，那么你最好先随机打乱其顺序。

在最坏情况下，树是完全**不平衡**的，查找需要 $O(N)$ 步。在最好情况下，树是完美平衡的，查找需要 $O(\log N)$ 步。在一般情况下，数据按随机顺序插入，树比较平衡，查找大约需要 $O(\log N)$ 步。

15.5　删除

二叉查找树的删除是其最复杂的操作，需要一些小"花招"。

假设要从下图的二叉查找树中删除 4。

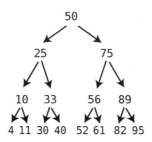

首先，需要先找到 4。因为前面已经介绍过，所以此处不再赘述其过程。

在找到 4 之后，可以用 1 步来删除它，如下图所示。

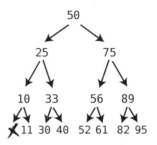

这还挺简单。但来看看如果删除 10 会怎样，如下图所示。

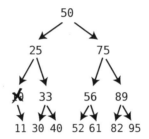

删除之后，11 就不能和任何节点相连了，它也就从树中消失了，所以不能这样删除。

不过还有一种解决方案：可以把 11 放到 10 的位置，如下图所示。

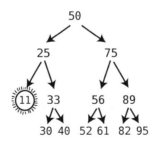

目前为止，我们的删除算法遵循以下规则。

❑ 如果要删除的节点没有子节点，那么就直接删除该节点。

❑ 如果要删除的节点有一个子节点，那么就在删除该节点的同时把子节点插到该节点的位置。

15.5.1   删除有两个子节点的节点

删除有两个子节点的节点是最复杂的情况。假设要从下图这棵树中删除 56。

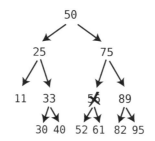

删除之后，它的两个子节点 52 和 61 该怎么办？我们无法把它们都插到 56 的位置。这就需要用到删除算法的另一条规则了。

❏ 要删除有两个子节点的节点，需要把要删除的节点替换为其**后继节点**。后继节点就是**大于被删除节点的所有子节点中最小的那个**。

这句话有点儿绕。我们换一种说法：如果按升序排列被删除节点及其后代，那么后继节点就是被删除节点的下一个数。

在这种情况下，因为被删除节点只有两个后代，所以找到后继节点很简单。如果把 52、56 和 61 按升序排列，那么 56 的下一个数就是 61。

找到后继节点后，就可以把它插到被删除节点的位置了。因此，把 56 换成 61，如下图所示。

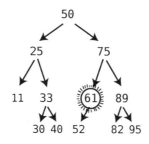

15.5.2 找到后继节点

计算机该如何找到后继节点呢？如果要删除的节点在树的顶端，那么这就会很难。

寻找后继节点的算法如下。

❏ 先移动到被删除节点的右子节点，然后一直沿着左边的链接移动到左子节点，直到找不到任何左子节点为止。最下面的这个值就是后继节点。

下面用一个更复杂的例子来看看这个过程。这次删除根节点，如下图所示。

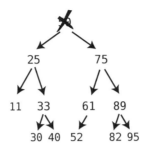

我们需要把后继节点插到 50 的位置，并把它变为根节点。现在就来寻找后继节点。

为此，需要首先找到被删除节点的右子节点，然后不断向左下移动，直到找到一个没有左子节点的节点，如下图所示。

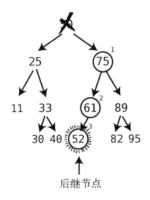

后继节点

52 就是后继节点。

在找到后继节点后，就可以把它插到刚才删除的节点的位置了，如下图所示。

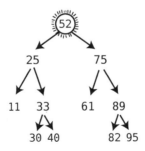

这样就完成了。

15.5.3 有右子节点的后继节点

但我们还漏了一种情况：那就是后继节点有一个右子节点。我们给上一个例子中的 52 添加一个右子节点，如下图所示。

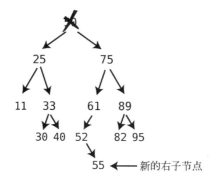

新的右子节点

在这种情况下，因为不能让子节点 55 失去父节点，所以不能直接把后继节点 52 放到根节点处。因此，我们的删除算法还有一条规则。

❑ 如果后继节点有一个右子节点，那么在把后继节点放到被删除节点的位置之后，把这个右子节点变成**后继节点曾经的父节点**的左子节点。

这句话又有点儿绕。下面来具体看看其步骤。

首先，把后继节点 52 插到根节点处。这样 55 就失去了父节点，如下图所示。

15

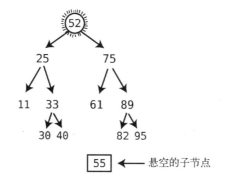

悬空的子节点

接下来，把 55 变成后继节点曾经的父节点的左子节点。因为这里后继节点曾经的父节点是 61，所以把 55 变成 61 的左子节点，如下图所示。

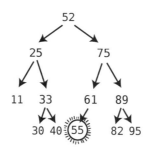

这样就**彻底**完成删除算法了。

15.5.4　完整的删除算法

把所有步骤结合到一起，二叉查找树的删除算法如下。

☐ 如果要删除的节点没有子节点，那么就直接删除该节点。

☐ 如果要删除的节点有一个子节点，那么就在删除该节点的同时把子节点插到该节点的位置。

☐ 要删除有两个子节点的节点，需要把要删除的节点替换为其**后继节点**。后继节点就是**大于被删除节点的所有子节点中最小的那个**。

☐ 要寻找后继节点，需要先移动到被删除节点的右子节点，然后一直沿着左边的链接移动到左子节点，直到找不到任何左子节点为止。最下面的这个值就是后继节点。

☐ 如果后继节点有一个右子节点，那么在把后继节点放到被删除节点的位置之后，把这个右子节点变成**后继节点曾经的父节点的左子节点**。

15.5.5　代码实现：二叉查找树删除

下面是二叉查找树删除的 Python 递归实现。

```python
def delete(valueToDelete, node):

    # 基准情形就是到达了树的底端，而父节点没有任何子节点:
    if node is None:
        return None

    # 如果要删除的值小于或者大于当前节点，那么就把对应的左子节点或右子节点
    # 设为对当前节点左子树或右子树递归调用 delete 方法的返回值
    elif valueToDelete < node.value:
        node.leftChild = delete(valueToDelete, node.leftChild)

        # 返回当前节点 (如果存在子树，就连同子树一起返回) 作为其父节点的左子节点或右子节点的新值:
        return node
    elif valueToDelete > node.value:
        node.rightChild = delete(valueToDelete, node.rightChild)
        return node

    # 如果当前节点就是要删除的节点:
    elif valueToDelete == node.value:

        # 如果当前节点没有左子节点，那么就返回它的右子节点 (如果存在子树，就连同子树一起返回)
        # 作为其父节点的新子树，从而删除该节点:
        if node.leftChild is None:
            return node.rightChild

            # (如果当前节点没有左子节点或右子节点，那么根据函数的第一行代码，这个值就会是 None。)

        elif node.rightChild is None:
            return node.leftChild

    # 如果当前节点有两个子节点，那么就调用下面的 lift 函数来删除当前节点，
    # lift 函数会把当前节点的值变为其后继节点的值:
```

```
    else:
        node.rightChild = lift(node.rightChild, node)
        return node

def lift(node, nodeToDelete):

    # 如果函数的当前节点有一个左子节点，那么就递归调用这个函数，以不断移动到左子树来寻找后继节点
    if node.leftChild:
        node.leftChild = lift(node.leftChild, nodeToDelete)
        return node

# 如果当前节点没有左子节点，则意味着函数的当前节点就是后继节点，我们把这个值作为要删除的节点的新值：
    else:
        nodeToDelete.value = node.value
        # 返回后继节点的右子节点作为其父节点的左子节点：
        return node.rightChild
```

不得不承认，这段代码有点儿复杂。来详细分析一下。

函数会接受两个参数。

```
def delete(valueToDelete, node):
```

valueToDelete 是要从树中删除的值，而 node 是树的根。第一次调用函数时，node 就是树的根节点。但随着函数不断进行递归调用，node 会向下移动，变成某个子树的根。不过不管怎样，node 总是一棵树的根节点——可能是整棵树，也可能是子树。

基准情形就是该节点并不存在的情况。

```
if node is None:
    return None
```

当递归函数试图访问一个不存在的子节点时，就会触发基准情形。此时会返回 None。

接下来，检查 valueToDelete 是否小于或者大于当前 node 的值。

```
elif valueToDelete < node.value:
    node.leftChild = delete(valueToDelete, node.leftChild)
    return node
elif valueToDelete > node.value:
    node.rightChild = delete(valueToDelete, node.rightChild)
    return node
```

这段代码不太好理解，其工作原理如下。如果 valueToDelete 小于当前 node 的值，那么我们就知道如果 valueToDelete 存在于树中，则必定是在 node 的左子树中。

这段代码的亮点在于：我们随后会把 node 的左子节点的值**改写**为对这个左子节点递归调用 delete 函数的返回值。因为 delete 函数最终会返回一个节点，所以就把这个结果作为 node 的左子节点。

不过，这种"改写"通常不会改变左子节点。这是因为对左子节点调用 delete 可能会返回该节点本身。为了帮助你理解这一点，假设要从下图这棵树中删除 4。

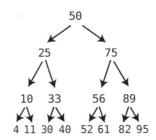

node 一开始是根节点 50。因为 4（valueToDelete）小于 50，所以就把 50 的左子节点改写为对 50 当前的左子节点 25 调用 delete 的返回值。

那么 50 的左子节点会变成多少呢？下面来看看。

对 25 递归调用 delete 时，因为 4 小于 25（当前 node），所以对 25 的左子节点 10 继续进行递归。不过，无论 25 的左子节点最后变成多少，因为我们需要 return node，所以会在当前的函数调用的最后**返回节点 25**。

这意味着在上一步中，对 25 递归调用 delete 的结果还是 25。因此 50 的左子节点不会改变。

然而，如果下一个递归调用实际进行了删除操作，那么当前 node 的左子节点或右子节点就会改变。

来看下面一行代码。

```
elif valueToDelete == node.value:
```

这行代码的意思是，node 就是要删除的节点。为了正确删除，需要判断当前节点是否有子节点，因为这会影响删除算法。

首先检查要删除的节点有没有左子节点。

```
if node.leftChild is None:
    return node.rightChild
```

如果当前 node 没有左子节点，那么函数就可以返回 node 的**右子节点**。记住，**无论返回哪个节点，都会变成调用栈上前一个节点的左子节点或右子节点**。因此，假设当前 node 有一个右子节点。在此情况下，返回的右子节点会变成调用栈上**前一个节点的子节点**，从而从树中删除当前 node。

如果当前 node 没有右子节点，那么也没有问题。这是因为函数会返回 None，这也可以把当前 node 从树中删除。

继续分析代码。如果当前 node 有左子节点，但没有右子节点，那么依然可以轻松地删除当前节点。

```
elif node.rightChild is None:
    return node.leftChild
```

在这种情况下，可以返回 node 的左子节点作为调用栈上前一个节点的子节点，从而删除 node。

最后是最复杂的情况：要删除的节点有**两个**子节点。

```
else:
    node.rightChild = lift(node.rightChild, node)
    return node
```

在此情况下，调用 lift 函数，用其结果作为 node 的右子节点。

lift 函数会做什么呢？

调用 lift 函数时，我们会传入当前 node 的右子节点以及 node 本身。然后 lift 函数会做下面 4 件事。

(1) 找到后继节点。

(2) 把 nodeToDelete 的值改为后继节点。我们就这样把后继节点插到了正确的位置。注意：我们没有移动实际的后继节点**对象**，只是简单地把它的值复制到了要"删除"的节点中。

(3) 为了删除原来的后继节点对象，函数需要把后继节点的右子节点变成其父节点的左子节点。

(4) 完成所有递归之后，lift 函数可能会返回一开始传进来的 rightChild。如果 rightChild 最后变成了后继节点（它没有自己的左子节点的话就会这样），则也可能会返回 None。

接下来把 lift 的返回值作为当前 node 的右子节点。右子节点有可能不会改变，也有可能会被用作后继节点，然后变为 None。

如果你没看懂，那么很正常。delete 函数是本书中最复杂的几段代码之一。即便是在这样分析之后，你还是需要仔细学习才能明白整个过程。

15.5.6　二叉查找树删除的效率

与查找和插入一样，二叉查找树删除也是典型的 $O(\log N)$ 算法。这是因为删除需要先进行查找，然后再用额外几步来处理悬空的子节点。相比之下，有序数组删除要把数据左移来填补空缺，需要 $O(N)$ 时间。

15.6　二叉查找树实战

我们已经看到，二叉查找树的查找、插入和删除的效率都是 $O(\log N)$。因此，它很适合那些需要存储和操作有序数据的场合。如果需要经常修改数据，则更是如此。虽然有序数组的查找和二叉查找树一样高效，但是其插入和删除要慢得多。

假设我们要设计一个应用来存储图书的书名。我们希望它具有以下功能。

15

　　❏ 程序支持按字母顺序打印所有的书名。

　　❏ 程序支持修改书名。

　　❏ 程序支持用户搜索书名。

　　如果图书列表不会频繁更新，那么有序数组就是包含数据的合适的数据结构。但是这个程序要实时处理大量更新。如果图书列表中存有上百万个书名，则二叉查找树更合适。

　　这棵树可能如下图所示。

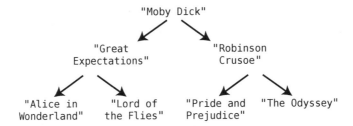

　　图中的书名按字母顺序排列。我们认为字母顺序靠前的书名"小于"字母顺序靠后的书名。

15.7　二叉查找树遍历

　　前面已经学习了二叉查找树的查找、插入和删除。不过上面提到过，我们还想按字母顺序打印出所有书名。该怎么做呢？

　　首先，需要能**访问**树中的每个节点。**访问**节点是读取节点的另一种说法。访问数据结构中每个节点的过程称为**遍历**数据结构。

　　然后，需要确保按字母升序顺序来遍历树，这样才能按这个顺序打印列表。遍历树有多种方式，但这个应用需要的是**中序遍历**，这样才能按字母顺序打印标题。

　　递归是进行遍历的好工具。我们会编写一个递归函数 traverse。它以一个节点为参数，执行以下步骤。

　　(1) 对节点的左子节点递归调用自己（traverse）。函数会不断调用自己，直到找到一个没有左子节点的节点。

　　(2)"访问"节点。（在这个书名应用中，在这一步打印节点的值。）

　　(3) 对节点的右子节点递归调用自己（traverse）。函数会不断调用自己，直到找到一个没有右子节点的节点。

　　对这个递归算法来说，基准情形就是对一个不存在的子节点调用 traverse。在此情况下，只需直接返回即可。

下面是打印书名的 `traverse_and_print` 函数的 Python 实现。它非常简洁。

```python
def traverse_and_print(node):
    if node is None:
        return
    traverse_and_print(node.leftChild)
    print(node.value)
    traverse_and_print(node.rightChild)
```

我们来逐步分析一下中序遍历。

首先，对 *Moby Dick* 调用 `traverse_and_print`，而这会对 *Moby Dick* 的左子节点 *Great Expectations* 递归调用 `traverse_and_print`。

`traverse_and_print(node.leftChild)`

在继续之前，需要在调用栈上记录下仍在执行 *Moby Dick* 的函数调用，以及目前在遍历它的左子节点，如下图所示。

"Moby Dick"：左子节点

然后，处理 `traverse_and_print("Great Expectations")`。它会对 *Great Expectations* 的左子节点 *Alice in Wonderland* 调用 `traverse_and_print`。

在继续之前把 `traverse_and_print("Great Expectations")` 也加入调用栈，如下图所示。

"Greag Expectations"：左子节点
"Moby Dick"：左子节点

`traverse_and_print("Alice in Wonderland")` 会对 *Alice in Wonderland* 的左子节点调用 `traverse_and_print`。然而，由于这个左子节点并**不存在**（基准情形），因此什么都不会发生。`traverse_and_print` 的下一行代码如下所示。

`print(node.value)`

它会打印 `"Alice in Wonderland"`。

接下来，函数会试图对 *Alice in Wonderland* 的**右子节点**调用 `traverse_and_print`。

`traverse_and_print(node.rightChild)`

但右子节点也不存在（基准情形）。因此，函数什么都不会做，而是直接返回。

完成函数 traverse_and_print("Alice in Wonderland")后，我们会检查调用栈上还有什么，如下图所示。

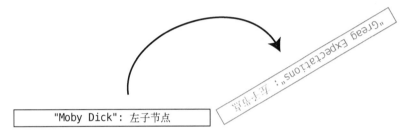

哦，没错，我们还在执行 traverse_and_print("Great Expectations")，并且刚刚遍历完它的左子节点。我们把它从调用栈弹出，如下图所示。

然后函数会打印"Great Expectations"，并且对其右子节点 *Lord of the Flies* 调用 traverse_and_print。在继续之前，把这个函数的执行情况记录在调用栈中，如下图所示。

现在执行 traverse_and_print("Lord of the flies")。首先，对它的左子节点调用 traverse_and_print。然而它没有左子节点。接下来，打印 *Lord of the Flies*。最后，对其右子节点调用 traverse_and_print。因为右子节点也不存在，所以函数可以返回了。

观察调用栈，可以看出我们在对 *Great Expectations* 的右子节点执行 traverse_and_print。把它出栈，然后继续执行函数，如下图所示。

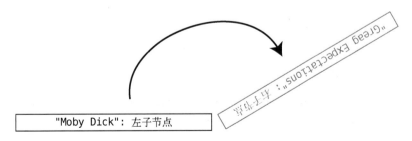

因为已经执行完了 traverse_and_print("Great Expectations"),所以可以回到调用栈,看看接下来该做什么,如下图所示。

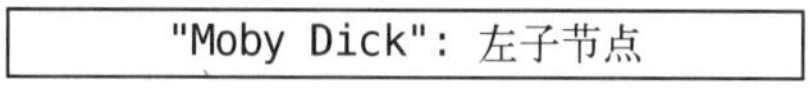

可以看到,我们还在对 *Moby Dick* 的左子节点执行 traverse_and_print。可以把它出栈(这样栈就暂时空了),然后继续执行 traverse_and_print("Moby Dick")的下一步,也就是打印 *Moby Dick*。

之后对 *Moby Dick* 的右子节点执行 traverse_and_print。把它加入调用栈,如下图所示。

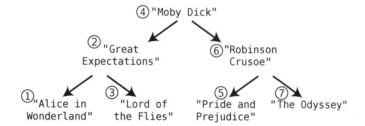

为简洁起见(事到如今好像有点儿晚了),请你自行分析 traverse_and_print 函数的剩余步骤。

在函数执行后,节点会按下图的顺序打印出来。

这样,我们就达成了按字母顺序打印图书标题的目标。注意,因为按照定义,遍历会访问树的全部 *N* 个节点,所以树遍历的时间复杂度是 *O(N)*。

15.8 小结

二叉查找树是一种强大的基于节点的数据结构:既能保持数据的顺序,也能提供快速的查找、插入和删除操作。虽然比链表更复杂,但是它能带来巨大的价值。

不过,二叉查找树只是树的一种。树还有很多种,而每种都在特定情况下有着独特的优势。第 16 章会介绍另一种树,它能为一种常见情况提速。

习　题

(1) 假设你有一棵空的二叉查找树，需要把下列数字按其排列顺序插入：[1, 5, 9, 2, 4, 10, 6, 3, 8]。

请把结果用图画出来。记得按上面的顺序插入数据。

(2) 如果一棵平衡的二叉查找树有 1000 个值，那么在这棵树中查找一个值最多需要多少步？

(3) 设计一个算法，查找二叉查找树的最大值。

(4) 本章介绍了如何用**中序**遍历打印书名。还有一种遍历树的方法叫作**前序**遍历。前序遍历图书列表的代码如下所示。

```python
def traverse_and_print(node):
    if node is None:
        return
    print(node.value)
    traverse_and_print(node.leftChild)
    traverse_and_print(node.rightChild)
```

以本章使用的树为例（就是那棵存储了 *Moby Dick* 等书名的树，如下图所示），写出前序遍历的打印顺序。

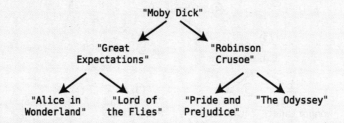

(5) 还有一种遍历叫作**后序**遍历。后序遍历图书列表的代码如下所示。

```python
def traverse_and_print(node):
    if node is None:
        return
    traverse_and_print(node.leftChild)
    traverse_and_print(node.rightChild)
    print(node.value)
```

以本章使用的树为例（就是上一题中的树），写出后序遍历的打印顺序。

## 第 16 章

使用堆分清主次

在学习了树之后，我们又解锁了很多新的数据结构。第 15 章主要介绍的是二叉查找树，但是树还有很多种。和其他数据结构一样，每种树都有自己的优劣。难点就在于判断哪种情况该用什么树。

本章将学习堆。堆也是一种树，它非常适合特定场合，尤其是那些需要一直记录数据集中的最大值或最小值的情况。

要真正理解堆，先来看一个完全不同的数据结构：优先队列。

16.1 优先队列

9.5 节介绍过队列。队列是一种按先进先出（FIFO）顺序处理数据的列表。只能从队列的**末尾**插入数据，从队列的**开头**读取和删除数据。我们需要按照数据插入队列的顺序进行读取。

优先队列的删除和读取与传统队列一样，但其插入类似于有序数组。删除数据和读取数据依然只能从优先队列的**开头**进行，但是插入需要确保数据总是按特定顺序排列。

优先队列的一个经典应用情景是管理医院急诊的分诊系统。在急诊室，我们不会按患者来院顺序而是需要按患者症状的严重程度进行治疗。如果突然来了一个生命垂危的病患，那么即便有一个流感患者早来了几小时，也必须排在后面。

假设分诊系统用 1 和 10 之间的数表示病人症状的严重程度，其中 10 表示最严重。这个优先队列可能会如下图所示。

因为优先队列的开头的病人症状最严重，所以我们总是会优先选择该病人进行治疗。在上面的例子中，会优先治疗病人 C。

如果一个新病人 E 的症状严重程度是 3，那么我们会把他放到优先队列中下图所示的合适
位置。

病人 C - 严重程度：10
病人 A - 严重程度：6
病人 B - 严重程度：4
病人 E - 严重程度：3	←
病人 D - 严重程度：2

优先队列也是一种抽象数据结构。它可以使用其他更基础的数据结构来实现。最直接的一种
实现是使用有序数组。我们需要给数组加上以下限制。

❑ 插入数据时，需要确保数组顺序。
❑ 数据只能从数组末尾移除。（数组末尾表示优先队列的开头。）

这种方法非常简单直接。下面来分析一下它的效率。

优先队列有两种主要操作：删除和插入。

第 1 章中介绍过，从数组开头删除的效率是 $O(N)$。这是因为需要把其他所有数据左移来填
补索引 0 处的空缺。不过，这里我们机智地调整了策略，使用数组的**末尾**来表示优先队列的**开头**。
这样就能一直从数组末尾删除元素，即需要 $O(1)$ 步。

有了 $O(1)$ 时间的删除之后，优先队列看着还不错。但插入该怎么办呢？

我们已经学过：因为最多要检查 N 个元素才能知道插入新数据的位置，所以有序数组的插
入需要 $O(N)$ 步。（即便很快就找到了插入位置，也需要把剩余数据右移。）

因此，基于数组的优先队列有着 $O(1)$ 时间的删除和 $O(N)$ 时间的插入。如果优先队列中有很
多数据，那么 $O(N)$ 时间的插入可能会拖慢应用速度。

于是，计算机科学家发明了另一种数据结构，该数据结构可以更高效地实现优先队列，它就
是堆。

16.2 堆

堆有几种不同的类型，但本书只关注**二叉堆**。

二叉堆是一种特殊的二叉树。再提醒你一下，二叉树的每个节点最多只有两个子节点。（第
15 章的二叉**查找**树是一种特殊的二叉树。）

即使是二叉堆也有两类：最大堆和最小堆。先来学习最大堆，但是你稍后就会发现二者其实
没什么区别。

虽然后面主要学习的是二叉最大堆，但是为了方便讨论，我会简单地称其为堆。

堆是一棵满足如下条件的二叉树。

☐ 每个节点的值都大于其所有后代节点的值。这个规则也被称为**堆条件**。
☐ 树必须是**完全**的。（我马上就会解释这句话的意思。）

我们从堆条件开始解释这两点。

16.2.1 堆条件

堆条件说的是每个节点的值必须大于其每个后代节点的值。

例如，因为下图中的树的每个节点都大于其任何后代节点，所以它满足堆条件。

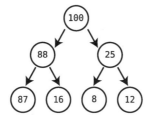

在这个例子中，根节点 100 比它的后代节点都大。同样，88 也比它的两个子节点大，25 也是如此。

因为不满足堆条件，所以下图的树不是堆。

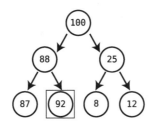

可以看到，92 比其父节点 88 大。这就不满足堆条件。

注意，堆的结构和二叉查找树非常不同。二叉查找树每个节点都小于其右子节点，而堆的节点**绝不能**小于其后代节点。俗话说："二叉查找树不成堆。"（也许有类似的俗语吧。[①]）

还可以构建一个有着相反堆条件的堆，也就是每个节点都**必须**小于其后代节点。这样的堆就是刚才提过的最小堆。我们会继续关注最大堆，也就是每个节点都必须**大于**其所有后代节点的堆。说到底，一个堆到底是最大堆还是最小堆其实无关紧要。除了堆条件相反，两种堆是完全一致的。此外，它们的基本思想也是一样的。

---

① "One swallow doth not a summer make" 是一句英语谚语，意为"独燕不成夏"。这句谚语指一件好事的发生并不意味着整体情况的好转。——译者注

16.2.2   完全树

下面来看堆的第二条规则：树必须是完全的。

完全树是填满了节点的树，其中不存在缺失的节点。如果从左向右检查每层节点，你就会发现每个节点都存在。不过，最下面的一行**有可能**有空位置，只要空位置的右边没有节点就行。用例子来解释会更清楚。

因为每一层（每一行）都填满了节点，所以下图这棵树是完全的。

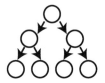

因为第三层缺失了一个节点，所以下图这棵树**不是**完全的。

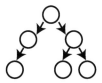

因为只有最下面一行才有空位置，而且其右边没有任何节点，所以下图这棵树其实也是完全的。

堆就是一棵满足堆条件的完全树。下图就是一个堆。

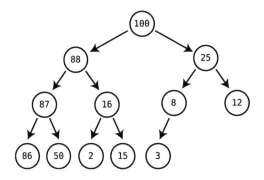

因为每个节点都大于其后代，而且树是完全的，所以它是一个有效的堆。虽然它的最下面一行有一些空位，但这些空位都位于树的最右边。

16.3 堆的性质

在了解了堆的定义之后，下面来看看它的一些有趣的性质。

虽然堆条件让堆保持了一定的顺序，但是这个顺序对于堆查找没有什么帮助。

假设要在上面的堆中查找 3。如果从根节点 100 开始，那么应该在其左子树还是右子树中查找呢？如果是二叉查找树，那么 3 肯定在 100 的左子树中。如果是堆，那么我们就只知道 3 一定是 100 的后代之一，而不可能是其祖先。但完全不知道接下来该查找哪个子节点。在上面的例子中，3 刚好在 100 的右子树中，但是它也完全有可能在左子树中。

因此，和二叉查找树相比，堆被认为是一种**弱排序**的数据结构。虽然堆的确有**一些**顺序要求（后代不能大于祖先），但这不足以支持查找。

堆的另一个特性现在可能已经很明显了，不过还是要提一句：堆的根节点的值总是**最大**的。（在最小堆中，根节点的值最小。）这也是堆适合实现优先队列的关键所在。我们希望在优先队列中访问有最高优先级的值。如果用堆来实现，那么我们就能确定这个值肯定位于根节点。因此，根节点就表示有着最高优先级的数据。

堆有两种主要操作：插入和删除。正如我们注意到的，因为堆查找需要检查每个节点，所以堆通常不需要实现查找。（堆可能还有"读取"操作，该操作用于检查根节点的值。）

在介绍堆的主要操作的工作原理前，还需要定义另一个术语。这个术语会在后面的算法中大量出现。

堆有**尾节点**的概念。堆的**尾节点**就是最下面一层的最右边的节点。

以下图的堆为例。

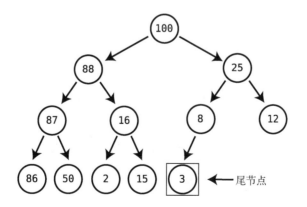

在这个堆中，因为 3 是最下面一行的最右边的节点，所以它就是尾节点。

接下来学习堆的主要操作。

16.4　堆的插入

要把新数据插入堆，需要按下面的算法来操作。

(1) 创建一个新节点存储新值，把它插入最下面一层右边空缺的第一个位置中。这样，这个值就成了堆的尾节点。

(2) 比较新节点和其父节点。

(3) 如果新节点大于其父节点，就交换它们的位置。

(4) 重复第(3)步，从而把新节点向上移动，直到其父节点的值大于它的值。

下面来看看这个算法的实际操作。如果要向堆中插入 40，那么就需要如下步骤。

第 1 步：把 40 作为堆的尾节点插入，如下图所示。

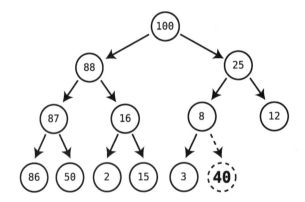

注意，下图这种做法是不对的。

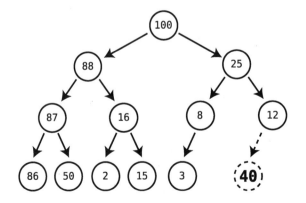

如果把 40 作为 12 的子节点插入，那么树就会变得**不完全**。这是因为空缺位置的右边出现了节点。堆必须是完全的，才能称为堆。

第 2 步：比较 40 和它的父节点 8。因为 40 大于 8，所以交换这两个节点，如下图所示。

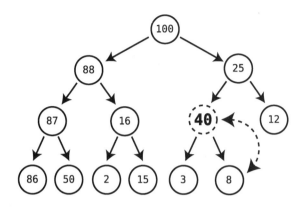

第 3 步：比较 40 和它的新父节点 25。因为 40 大于 25，所以交换这两个节点，如下图所示。

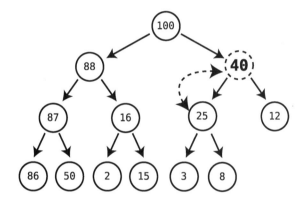

第 4 步：比较 40 和它的新父节点 100。因为 40 小于 100，所以算法结束了。

这个把新节点沿着堆向上移动的过程称为**上滤**。节点有时向右移动，有时向左移动，但它总是在向上移动，直到找到正确位置。

堆的插入操作的效率是 $O(\log N)$。正如前面章节所述，如果二叉树有 N 个节点，那么它就有大约 $\log N$ 行。因为最多只需要把新的值上滤到最上面一行，所以最多需要 $\log N$ 步。

16.5 寻找尾节点

虽然插入算法看起来很简单，但还有一点儿小障碍。第 1 步需要把新的值作为尾节点插入。但是这就带来了一个问题：怎么找到新的尾节点所在的位置呢？

重新看一下插入 40 之前的堆，如下图所示。

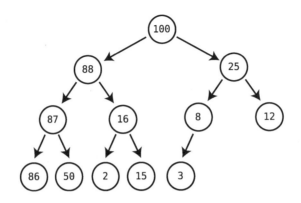

看图当然知道需要把 40 放到 8 的右子节点，也就是最后一行的第一个可用位置。

但是计算机没有双眼，看不到上面的行表示法。它只能看到根节点，并且可以沿着链接找到子节点。那么计算机该用怎样的算法找到插入新值的位置呢？

以上面的堆为例。从根节点 100 开始时，应该告诉计算机去 100 的右子树中寻找插入新的尾节点的位置吗？

尽管在上面的例子中，第一个可用的位置确实在 100 的右子树中，但下图这个堆就不一样了。

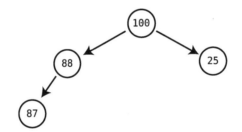

在这个堆中，存储新尾节点的第一个可用位置是 88 的右子节点，该节点位于 100 的左子树中。

本质上，如果不检查每个节点，那么就不可能找到堆的尾节点（或者说存储新的尾节点的第一个可用位置），这和堆的查找一样。

那么怎么做才能找到下一个可用节点呢？我们暂时称之为尾节点问题，并且"卖个关子"。我保证后面一定会解释的。

现在先来看看堆的另一个主要操作——删除。

16.6 堆的删除

关于堆的删除，首先要知道一件事：**我们只会删除根节点**。这和优先队列只读取和移除最高优先级的数据是一致的。

删除堆的根节点的算法如下。

(1) 把尾节点移动到根节点的位置，这本质上删除了原先的根节点。

(2) 把根节点下滤到正确位置。我稍后会解释如何下滤。

假设要移除下图中堆的根节点。

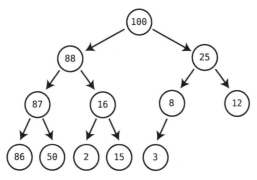

这个例子的根节点是 100。要删除 100，首先需要把根节点替换为尾节点。因为本例的尾节点是 3，所以把 3 移动到 100 的位置，如下图所示。

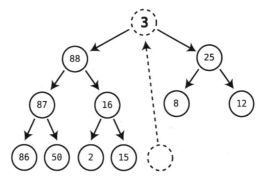

因为 3 小于部分（事实上是大部分）后代节点，而这不满足堆条件，所以必须对堆进行修改。为此，需要把 3 下滤，直到堆再次满足堆条件。

下滤比上滤复杂一些。这是因为每次下滤节点都有两个方向可以选择。既可以把该节点和其左子节点交换，也可以把该节点和其右子节点交换。（而上滤时，每个节点只能和其父节点进行交换。）

下滤的算法如下所述。为了叙述清晰，我们会把要下滤的节点称为"下滤节点"。

(1) 比较下滤节点的两个子节点的大小。

(2) 如果下滤节点小于两个子节点中较大的一个，就交换下滤节点和较大的子节点。

(3) 重复步骤(1)和(2)，直到下滤节点不存在比它大的子节点为止。

来看看具体操作。

第 1 步：下滤节点 3 有两个子节点 88 和 25，其中 88 是较大的子节点。因为 3 小于 88，所以交换下滤节点和 88，如下图所示。

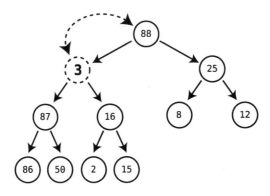

第 2 步：下滤节点现在有两个新的子节点 87 和 16，其中 87 是较大的子节点。因为 87 大于 3，所以交换下滤节点和 87，如下图所示。

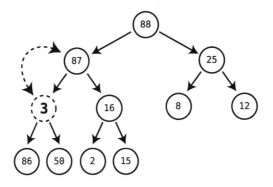

第 3 步：下滤节点现在的子节点是 86 和 50。因为 86 大于 50 和 3，所以交换 86 和下滤节点，如下图所示。

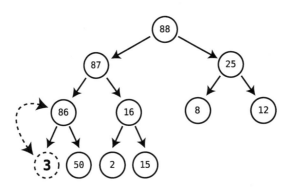

至此，下滤节点没有大于它的子节点了。（其实它已经没有子节点了。）因为堆再一次满足了堆条件，所以算法就结束了。

我们总是把下滤节点和**较大**的子节点进行交换的原因在于：如果和较小的子节点交换，那么马上就会违反堆条件。可以看一下这样做的后果。

还是从将下滤节点 3 作为根节点开始，如下图所示。

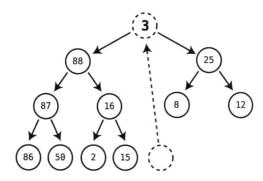

把 3 和较小的子节点 25 进行交换，如下图所示。

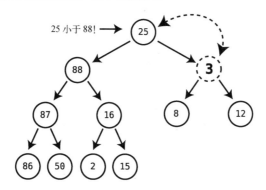

现在 25 就位于 88 的父节点的位置。因为 88 大于父节点，所以堆不再满足堆条件。

和插入相同，堆删除的时间复杂度也是 $O(\log N)$。这是因为下滤节点需要途经堆的全部 $\log N$ 层。

16.7 堆和有序数组

在学习了堆的效率之后，来看看为什么它适合实现优先队列。

下表是有序数组和堆的对比。

	有序数组	堆
插入	$O(N)$	$O(\log N)$
删除	$O(1)$	$O(\log N)$

乍一看好像两者差不多。有序数组的插入比堆慢，但删除比堆快。

不过，我们还是认为堆是更好的选择，原因如下。

虽然 $O(1)$ 的速度无与伦比，但是 $O(\log N)$ 也**非常**快了。而 $O(N)$ 相较之下则比较慢。因此可以像下表这样重写上面的表。

	有序数组	堆
插入	慢	非常快
删除	极快	非常快

这样就能清楚看出，堆是更好的选择。我们宁愿选择一直很快的数据结构，也不想选择有时很快有时较慢的数据结构。

还有一点值得一提：优先队列的插入操作和删除操作所占比例一般差不多。以急诊室为例，我们的目标当然是治疗所有的急诊病人。因此，我们希望插入操作和删除操作都能快速完成。如果某一种操作速度较慢，那么优先队列的效率就不会高。

使用堆可以确保优先队列的插入和删除这两种主要操作都能很快完成。

16.8　重新解决尾节点问题

尽管堆删除算法看起来非常简单直接，但是它仍然存在尾节点问题。

前面介绍过，删除的第一步需要把尾节点变成根节点。但是怎样才能找到尾节点呢？

在解决尾节点问题前，先来看看为什么插入和删除都依赖于尾节点。为什么不能在堆的其他位置插入节点呢？而在删除时，为什么不能把根节点替换为尾节点以外的节点呢？

如果仔细思考，你就会意识到一点：如果要使用其他节点，那么堆就会变得不完全。但这又带来了下面的问题：为什么完全性对堆来说如此**重要**？

答案是：我们想要确保堆的**平衡性**。

要明白这一点，需要再看一遍插入操作。假设有下图这个堆。

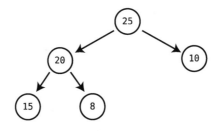

如果要向这个堆中插入 5，那么唯一保持堆的平衡的办法就是让 5 成为尾节点，也就是 10

的子节点，如下图所示。

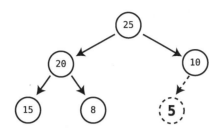

任何其他选择都会打破堆的平衡性。假设在平行宇宙中，插入算法会把新节点插到最左下角的节点。在这个算法中，只需不断遍历左子节点，直到抵达底层即可。这样，5 就会成为 15 的子节点，如下图所示。

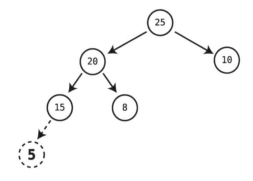

这个堆有一些不平衡，而且很容易看出，如果不停往左下角插入新节点，那么这个堆就会变得越来越不平衡。

同样，在删除节点时，总是把尾节点变为根节点的原因在于：如果不这样做，则堆可能变得不平衡。还是以下图这个堆为例。

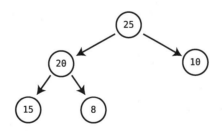

如果在平行宇宙中总是把最右下角的节点放到根节点处，那么 10 就会变成根节点，而且最后会得到一个有一堆左后代节点，但没有右后代节点的不平衡的堆。

平衡性之所以重要，是因为它确保了我们可以在 $O(\log N)$ 步内完成操作。如果一棵树像下图这样极度不平衡，那么遍历就需要 $O(N)$ 步。

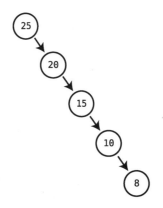

但这又回到了尾节点问题。什么算法不用遍历所有 N 个节点,也总能找到堆的尾节点呢?

这里正是剧情反转的地方。

16.9 用数组实现堆

因为寻找尾节点对于堆操作至关重要,而且我们希望确保寻找尾节点的效率,所以堆**通常是用数组实现的**。

虽然到目前为止我们一直假设每棵树的节点互相独立,使用链接相连(就像链表那样),但你即将学到如何用数组实现堆。换言之,堆也可以是抽象数据结构,用数组作为底层实现。

下图展示了如何用数组存储堆的值。

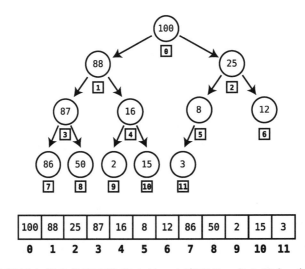

其工作原理就是把每个节点分配到数组中的一个索引处。在上图中,每个节点的索引都写在节点下方的方块中。如果你仔细观察,就能看出每个节点对应的索引是有规律的。

根节点总是位于索引 0 处。我们随后移动到下一层，从左向右遍历节点，按顺序给每个节点分配数组的下一个可用索引。因此，在第二层中，左边的节点（88）就变成了索引 1，右边的节点（25）就变成了索引 2。到达每层最后的节点之后，就移动到下一层，按这个规律继续分配。

之所以使用数组来实现堆，是因为它能解决尾节点问题。但是要怎么做呢？

用这种方式实现堆时，**尾节点总是数组的最后一个元素**。因为在把每个值分配到数组中时我们是从上到下、从左到右移动，所以尾节点永远是数组的最后一个值。在上一个例子中，可以看到尾节点 3 就是数组的最后一个值。

因为尾节点永远位于数组的最后，所以寻找尾节点就变得非常简单：只需直接访问最后一个元素即可。此外，在向堆中插入新节点时，也只需要向数组末尾插入，就能让它成为新的尾节点。

在介绍基于数组的堆的其他细节之前，我们已经可以写出其代码实现的基本结构了。以下是使用 Ruby 编写的堆的初步实现。

```ruby
class Heap
  def initialize
    @data = []
  end

  def root_node
    return @data.first
  end

  def last_node
    return @data.last
  end
end
```

如你所见，堆被初始化为了一个空数组。root_node 方法会返回数组的第一项，而 last_node 方法会返回数组的最后一个值。

16.9.1 遍历基于数组的堆

如前所述，堆的插入算法和删除算法需要上滤或者下滤节点。这就需要访问节点的父节点或者子节点。但现在值都存储在数组中，该怎样从一个节点移动到另一个节点呢？如果能沿着每个节点的链接移动，那么遍历堆就很简单。但现在堆的底层实现是一个数组，我们怎样才能知道节点之间的连接情况呢？

这个问题有一种有趣的解决方案。事实上，如果按前面所描述的规律给节点分配索引，那么堆就具有以下特征。

- ❑ 节点的左子节点可以用公式(index * 2) + 1表示。
- ❑ 节点的右子节点可以用公式(index * 2) + 2表示。

回顾一下前面的图，以节点 16 为例。它的索引是 4。要找到它的左子节点，只需把它的索引（4）乘以 2 再加 1 即可。因为计算结果是 9，所以索引 9 就是索引 4 中的节点的左子节点。

同样，要找到索引 4 的右子节点，只需要把 4 乘以 2 再加 2。因为计算结果是 10，所以索引 10 就是索引 4 的右子节点。

因为这两个公式总是成立，所以就可以把数组当成树来使用。

下面来把这两个方法加入 Heap 类。

```
def left_child_index(index)
  return (index * 2) + 1
end

def right_child_index(index)
  return (index * 2) + 2
end
```

这两个方法的参数都是数组的索引，并且会分别返回左子节点或右子节点的索引。

基于数组的堆还有另一个重要的特征：节点的父节点可以用公式(index − 1) / 2 表示。

注意，这个公式使用了整数除法。这意味着要把结果向下取整。例如，3 / 2 的结果应该是 1，而不是 1.5。

还是以上面的堆为例，但这次来看索引 4。如果把 4 减 1 再除以 2，那么就会得到 1。而从图中可以看出，索引 4 中的节点的父节点就位于索引 1。

这样就可以给 Heap 类再加上一个方法。

```
def parent_index(index)
  return (index - 1) / 2
end
```

这个方法会以数组中的索引为参数，计算其父节点的索引。

16.9.2　代码实现：堆插入

现在我们已经有了 Heap 类的基本要素，可以来实现插入算法了。

```
def insert(value)
  # 通过插到数组末尾来把 value 变成尾节点：
  @data << value

  # 记录新插入节点的索引：
  new_node_index = @data.length - 1

  # 下面的循环会执行“上滤”算法。

  # 如果新节点不在根节点的位置，并且比父节点大：
  while new_node_index > 0 &&
  @data[new_node_index] > @data[parent_index(new_node_index)]
```

```
    # 就交换新节点及其父节点：
    @data[parent_index(new_node_index)], @data[new_node_index] =
    @data[new_node_index], @data[parent_index(new_node_index)]

    # 更新新节点的索引：
    new_node_index = parent_index(new_node_index)
  end
end
```

还是具体来看一下它的每一步。

insert 方法会以要插入堆的值为参数。首先要把它插到数组的末尾，从而使其变为新的尾节点。

```
@data << value
```

因为稍后会用到，所以记录下新节点的索引。这个索引目前就是数组的最后一个索引。

```
new_node_index = @data.length - 1
```

接下来使用 while 循环把新节点上滤到正确位置。

```
while new_node_index > 0 &&
@data[new_node_index] > @data[parent_index(new_node_index)]
```

这个循环执行的条件有两个。一个条件（主要条件）是新节点大于其父节点。另外一个条件是新节点的索引必须大于 0，否则就会发生把根节点和并不存在的父节点进行比较的滑稽事。

因为新节点都大于父节点，所以循环每执行一次都会把新节点和其父节点进行交换。

```
@data[parent_index(new_node_index)], @data[new_node_index] =
@data[new_node_index], @data[parent_index(new_node_index)]
```

然后更新新节点的索引。

```
new_node_index = parent_index(new_node_index)
```

因为这个循环只在新节点大于父节点时运行，所以它在新节点位于正确位置之后就会结束。

16.9.3　代码实现：堆删除

下面是从堆删除节点的 Ruby 实现。主要的方法是 delete 方法，但是为了使代码更简洁，我们使用了两个辅助方法，即 has_greater_child 和 calculate_larger_child_index。

```
def delete
  # 因为只会删除堆的根节点，所以把尾节点从数组中弹出，放到根节点的位置：
  @data[0] = @data.pop
  # 记录"下滤节点"的当前索引：
  trickle_node_index = 0

  # 下面的循环会执行"下滤"算法：
```

16

```
      # 只要下滤节点有大于它的子节点, 就继续执行循环:
      while has_greater_child(trickle_node_index)
          # 把较大的子节点索引存储在变量中:
          larger_child_index = calculate_larger_child_index(trickle_node_index)

          # 交换下滤节点和较大的子节点:
          @data[trickle_node_index], @data[larger_child_index] =
          @data[larger_child_index], @data[trickle_node_index]

          # 更新下滤节点的新索引:
          trickle_node_index = larger_child_index
      end
  end

  def has_greater_child(index)
      # 检查 index 处的节点是否有左右子节点, 并且这两个子节点是否有一个大于 index 处的节点:
      (@data[left_child_index(index)] &&
       @data[left_child_index(index)] > @data[index]) ||
      (@data[right_child_index(index)] &&
       @data[right_child_index(index)] > @data[index])
  end

  def calculate_larger_child_index(index)
      # 如果没有右子节点:
      if !@data[right_child_index(index)]
          # 就返回左子节点的索引:
          return left_child_index(index)
      end

      # 如果右子节点的值大于左子节点的值:
      if @data[right_child_index(index)] > @data[left_child_index(index)]
          # 就返回右子节点的索引:
          return right_child_index(index)
      else # 如果左子节点的值大于或等于右子节点的值,
          # 就返回左子节点的索引:
          return left_child_index(index)
      end
```

先来看一下 delete 方法。

delete 方法没有参数。这是因为我们只会删除根节点。该方法的原理如下。

首先，删除数组的最后一个值，使它成为第一个值。

`@data[0] = @data.pop`

这一行非常简单：因为把根节点的值替换成了最后一个节点的值，所以原来的根节点本质上被删除了。

然后，需要把新的根节点下滤到正确位置。之前我们把它叫作"下滤节点"，从代码中也可以看出这一点。

因为后面需要下滤节点的索引，所以在开始下滤之前我们会记录它。下滤节点目前在索引 0 处。

```
trickle_node_index = 0
```

接下来，用一个 while 循环来执行下滤算法。只要下滤节点还有比它大的节点，循环就会一直运行。

```
while has_greater_child(trickle_node_index)
```

这一行调用了 has_greater_child 方法。该方法会判断节点是否有比它更大的子节点。

在循环内部，首先找到下滤节点较大的子节点。

```
larger_child_index = calculate_larger_child_index(trickle_node_index)
```

这一行调用了 calculate_larger_child_index 方法。该方法会返回下滤节点的较大的子节点的索引。我们把这个索引存储在 larger_child_index 变量中。

下面交换下滤节点和较大的子节点。

```
@data[trickle_node_index], @data[larger_child_index] =
@data[larger_child_index], @data[trickle_node_index]
```

最后，把下滤节点的索引更新为刚刚和它交换的节点的索引。

```
trickle_node_index = larger_child_index
```

16.9.4　堆的其他实现方法

以上就是堆的数组实现。值得一提的是，虽然这里用数组作为堆的底层实现，但是使用互相连接的节点来实现堆也是**可能的**。（该实现解决尾节点问题的技巧用到了二进制数。）

不过，因为数组实现是更常见的方法，所以这里选择介绍它。使用数组来实现树本身也是很有趣的一件事。

事实上，可以使用数组来实现**任意**类型的二叉树，比如第 15 章中的二叉查找树。不过，因为数组实现找到尾节点很容易，所以堆算是第一种用数组实现反而更好的二叉树。

16.10　用堆实现优先队列

在理解了堆的工作原理之后，终于可以回过头来实现优先队列了。

优先队列的主要功能就是让我们能立刻访问队列中优先级最高的数据。在急诊室的例子中，我们需要首先治疗病情最严重的病患。

因此，堆非常适合实现优先队列。堆的优先级最高的数据就位于根节点，可以直接访问。每次使用完优先级最高的数据（并把它从堆中删除）之后，优先级第二高的数据就会上滤到堆顶，以便下次使用。与此同时，堆的插入和删除都只需要 $O(\log N)$ 步，非常迅速。

相比之下，有序数组的插入更加缓慢：因为它要确保每个新值都位于正确位置，所以需要 $O(N)$ 步。

结果表明，堆的弱排序**正是它的优点**。因为它不需要完全正确排序，所以可以在 $O(\log N)$ 时间内插入新值。与此同时，它的数据又有**一定的顺序**，使我们在任何时候都能访问到堆的最大值。

16.11　小结

到现在为止，我们看到了不同类型的树可以优化不同类型的问题。二叉查找树的查找飞快，同时插入成本很低。而堆是实现优先队列的完美数据结构。

第 17 章会介绍另外一种树，它可以加速一种日常中最常用的文字操作。

习　题

(1) 请画出下图插入 11 之后的结构。

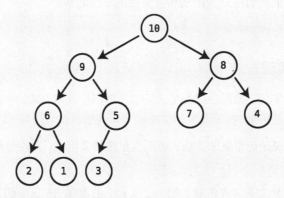

(2) 请画出上图删除根节点之后的结构。

(3) 假设你往一个新的堆中按下列顺序插入数据：55、22、34、10、2、99 和 68。假设你把这些数一个一个地从堆中删除并插入一个空数组中，那么数组中的数会是什么顺序？

字典树又何妨

17

你想过手机的自动补全功能是什么原理吗？有了自动补全，只要输入"catn"，手机就会提示你输入的词不是"catnip"就是"catnap"。

要实现这个功能，手机需要访问字典中的所有词。但这些词是用什么数据结构存储的呢？

假设所有英语词汇都存储在一个数组中。如果数组没有排序，那么就需要查找字典中的**每个词**才能找到以"catn"开头的词汇，这需要 $O(N)$ 步。但是，因为 N 表示字典中所有词汇的数量，是一个很大的数，所以这还是一个很慢的操作。

因为哈希表需要对**整个单词**进行哈希运算才能确定值在内存中的位置，所以它也帮不上忙。由于哈希表中没有"catn"这个键，因此无法简单地在其中找到"catnip"或"catnap"。

如果把词存储在有序数组中，就会好很多。也就是说，如果数组中的词汇按字母顺序排列，那么就可以使用二分查找在 $O(\log N)$ 时间内找到以"catn"开头的词。虽然 $O(\log N)$ 并不慢，但是我们还能做得更好。事实上，如果使用一种特殊的基于树的数据结构，就可以在 $O(1)$ 步之内找到想要找的词。

因为**字典树**可以实现自动补全或者自动纠错等功能，所以本章的例子会展示如何在文字类应用中使用它。当然，字典树还有其他使用场景，比如 IP 地址或者电话号码相关的应用。

17.1 字典树

字典树（trie）是一种适合自动补全等文字类功能的树。在介绍字典树的工作原理前，先来谈谈它的发音。

虽然你可能并不想知道，但是在我看来，字典树的命名可以说是数据结构中最糟的。trie 一词实际上来自 retrieval。因此，它的发音应该是"tree"。但是因为这样会和表示所有基于树的数据结构的词 tree 混淆，所以大部分人把字典树读成"try"。有些资料会把 trie 称为前缀树或者数字树，但令人惊讶的是，最流行的名字还是 trie。所以就这样将错就错了。

在讲解字典树之前，还有一件事要说明一下。字典树不像本书中的其他数据结构那样有着完

17

善的资料。很多资料中的字典树实现有所不同。本书选择了我认为最简单且最容易理解的实现，但你会发现还有其他实现。不过，大部分实现背后的想法还是一样的。

17.1.1　字典树节点

和大多数树一样，字典树中有一些节点，而这些节点会指向其他节点。不过，字典树**不是二叉树**。二叉树的节点的子节点数量不能大于 2，但是字典树节点可以有**任意数量**的子节点。

在本书的实现中，每个节点都包含一个哈希表。哈希表的键是英语的字母，值是字典树中的其他节点，如下图所示。

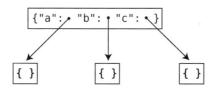

上图的根节点中有一个哈希表，该哈希表有 3 个键："a"、"b"和"c"。哈希表的值是字典树的其他节点，也就是这个节点的子节点。这些子节点同样包含哈希表，哈希表的值又会指向**子节点的子节点**。（子节点的哈希表暂时是空的，但是在后面的图中就会有数据了。）

实际字典树节点的实现非常简单。TrieNode 类的 Python 实现如下。

```
class TrieNode:

  def __init__(self):
    self.children = {}
```

可以看到，TrieNode 只包含一个哈希表。

如果（在命令行中）打印上面的例子中的根节点的数据，就会看到以下内容。

```
{'a': <__main__.TrieNode instance at 0x108635638>,
 'b': <__main__.TrieNode instance at 0x108635878>,
 'c': <__main__.TrieNode instance at 0x108635ab8>}
```

在这个哈希表中，键是独立的字母字符串，值是其他 TrieNode 的实例。

17.1.2　Trie 类

要完整实现字典树，还需要一个单独的 Trie 类来记录根节点。

```
class Trie:

  def __init__(self):
    self.root = TrieNode()
```

这个类记录了 self.root 变量，该变量指向根节点。在这个实现中，每次创建新的 Trie，都会有一个空的 TrieNode 作为根节点。

本章在后面将不断向 Trie 类中添加字典树的操作来完善它。

17.2　存储单词

字典树的用途是存储单词。下面来看看下图的字典树如何存储单词 "ace" "bad" 和 "cat"。

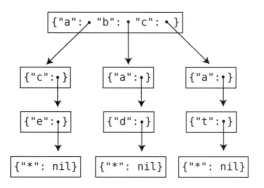

字典树把 3 个单词的每个字母都作为一个字典树节点存储。如果从根节点开始，那么跟着键 "a" 就能找到包含键 "c" 的子节点。而键 "c" 又会指向包含键 "e" 的节点。把这 3 个字母串联起来，就得到了单词 "ace"。

字典树也会采用同样的方式存储单词 "bad" 和 "cat"。

注意，单词的最后一个字母实际上也有自己的子节点。例如，在单词 "ace" 的 "e" 节点中，"e" 就指向一个子节点，而该子节点中是一个有键 "*" 的哈希表。（因为它的值是什么无所谓，所以把它设为空。）这意味着已经抵达了单词末尾，说明 "ace" 是一个完整单词。你稍后就能明白为什么需要键 "*" 了。

接下来要介绍的就更有趣了。假设我们还想存储单词 "act"。为此，仍然需要现存的键 "a" 和 "c"，但是要添加一个包含键 "t" 的新节点，如下图所示。

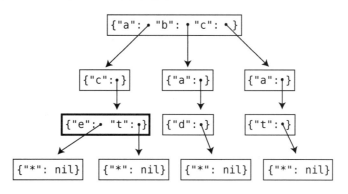

可以看出，加粗的节点的哈希表现在有**两个**子节点，即"e"和"t"。这表示"ace"和"act"都是有效的单词。

为了今后更容易表示，我们会用更简单的方法描绘字典树，如下图所示。

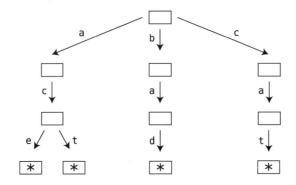

这种表示法会把每个哈希表的键放在指向子节点的箭头旁。

需要星号的原因

假设要在字典树中存储单词"bat"和"batter"。这是一个有趣的情况，因为"batter"中就包含了"bat"。我们会按下图的方式来处理这种情况。

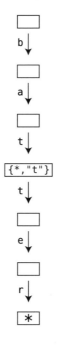

第一个"t"指向了一个有**两个键**的节点。一个键是"*"（值为空），另一个键是"t"，其值指向另一个节点。这意味着虽然"bat"是另一个更长的单词"batter"的前缀，但它自己也是一个单词。

上一页的第二幅图中没有使用传统的哈希表表示法，而是用了一种简练的表示法来节省空间。我们用花括号来表示节点包含哈希表。但是{*，"t"}不再表示键-值对，而是两个键。"*"键的值为空，"t"键的值则是下一个节点。

这就是"*"很重要的原因。我们需要用星号来表示单词的一部分也是一个完整单词。

用一个更复杂的例子来把上述内容串联起来。下图的字典树包含单词"ace""act""bad""bake""bat""batter""cab""cat""catnap"和"catnip"。

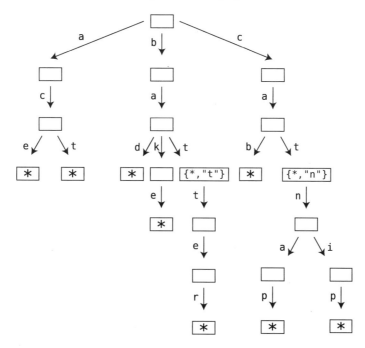

实际应用中的字典树可能有上千个单词。就算没有存储英语的所有词汇，至少也会存储大多数常用词汇。

为了实现自动补全功能，先来分析一下字典树的基本操作。

17.3 字典树查找

字典树最经典的操作是查找，也就是判断字符串是否在字典树中。字典树查找分为两类：既可以查找以判断字符串是否是**完整**单词，也可以查找以判断字符串是否至少是某个单词的**前缀**

（也就是单词的开头部分）。这两类查找很相似，但这里会实现后一类，也就是查找前缀。因为完整单词也可以算作前缀，所以后一类查找最后也能找到完整单词。

前缀查找的算法有以下步骤（在后面用例子说明的时候你就能明白它们的意思了）。

(1) 创建一个变量 currentNode。在算法开始时，该变量会指向根节点。

(2) 遍历查找字符串的每个字母。

(3) 指向查找字符串中的一个字母时，检查 currentNode 是否有以该字母为键的子节点。

(4) 如果没有，就意味着字典树中不存在这个字符串，我们返回 None。

(5) 如果 currentNode 确实有以当前字母为键的子节点，就把 currentNode 更新为该子节点。然后回到步骤(2)，继续遍历字符串中的字母。

(6) 如果成功遍历了查找字符串的所有字母，就意味着字典树中存在该字符串。

我们以在上面的字典树中查找字符串"cat"为例，解释这个算法。

准备工作：把 currentNode 设置为根节点。（currentNode 会加粗显示。）我们目前指向了字符串的第一个字母"c"，如下图所示。

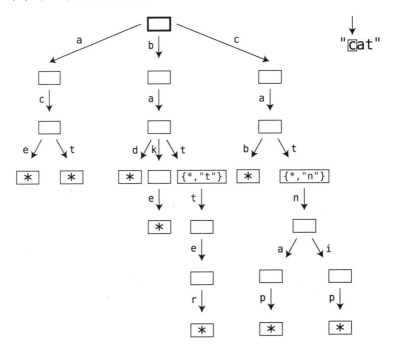

第 1 步：因为根节点有一个子键是"c"，所以把 currentNode 更新为该键的值。然后继续遍历查找字符串的剩余字母。下一个字母是"a"，如下图所示。

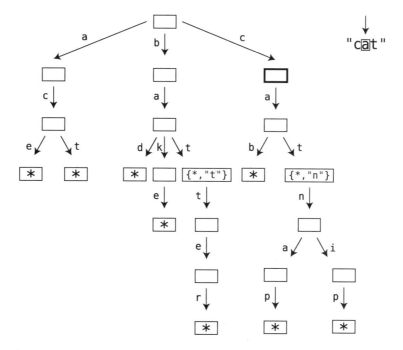

第 2 步：检查 currentNode，寻找键为"a"的子节点。因为存在这样的子节点，所以把它变为新的 currentNode。然后继续查找字符串的下一个字母"t"，如下图所示。

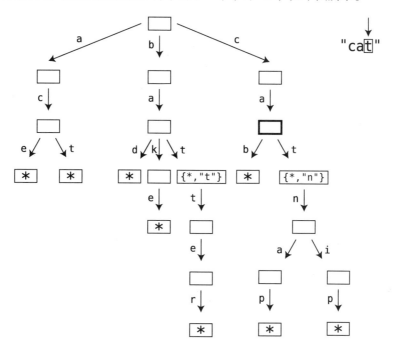

17

第 3 步：我们现在指向了查找字符串的字母"t"。因为 currentNode 有一个子节点"t"，所以按下图所示找到它。

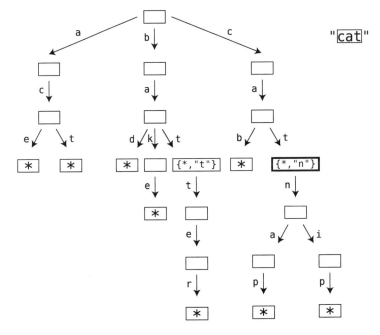

由于已经到达了查找字符串的末尾，因此这意味着我们在字典树中找到了"cat"。

代码实现：字典树查找

向 Trie 类中添加一个 search 方法，来实现字典树查找。

```python
def search(self, word):
  currentNode = self.root

  for char in word:
    # 如果当前节点有一个子节点的键是当前字母：
    if currentNode.children.get(char):
      # 就更新 currentNode 为子节点：
      currentNode = currentNode.children[char]
    else:
      # 如果在当前节点的子节点中找不到当前字母，那么要查找的单词一定不在字典树中：
      return None

  return currentNode
```

search 方法以要查找的单词（或前缀）的字符串为参数。

首先，把 currentNode 初始化为根节点。

```python
currentNode = self.root
```

然后，遍历要查找的单词的每个字母。

```
for char in word:
```

在每一轮循环中，检查当前节点是否有以当前字母为键的子节点。如果有，就把当前节点更新为该子节点。

```
if currentNode.children.get(char):
  currentNode = currentNode.children[char]
```

如果没有，就返回 None。这意味着要查找的单词不在字典树中，查找无功而返。

如果循环执行完成，那么就意味着在字典树中找到了整个单词。在这种情况下，返回 currentNode。返回当前节点而不是 True 对自动补全功能有所帮助，我稍后会解释原因。

17.4 字典树查找的效率

字典树查找的一大优势是高效。

下面来分析一下它需要的步骤数。

在这个算法中，我们一次只关注一个字母。在这个过程中，使用每个节点的哈希表来找到合适的子节点，这只需要 1 步。如前所述，哈希表查找只需要 $O(1)$ 时间。事实上，**查找字符串中有多少个字母**，算法就需要多少步。

这比在有序数组中使用二分查找要快得多。二分查找需要 $O(\log N)$ 步，其中 N 表示字典中的单词数量。而字典树查找需要的步骤数和要查找的单词的字母数相同。例如，查找 "cat" 只需要 3 步。

用大 O 记法表示字典树查找的效率有一点儿难。因为步骤数取决于要查找的单词的长度，所以如果步骤数不固定，就不能说它是 $O(1)$。因为 N 通常指的是数据结构中存储的数据量，所以 $O(N)$ 也不太准确。这里 N 表示字典树的节点数量，它可比要查找的字符串的字母数量多多了。

大部分资料把它的效率表示为 $O(K)$，其中 K 表示查找字符串中的字母数量。虽然用除了 N 以外的任何字母表示都可以，但大家都是用 K。

尽管由于查找字符串的长度不固定 $O(K)$ 不是常数时间，但 $O(K)$ 和常数时间有一个重要的相似之处。大多数非常数时间的算法会受要处理的数据量影响。换言之，随着数据量增加，算法会变慢。而对 $O(K)$ 算法来说，字典树可以任意增长，查找速度依然不会受到影响。无论字典树有多大，$O(K)$ 算法处理一个 3 个字母的字符串永远都只需要 3 步。唯一影响算法速度的因素是输入的长度，而不是所有数据的大小。因此，$O(K)$ 算法非常高效。

虽然查找是最常见的字典树操作，但如果不先往字典树中插入数据，就无法测试查找。因此，接下来就来解决插入操作。

17.5　字典树插入

向字典树中插入新单词和查找已有单词的过程相似。

算法步骤如下。

(1) 创建一个 currentNode 变量。在算法开始时，该变量指向根节点。

(2) 遍历查找字符串的每个字母。

(3) 在指向查找字符串中的一个字母时，检查 currentNode 是否有以该字母为键的子节点。

(4) 如果有，就把 currentNode 更新为该子节点，返回第(2)步，检查查找字符串中的下一个字母。

(5) 如果 currentNode 没有和当前字母相匹配的子节点，就创建这样的一个子节点，并把 currentNode 更新为新节点。随后返回第(2)步，检查查找字符串中的下一个字母。

(6) 在插入新单词的最后一个字母之后，为最后一个节点添加一个"*"子节点，来表示这是完整单词。

通过向前面的字典树例子中插入单词"can"，我们来讲解一下这个算法。

准备工作：把 currentNode 设置为根节点。我们也指向了字符串的第一个字母"c"，如下图所示。

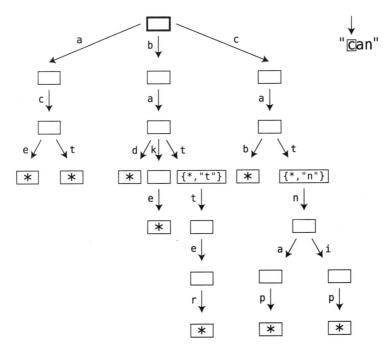

第1步：因为根节点有一个"c"子键，所以把 currentNode 更新为该键的值。我们也指向了新单词的下一个字母"a"，如下图所示。

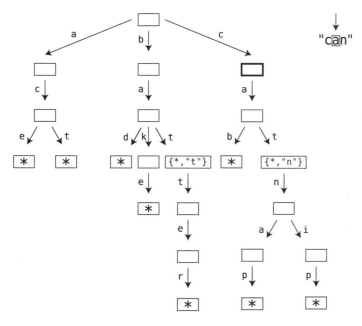

第 2 步：检查 currentNode，寻找键为"a"的子节点。因为存在这样的节点，所以把 currentNode 更新为该节点，并且指向字符串的下一个字母"n"，如下图所示。

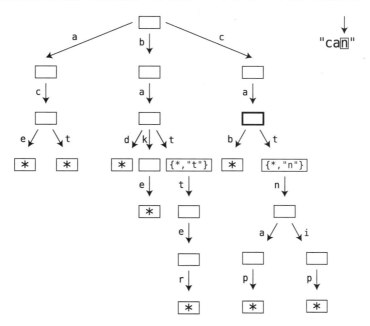

17

第 3 步：因为 currentNode 没有"n"，所以需要创建一个子节点，如下图所示。

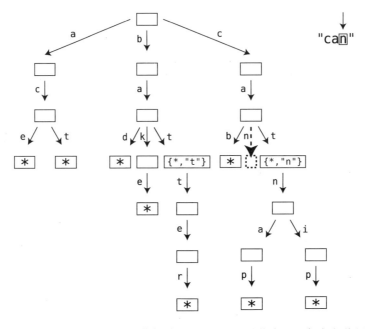

第 4 步：我们已经把"can"插入字典树中了，可以用子节点"*"来为它收尾，如下图所示。

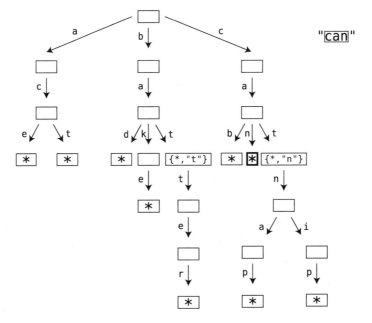

这样就完成了。

代码实现：字典树插入

下面是 Trie 类的 insert 方法。你会注意到，它和之前的 search 方法很相似。

```python
def insert(self, word):
  currentNode = self.root

  for char in word:
    # 如果当前节点有一个子键是当前字母：
    if currentNode.children.get(char):
      # 就更新 currentNode 为子节点：
      currentNode = currentNode.children[char]
    else:
      # 如果当前节点的子节点中不存在当前字母，就把该字母作为新子节点插入：
      newNode = TrieNode()
      currentNode.children[char] = newNode

      # 把当前节点更新为新节点：
      currentNode = newNode

  # 在把整个单词插入字典树之后，在结尾加入一个*键：
  currentNode.children["*"] = None
```

该方法的第一部分和 search 方法一样，而从 currentNode 没有和当前字母匹配的子节点之后就不一样了。在此情况下，向 currentNode 的哈希表中加入一个新的键-值对：键是当前字母，值是一个新的 TrieNode。

```python
newNode = TrieNode()
currentNode.children[char] = newNode
```

随后把 currentNode 更新为新节点。

```python
currentNode = newNode
```

接着重复执行循环，直到新单词插入完毕。之后给最后一个节点的哈希表加入"*"键，其值为 None。

```python
currentNode.children["*"] = None
```

和搜索一样，字典树插入也需要大约 $O(K)$ 步。如果把最后一步加入"*"键也算上，那么就需要 $K+1$ 步，但因为我们忽略常数，所以可以把这个速度表示为 $O(K)$。

17.6　实现自动补全

我们现在已经准备好实现真正的自动补全功能了。为了更容易一些，先来实现一个简单一点儿的函数。该函数可以帮助我们实现这个功能。

17.6.1　收集所有单词

下一个添加到 Trie 类的方法会返回一个数组，它包含字典树中**所有**的单词。其实想要列出

整个字典的情况并不常见。但还是要加入这个方法，它在读取字典树的任意节点之后，可以列出从该节点开始的所有单词。

下面的 collectAllWords 方法会返回从特定节点开始的所有单词的列表。

```
def collectAllWords(self, node=None, word="", words=[]):
  # 该方法有 3 个参数。第一个参数是开始节点，我们要收集从它开始的单词。
  # 第二个参数 word 一开始是空字符串，我们在字典树中移动时不断向其中加入字母。
  # 第三个参数 words 一开始是空数组，在函数执行完毕后它就会包含字典树中的所有单词。
  # 当前节点是作为第一个参数传入的节点，如果没有提供节点，就使用根节点:
  currentNode = node or self.root

  # 遍历当前节点的所有子键:
  for key, childNode in currentNode.children.items():
    # 如果当前键是*，就意味着找到了一个完整单词，可以把它加入 words 数组:
    if key == "*":
      words.append(word)
    else: # 如果我们还在一个单词的中间，
      # 就对子节点递归调用这个函数
      self.collectAllWords(childNode, word + key, words)

  return words
```

这个方法特别依赖递归，下面来仔细分析一下。

该方法有 3 个主要参数：node、word 和 words。node 允许指定要开始收集单词的节点。如果不传入任何参数，那么该方法就会从根节点开始，收集整棵字典树的每个单词。

因为参数 word 和 words 也是递归的一部分，所以不需要一开始就指定值。words 默认是一个空数组。随着不断发现字典树中的完整单词，可以把这些字符串添加进该数组，并在函数执行完毕时返回。

word 参数默认是一个空字符串。随着沿字典树移动，我们会不断向 word 中添加字母。在找到"*"后，word 就可以被认为是一个完整单词，可以添加进 words 数组。

接下来分析一下每行代码。

首先，需要设置 currentNode。

```
currentNode = node or self.root
```

除非把其他节点作为第一个参数传入，否则默认情况下 currentNode 将是根节点。暂时假设 currentNode 确实是根节点。

接下来，用一个循环遍历 currentNode 的子哈希表中的所有键-值对。

```
for key, childNode in currentNode.children.items():
```

在每轮循环中，key 总是一个单字母字符串，而值 childNode 则是另一个 TrieNode 实例。

先来看 else 子句，因为 else 部分才是真正神奇的地方。

```
self.collectAllWords(childNode, word + key, words)
```

这一行会递归调用 collectAllWords 函数，并把 childNode 作为第一个参数传入。我们就这样遍历字典树并收集所有单词。我们传入的第二个参数是 word + key。这样随着沿字典树的节点移动，我们不断地把 key 加入当前单词中来慢慢组成单词。第三个参数是 words 数组。通过在每次递归调用时传入这个数组，就可以把完整单词收集到数组中，在遍历字典树的过程中不断完善列表。

基准情形是遇到键"*"的时候，这意味着我们已经找到了一个完整单词。至此，就可以把 word 加入 words 数组了。

```
if key == "*":
    words.append(word)
```

在函数的结尾，返回 words 数组。如果调用函数时没有传入特定节点，那么就会返回字典树的所有单词的列表。

17.6.2　递归过程分析

我们以一棵简单的字典树为例，用图片来分析这个过程。这棵字典树只有两个单词，即"can"和"cat"，如下图所示。

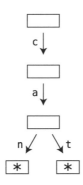

第 1 次调用：在第 1 次调用 collectAllWords 时，currentNode 是根节点，word 是空字符串，words 是一个空数组，如下图所示。

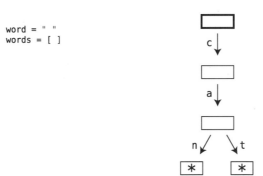

遍历根节点的子键。根节点只有一个子键"c"，它指向了一个子节点。在对子节点递归调用
collectAllWords 之前，需要把当前的调用加入调用栈。

接下来对"c"子节点递归调用 collectAllWords。我们还会把 word + key 作为 word 参数
传入。因为 word 是空字符串，而 key 是"c"，所以 word + key 就是字符串"c"。我们也会传入
words 数组，它目前依然是空数组。下图描述了进行该递归调用之后的情况。

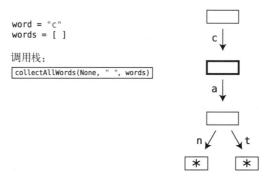

第 2 次调用：遍历当前节点的子键。它只有一个子键"a"。在对该子节点递归调用 collectAllWords
之前，需要把当前调用加入调用栈。在下图中，我们把当前节点叫作"a"节点，表示该节点有一
个子键"a"。

之后递归调用 collectAllWords，传入子节点、"ca"（也就是 word + key）和仍然是空
数组的 words，如下图所示。

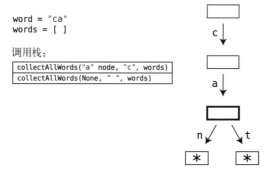

第 3 次调用：遍历当前节点的子键"n"和"t"。从"n"开始。在进行递归调用之前，需要先
把当前调用加入调用栈。在下图中，我们把当前节点叫作"n/t"节点，表示它有两个子键"n"
和"t"。

接下来对子节点"n"调用 collectAllWords，把"can"作为 word 参数传入，并且传入空的
words 数组，如下图所示。

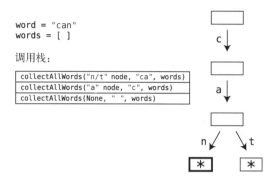

第 4 次调用：遍历当前节点的子键。这里它只有一个子键"*"。这正是基准情形。把当前的 word，也就是"can"加入 words 数组，如下图所示。

$$words = ["can"]$$

第 5 次调用：从调用栈弹出最上面的调用，也就是对拥有子键"n"和"t"的节点进行的 collectAllWords 调用。该调用的 word 是"ca"。这意味着我们已经回到了该调用中（因为我们会回到从调用栈弹出的调用中），如下图所示。

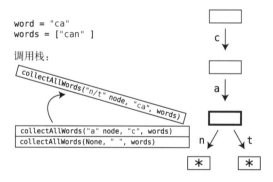

有一点不太容易发现，但是很重要：在当前调用中，word 又变成了"ca"。这是因为它正是一开始进行这个调用时传入的参数。虽然 words 数组在一开始调用的时候还是空数组，但是它现在已经包含了单词"can"。

原因如下：在很多编程语言中，即便向数组中加入新值，数组在内存中仍然是同一个对象。因此数组可以沿着调用栈向上或者向下传递。（这对于哈希表也适用，而这也正是我们在第 12 章中学习记忆化时能把它传递下去的原因。）

然而在修改字符串时，计算机会新建一个字符串，而不是修改原来的字符串对象。因此，当把 word 从"ca"变为"can"时，前一次调用仍然只能访问到原来的字符串"ca"。（某些语言可能不太一样，不过对我们来说大致如此。）

无论如何，在目前的调用中，words 包含单词"can"，而 word 是"ca"。

第 6 次调用：至此，因为已经遍历过"n"键，所以循环下一步该遍历"t"键了。在对"t"子节点递归调用 collectAllWords 之前，需要把当前调用加入调用栈。(这事实上是第 2 次把该调用加入调用栈。我们之前把它弹出了栈，但现在需要再加入一次。)

当对子节点"t"调用 collectAllWords 时，把"cat"作为 word 参数传入(因为那正是 word + key)，并且传入 words 数组，如下图所示。

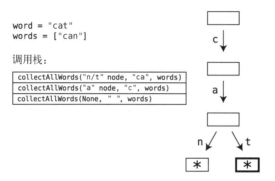

第 7 次调用：遍历当前节点的子键。因为它只有一个子键"*"，所以把当前 word，也就是"cat"加入单词数组，如下图所示。

$$words = ["can", "cat"]$$

至此，我们可以回溯调用栈，弹出并完成每次调用。这些调用最后都会返回 words 数组。最后完成的调用，也就是一开始的调用，也会返回 words。因为现在 words 包含字符串"can"和"cat"，所以我们已经成功地返回了字典树的全部单词。

17.7 完成自动补全功能

我们终于准备好实现自动补全功能了。事实上，我们已经基本完成了所有工作，只需把它们组合起来即可。

下面是一个基本的 autocomplete 方法，可以加入 Trie 类中。

```
def autocomplete(self, prefix):
  currentNode = self.search(prefix)
  if not currentNode:
    return None
  return self.collectAllWords(currentNode)
```

没错，就是这样。通过使用 search 方法和 collectAllWords 方法，可以自动补全任何前缀。原理如下。

autocomplete 方法会以 prefix，也就是用户开始输入的字母字符串为参数。

首先，在字典树中查找 prefix。如果 search 方法在字典树中没能找到该前缀，那么它就会返回 None。不过，如果前缀存在于字典树中，那么该方法就会返回**字典树中表示该前缀最后一个字母的节点**。

先前提到过，本可以让 search 方法在找到单词时简单返回 True。之所以让它返回最后一个字母的节点，是因为这样可以使用 search 方法来完成自动补全功能。

接下来，autocomplete 方法会对 search 方法返回的节点调用 collectAllWords 方法。这会找到从那个节点开始的所有单词，也就是以原来的前缀开始的所有完整单词。

最后，我们的方法会返回一个数组，其中包含用户输入的前缀的所有可能结尾，然后就可以把它作为自动补全选项显示给用户了。

17.8　带有值的字典树：更好的自动补全

仔细想一下的话，你会发现优秀的自动补全并不需要显示用户想输入的**所有**可能单词。因为显示 16 个选项对用户来说可能有点儿过头，所以我们宁可只显示最常用的几个。

如果用户输入了 "bal"，那么可能是 "ball" "bald" 或者 "balance"。用户当然也可能想输入 "balter" 这个晦涩的单词（如果你好奇的话，它的意思是 "笨拙地跳舞"）。不过因为它并不常用，所以很可能**不是**用户想输入的单词。

为了显示最常用的选项，需要在字典树中存储单词的使用频率数据。我们很幸运：这只需对字典树做一点点修改即可。

在当前的字典树实现中，每次设置"*"键时，都会把它的值设为空。这是因为我们只关注"*"键本身，它的值是什么无所谓。

不过，我们可以利用这些值来存储单词的其他数据，比如使用频率。为简单起见，这里把频率限定为 1 和 10 之间的数，1 表示最不常用，10 则表示最常用。

例如，"ball" 就很常用，可以用 10 表示。"balance" 可能没那么常用，可以用 9 表示。"bald" 就更不常用了，可以用 7 表示。因为 "balter" 这个词根本没什么人知道，所以用 1 表示它。可以像下图这样在字典树中表示使用频率。

17

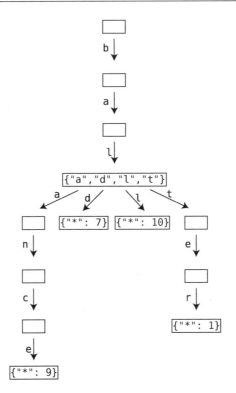

通过为每个"*"键赋值，可以有效地存储每个单词的使用频率。这样在收集字典树中的所有单词时，就可以同时得到它们的使用频率，把单词按使用频率排序。然后就可以选择只显示最常用的单词了。

17.9　小结

至此，本书已经介绍了 3 种树：二叉查找树、堆和字典树。还存在**许多**其他类型的树，比如 AVL 树、红黑树、2-3-4 树，不一而足。每种树的特点和用法都不一样，适用于不同的场景。希望你能去了解这些不同的树。但无论如何，你现在都已经学到了一点：不同的树可以解决不同的问题。

第 18 章将介绍本书的最后一个数据结构——图。你至今为止学习的树的知识会帮助你理解图。图在很多情景中很有用，它们很受欢迎。赶快去看看吧。

习　题

(1) 列出下图的字典树中存储的所有单词。

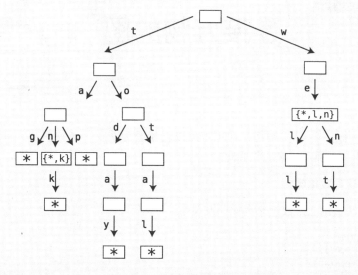

(2) 画出包含下列单词的字典树："get""go""got""gotten""hall""ham""hammer""hill"和"zebra"。

(3) 编写一个函数，遍历字典树的每个节点，并打印包括"*"在内的所有键。

(4) 编写一个**自动纠错**函数，来把用户的错误拼写改为正确的单词。该函数以用户输入的文本字符串为参数。如果用户输入的字符串**不在**字典树中，那么函数就会返回另一个单词，该单词和用户输入的字符串有最长的公共前缀。

假设字典树中包含单词"cat""catnap"和"catnip"。如果用户不小心输入了"catnar"，那么函数就应该返回和"catnar"有最长公共前缀的"catnap"。这是因为两个单词都有"catna"前缀，这个前缀包含 5 个字母。因为"catnip"和"catnar"的公共前缀"catn"只有 4 个字母，所以它并不合适。

再举一个例子：如果用户输入了"caxasfdij"，那么函数就可能返回"cat""catnap"和"catnip"中的任何一个。这是因为它们都和用户的错误输入有着相同的公共前缀"ca"。

如果用户输入的字符串存在于字典树中，那么函数就会返回这个单词本身。因为我们只想自动纠错而不是提示前缀可能的结尾，所以即便用户输入的不是完整单词，也直接返回它。

17

连接万物的图

假设我们要构建一个社交网络，让用户可以互相成为朋友。这种朋友关系是相互的：如果 Alice 是 Bob 的朋友，那反过来也是如此。

该怎样存储这种数据呢？

一种基本方法是用二维数组来存储朋友关系。

```
friendships = [
  ["Alice", "Bob"],
  ["Bob", "Cynthia"],
  ["Alice", "Diana"],
  ["Bob", "Diana"],
  ["Elise", "Fred"],
  ["Diana", "Fred"],
  ["Fred", "Alice"]
]
```

每个子数组都包含两个名字，表示这两个人是朋友。

不幸的是，这种方法无法快速给出 Alice 的朋友列表。如果仔细观察，就能看出 Alice 与 Bob、Diana 和 Fred 都是朋友。但是，如果要让计算机来判断，那么因为 Alice 有可能出现在任何一个子数组中，所以它必须梳理列表中的所有朋友关系。这需要 $O(N)$ 步，效率很低。

但幸运的是，还有一种**更好**的方法。使用**图**这种数据结构，可以在 $O(1)$ 时间内找到 Alice 的所有朋友。

18.1 图

图是一种擅长表示关系的数据结构，它直观地表示了数据之间的连接方式。

上述社交网络可以用下面的图来表示。

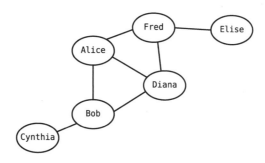

每个用户都用一个节点表示，而每条线都表示其连接的两个用户是朋友。因为 Alice 的节点与 Bob、Diana 和 Fred 的节点相连，所以 Alice 和这 3 个人是朋友。

18.1.1　图和树

你可能注意到了，图和前几章介绍的树看起来很相似。事实上，**树也是一种图**。两种数据结构都包含互相连接的节点。

那图和树有什么区别呢？

区别在于：虽然所有树都是图，但图未必都是树。

特别地，树中不能有**环**，并且所有节点都必须是**连通**的。下面来看看这两个词的意思。

图中的节点有可能构成**环**。这些节点可以循环引用彼此。在上面的例子中，Alice 是 Diana 的朋友，Diana 又和 Bob 相连，而 Bob 和 Alice……也是朋友。这 3 个节点就形成了一个环。

而树则不能有环。如果一个图中存在环，它就不是树。

树还有一个特有的性质，就是每个节点都和所有其他节点直接或间接相连。但图有可能不完全相连。

请看下图。

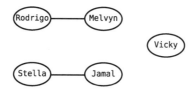

这个社交网络有两对朋友。但是这两对朋友互相都不是朋友。此外，因为 Vicky 可能刚刚注册，所以她还没有任何朋友。但是树不能有和其他部分都不相连的节点。

18.1.2　图的术语

图有一些自己的术语。我们习惯了把每项数据叫作**节点**，但是用"图的方式"来说，每个节点叫作一个**顶点**。而顶点间的连线也有另一个名字：**边**。由一条边相连的顶点称作**相邻**顶点。有些人也会把相邻顶点称作**邻居**。

在 18.1 节的图中，因为顶点 "Alice" 和 "Bob" 有一条边相连，所以它们是相邻的。

前面提过，图的顶点有可能没有和任何顶点相连。但是，如果图中的**所有**顶点都以某种方式互相连接，我们就称它为**连通图**。

18.1.3　图的基本实现

考虑到代码结构，我们会用面向对象的类来表示图。但是有一点值得一提：也可以用哈希表（参见第 8 章）来表示基本的图。下面是用哈希表表示社交网络的基本 Ruby 实现。

```
friends = {
  "Alice" => ["Bob", "Diana", "Fred"],
  "Bob" => ["Alice", "Cynthia", "Diana"],
  "Cynthia" => ["Bob"],
  "Diana" => ["Alice", "Bob", "Fred"],
  "Elise" => ["Fred"],
  "Fred" => ["Alice", "Diana", "Elise"]
}
```

使用图，可以在 $O(1)$ 步之内找到 Alice 的朋友。这是因为只用 1 步就可以在哈希表中找到任意键的值。

```
friends["Alice"]
```

这样就得到了包含 Alice 所有朋友的数组。

18.2　有向图

在某些社交网络中，关系**不是**相互的。例如，Alice 可以在某个社交网络中关注 Bob，但 Bob 不一定要关注 Alice。可以用一个新图来表示这种关注关系，如下图所示。

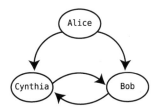

这就是**有向图**。在这个例子中，箭头表示关系的**方向**。Alice 同时关注了 Bob 和 Cynthia，但二人并未关注 Alice。还可以看出，Bob 和 Cynthia 关注了彼此。

仍然可以用上面的简单的哈希表来存储这些数据。

```
followees = {
  "Alice" => ["Bob", "Cynthia"],
  "Bob" => ["Cynthia"],
  "Cynthia" => ["Bob"]
}
```

唯一的区别在于，这里用数组表示每个人**关注**的对象。

18.3 面向对象的图实现

前面介绍了如何用哈希表实现图，接下来会采用面向对象实现。

下面是 Ruby 中图的面向对象实现的基础版本。

```
class Vertex
  attr_accessor :value, :adjacent_vertices

  def initialize(value)
    @value = value
    @adjacent_vertices = []
  end

  def add_adjacent_vertex(vertex)
    @adjacent_vertices << vertex
  end
end
```

Vertex 类有两个主要属性，即 value 和 adjacent_vertices 数组。在社交网络的例子中，每个顶点表示一个用户，value 可能是一个包含该用户姓名的字符串。在更复杂的应用中，我们可能会在一个顶点中存储多项数据，比如用户的其他账户信息。

adjacent_vertices 数组包含和该顶点相连的所有顶点。可以用 add_adjacent_vertex 方法来为已知顶点添加一个新的相邻顶点。

可以像下面这样使用这个类来构建一个表示关注关系的有向图。

```
alice = Vertex.new("alice")
bob = Vertex.new("bob")
cynthia = Vertex.new("cynthia")

alice.add_adjacent_vertex(bob)
alice.add_adjacent_vertex(cynthia)
bob.add_adjacent_vertex(cynthia)
cynthia.add_adjacent_vertex(bob)
```

结果如下图所示。

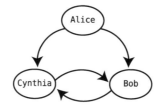

假设要构建一个**无向**的社交网络图（所有关系都是双向的），那么如果把 Bob 加入 Alice 的朋友列表中，则也应该自动把 Alice 加入 Bob 的朋友列表中。

为此，需要像下面这样修改 add_adjacent_vertex 方法。

```
def add_adjacent_vertex(vertex)
  return if adjacent_vertices.include?(vertex)
  @adjacent_vertices << vertex
  vertex.add_adjacent_vertex(self)
end
```

假设对 Alice 调用这个方法，把 Bob 加入她的朋友列表中。和修改前的函数一样，用 @adjacent_vertices << vertex 来把 Bob 加入 Alice 的@adjacent_vertices 列表中。但是，之后需要对 Bob 的顶点调用同一方法，也就是 vertex.add_adjacent_vertex(self)。这样会把 Alice 也加入 Bob 的朋友列表中。

因为 Alice 和 Bob 会不断地互相调用 add_adjacent_vertex，所以这会产生无限循环。因此，我们加入了 return if adjacent_vertices.include?(vertex)这一行代码：如果 Bob 已经在 Alice 的朋友列表中，那么它就会提前结束方法。

为了使讨论简单，之后都使用连通图（也就是所有顶点都以某种方式互相连接）。这样用这一个 Vertex 类就可以实现后面要讨论的算法了。基本来说，在连通图中，如果能访问一个顶点，那么因为所有顶点都是相连的，所以可以从它出发找到所有其他顶点。

但是有一点很重要：如果我们的图不连通，那么从一个顶点出发，可能找不到所有顶点。在此情况下，需要把所有顶点存储在一个额外数据结构（比如数组）中。这样才能访问所有顶点。（用一个单独的 Graph 类来包含这个数组在图的实现中很常见。）

相邻列表和相邻矩阵

我们的实现用一个简单的列表（以数组表示）来存储顶点的相邻顶点。这种方法也被称为**相邻列表**。

但还有一种方法需要了解：使用二维数组来代替列表。这种方法也被称为**相邻矩阵**，它在特定情况下是更好的选择。

两种方法都很常用，但因为相邻列表更加直观，所以本书决定使用它。不过，你也可以学习一下相邻矩阵，因为它很有用也很有趣。

18.4 图的搜索

图最常用的操作之一是搜索特定顶点。

在使用图的时候，"搜索"有几种含义。图的"搜索"的最简单的含义就是找到图中某处特定顶点。这和在数组中查找一个值，或者在哈希表中查找键-值对类似。

不过，图的**搜索**还有一种更具体的含义：**如果可以访问图的一个顶点，那么需要找到另一个和它以某种方式相连的顶点。**

以下图的社交网络为例。

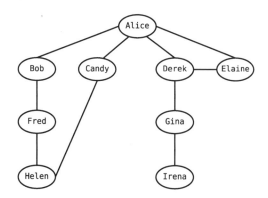

假设我们目前可以访问 Alice 的顶点。如果要搜索 Irena，那么意思就是找一条从 Alice 到 Irena 的路径。

有趣的是，可以从图中看出两条**不同**的路径。

其中较短的一条如下图所示，非常明显。

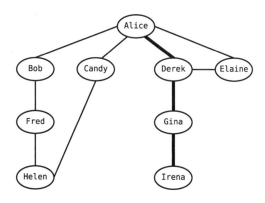

换言之，可以按以下顺序从 Alice 找到 Irena。

Alice → Derek → Gina → Irena

不过还可以绕一点儿路，如下图所示。

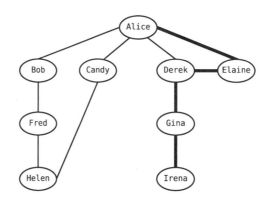

这条更长的路径如下。

Alice → Elaine → Derek → Gina → Irena

路径是一个正式的术语，表示从一个顶点到另一个顶点的某种边的序列。

图的搜索（现在你知道它是指从一个顶点找到另一个顶点了）有很多使用情景。

可能其中最明显的应用就是在连通图中搜索特定顶点。在此情况下，即便只能访问一个随机顶点，搜索也可以找到图中的**任意**顶点。

图的搜索的另一个用途是判断两个顶点是否相连。例如，我们可能想知道 Alice 和 Irena 在这个网络中是否以某种方式相连。搜索可以给出这个问题的答案。

即便不是寻找特定顶点，搜索也有其他用途。我们可以用搜索来遍历图。如果需要对图的每个顶点都进行特定操作，那么遍历就会很有用。你很快就会学到该怎么做。

18.5　深度优先搜索

图的搜索有两种著名的方法：**深度优先搜索**和**广度优先搜索**。两种方法都可以完成我们的任务，但是它们在特定场合有着不同的优势。先来介绍深度优先搜索，简称 DFS。它和 15.7 节讨论过的二叉树遍历算法很相似。事实上，它**也**正是 10.5 节介绍过的文件系统遍历的基本算法。

正如前面提到的，图的搜索可以用于找一个特定的顶点，或者遍历图。因为用深度优先搜索遍历图的算法稍微简单一些，所以先从它开始介绍。

图的搜索算法的关键在于记录已经访问过的顶点。如果不这样做，就可能出现无限循环。以下图为例。

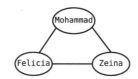

在本例中，Mohammad 和 Felicia 是朋友，后者刚好也是 Zeina 的朋友。而 Zeina 和 Mohammad 也是朋友。因此，如果不记录已经遍历过的节点，那么代码就会进入无限循环。

因为树没有环，所以在进行树的遍历（或者文件系统遍历）时就不会有这个问题。但因为图可以有环，所以我们需要解决这个问题。

一种记录访问过的顶点的方法是使用哈希表。随着访问每个顶点，我们会把顶点（或者它的值）作为键插入哈希表中，并赋予它任意值，比如布尔值 true。如果一个顶点已经存在于哈希表中，那么就说明已经访问过它了。

以此为基础，深度优先搜索算法的步骤如下。

(1) 从图的任意顶点开始。

(2) 把当前顶点加入哈希表中以表示已经访问过它。

(3) 遍历当前顶点的所有相邻顶点。

(4) 对于每个相邻顶点，如果它已经被访问过，就跳过它。

(5) 如果相邻顶点还**没有**被访问过，就对该顶点递归进行深度优先搜索。

18.5.1　深度优先搜索步骤详解

来具体看看这一过程。

在下文中，我们从 Alice 开始。在下图中，用线围住的顶点就是当前顶点，而在其上打钩表示已经访问过该顶点（并且加入了哈希表中）。

第 1 步：从 Alice 开始，为该顶点打上对钩，来表示已经正式访问过她，如下图所示。

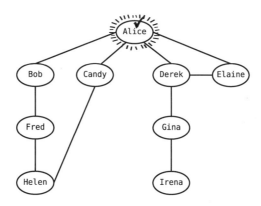

然后用一个循环来遍历 Alice 的邻居，也就是 Bob、Candy、Derek 和 Elaine。

因为遍历邻居的顺序不重要，所以我们从 Bob 开始。他看起来人还不错。

第 2 步：对 Bob 进行深度优先搜索。注意，因为目前还在执行 Alice 的深度优先搜索，所以这是递归调用。

和其他递归一样，因为计算机需要记录目前执行的函数调用，所以先把 Alice 加入调用栈，如下图所示。

接下来就可以对 Bob 进行深度优先搜索了。现在 Bob 是当前顶点，我们把他标记为已访问，如下图所示。

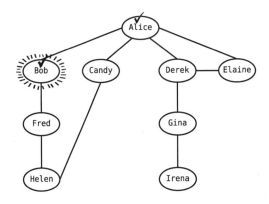

接着遍历 Bob 的相邻顶点 Alice 和 Fred。

第 3 步：因为已经访问过 Alice，所以可以跳过她。

第 4 步：这样就只剩下一个邻居 Fred 了。我们对 Fred 的顶点调用深度优先搜索函数。计算机会先把 Bob 加入调用栈来记录它仍然在执行 Bob 的搜索过程中，如下图所示。

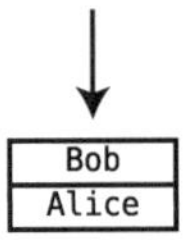

接下来对 Fred 进行深度优先搜索。因为他现在是当前顶点，所以像下图这样把他标记为已访问。

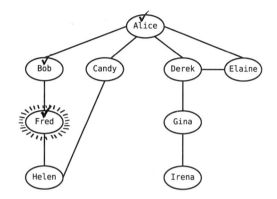

再来遍历 Fred 的相邻顶点 Bob 和 Helen。

第 5 步：因为已经访问过 Bob，所以我们跳过他。

第 6 步：现在只剩下一个相邻顶点 Helen 了。因为要对 Helen 进行深度优先搜索，所以计算机需要先把 Fred 加入调用栈，如下图所示。

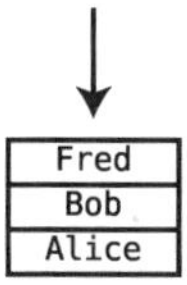

现在开始对 Helen 进行深度优先搜索。因为她是当前顶点，所以把她标记为已访问，如下图所示。

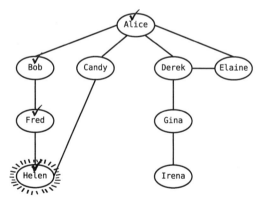

Helen 有两个相邻顶点 Fred 和 Candy。

第 7 步：因为已经访问过 Fred，所以可以跳过他。

第 8 步：因为还未访问过 Candy，所以对她递归调用深度优先搜索。不过首先，计算机需要把 Helen 加入调用栈，如下图所示。

18

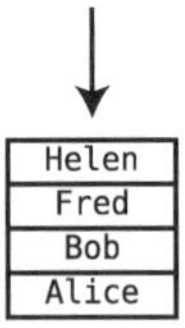

| Helen |
| Fred |
| Bob |
| Alice |

接下来对 Candy 进行深度优先搜索。她现在是当前顶点,我们把她标记为已访问,如下图所示。

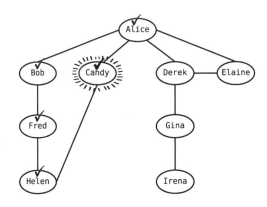

Candy 有两个相邻顶点 Alice 和 Helen。

第 9 步:因为已经访问过 Alice,所以可以跳过她。

第 10 步:因为已经访问过 Helen,所以也可以跳过她。

因为 Candy 没有其他邻居,所以我们就结束了对 Candy 的深度优先搜索。至此,计算机可以开始沿着调用栈回调。

计算机首先从调用栈中弹出 Helen。因为已经遍历过她所有的邻居,所以对她的深度优先搜索结束了。

计算机随后从调用栈中弹出 Fred。因为同样已经遍历过他所有的邻居,所以对他的搜索也结束了。

计算机又从调用栈中弹出 Bob,但对他的搜索也结束了。

计算机接着从调用栈中弹出 Alice。我们目前仍然在循环遍历 Alice 的邻居。循环已经遍历过 Bob。(也就是第 2 步。)这样就还剩下 Candy、Derek 和 Elaine。

第 11 步:因为已经访问过 Candy,所以没必要再对她进行搜索了。

不过,我们还没有访问过 Derek 或 Elaine。

第 12 步:继续对 Derek 进行深度优先搜索。计算机又一次把 Alice 压入调用栈,如下图所示。

现在开始对 Derek 进行深度优先搜索。因为 Derek 是当前顶点，所以把他标记为已访问，如下图所示。

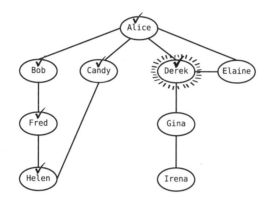

Derek 有 3 个相邻顶点：Alice、Elaine 和 Gina。

第 13 步：因为已经访问过 Alice，所以不用再对她进行搜索。

第 14 步：接下来访问 Elaine，并对她的顶点进行深度优先搜索。在此之前，计算机需要把 Derek 压入调用栈，如下图所示。

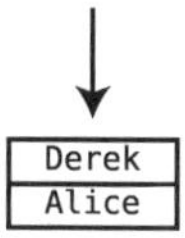

现在对 Elaine 进行深度优先搜索。我们把 Elaine 标记为已访问，如下图所示。

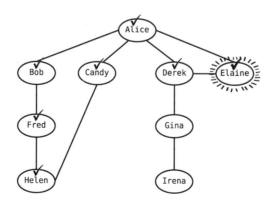

Elaine 有两个相邻顶点：Alice 和 Derek。

第 15 步：因为已经访问过 Alice，所以不用再对她进行搜索。

第 16 步：Derek 也已经访问过了。

因为已经遍历了 Elaine 的所有邻居，所以我们的搜索就结束了。计算机随后会把 Derek 从调用栈中弹出，并且循环遍历他其他的相邻顶点。这时，Gina 就是需要访问的最后一个邻居。

第 17 步：因为从未访问过 Gina，所以我们对她的顶点递归调用深度优先搜索。不过计算机需要先把 Derek 加入调用栈，如下图所示。

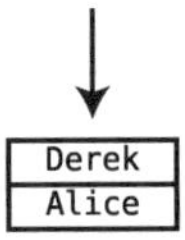

开始对 Gina 进行深度优先搜索，并且把她标记为已访问，如下图所示。

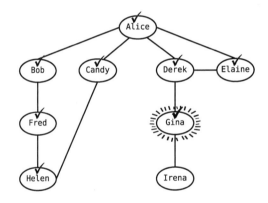

Gina 有两个邻居：Derek 和 Irena。

第 18 步：Derek 已经被访问过了。

第 19 步：Gina 还有一个未被访问的相邻顶点 Irena。Gina 需要被压入调用栈，以便我们对 Irena 递归调用深度优先搜索，如下图所示。

开始对 Irena 进行搜索，并把她标记为已访问，如下图所示。

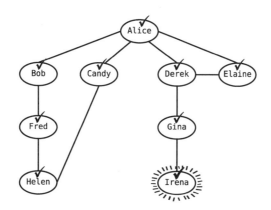

遍历 Irena 的所有邻居。Irena 只有一个邻居 Gina。

第 20 步：Gina 已经被访问过了。

然后计算机就可以回溯调用栈，把顶点一个接一个弹出。不过，因为调用栈上的每个顶点的所有邻居都已被遍历过，所以计算机无须进行更多操作。

这意味着遍历已经完成。

18.5.2 代码实现：深度优先搜索

下面是深度优先搜索的一种实现。

```ruby
def dfs_traverse(vertex, visited_vertices={})
  # 通过把顶点加入哈希表中来把它标记为已访问:
  visited_vertices[vertex.value] = true

  # 打印顶点的值，以便确保遍历正确完成:
  puts vertex.value

  # 遍历当前顶点的相邻顶点:
  vertex.adjacent_vertices.each do |adjacent_vertex|

    # 如果一个顶点已被访问，就跳过它:
    next if visited_vertices[adjacent_vertex.value]

    # 对相邻顶点递归调用这一方法:
    dfs_traverse(adjacent_vertex, visited_vertices)
  end
end
```

这个 dfs_traverse 方法以 vertex 和一个可选的 visited_vertices 哈希表为参数。第一次调用函数时，visited_vertices 为空。随着对顶点的访问，我们会不断用访问过的顶点填充哈希表，并且把哈希表传入递归调用。

函数内的第一项任务是把当前顶点标记为已访问。这需要把它的值加入哈希表。

```
visited_vertices[vertex.value] = true
```

然后可以打印顶点的值，来检查是否确实遍历了它。

```
puts vertex.value
```

接下来要遍历当前顶点的所有相邻顶点。

```
vertex.adjacent_vertices.each do |adjacent_vertex|
```

如果遍历的相邻顶点已被访问，则只需跳过它，进行下一轮循环。

```
next if visited_vertices[adjacent_vertex.value]
```

否则，就对相邻顶点递归调用 dfs_traverse。

```
dfs_traverse(adjacent_vertex, visited_vertices)
```

还需要传入 visited_vertices 哈希表，来确保递归调用能使用它。

如果想用深度优先搜索实际搜索一个顶点，那么可以像下面这样修改这一函数。

```
def dfs(vertex, search_value, visited_vertices={})
  # 如果参数 vertex 刚好是要搜索的顶点，那么就直接返回 vertex：
  return vertex if vertex.value == search_value

  visited_vertices[vertex.value] = true

  vertex.adjacent_vertices.each do |adjacent_vertex|
    next if visited_vertices[adjacent_vertex.value]
    # 如果相邻顶点是要搜索的顶点，那么就直接返回那个顶点：
    return adjacent_vertex if adjacent_vertex.value == search_value

    # 对相邻顶点递归调用这个方法，来尝试寻找要搜索的顶点：
    vertex_were_searching_for =
      dfs(adjacent_vertex, search_value, visited_vertices)

    # 如果上面的递归可以找到正确的顶点，那么就返回这个正确的顶点：
    return vertex_were_searching_for if vertex_were_searching_for
  end

  # 如果没有找到要搜索的顶点：
  return nil
end
```

这一实现同样对每个顶点递归调用自己，但如果找到了正确的顶点，就会返回 vertex_were_searching_for。

18.6　广度优先搜索

广度优先搜索（BFS）是另一种搜索图的方法。和深度优先搜索不同，广度优先搜索**不使用递归**。它用到了我们的老朋友——队列。你可能还记得，队列是一种 FIFO 数据结构，数据先进先出。

下面是广度优先搜索的算法。和深度优先搜索一样，我们主要关注如何用广度优先搜索**遍历**图，也就是访问社交网络例子中的每个顶点。

下面是广度优先遍历的算法。

(1) 从图的任意一个顶点出发。我们称其为"初始顶点"。

(2) 把初始顶点加入哈希表中，从而把它标记为已访问。

(3) 把初始顶点加入队列中。

(4) 开始一个循环。只要队列不为空，循环就会继续执行。

(5) 在循环内部，把队列的第一个顶点退队。我们称其为"当前顶点"。

(6) 遍历当前顶点的所有相邻顶点。

(7) 如果已经访问过相邻顶点，就先跳过它。

(8) 如果相邻顶点还未被访问过，就把它加到哈希表中来标记为已访问，并加入队列中。

(9) 重复这个循环 [从第(4)步开始]，直到队列为空。

18.6.1 广度优先搜索步骤详解

广度优先搜索并不像看起来那么复杂。下面一步步地分析一下这个遍历过程。

以 Alice 为初始顶点。我们会把她标记为已访问，并加入队列中，如下图所示。

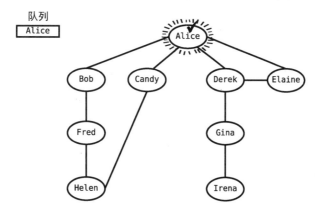

现在开始执行算法的核心部分。

第 1 步：从队列中移除第一个顶点，使其成为当前顶点。因为 Alice 是队列中**唯一**一个元素，所以她就是当前顶点。因此，队列这时实际上是空的。

因为当前顶点是 Alice，所以我们来遍历她的相邻顶点。

第 2 步：从 Bob 开始，把他标记为已访问，添加到队列中，如下图所示。

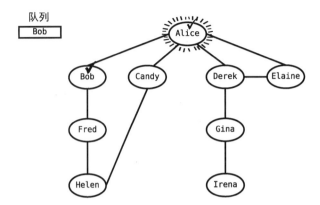

注意：**当前顶点仍然是 Alice**。我们在图中用环绕的线表示当前顶点。但这里还是要把 Bob 标记为已访问，加入队列。

第 3 步：继续访问 Alice 的其他相邻顶点。我们这次选择 Candy，将其标记为已访问并加入队列中，如下图所示。

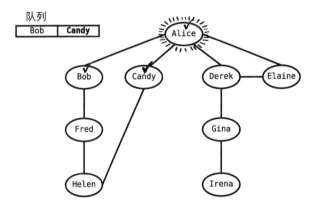

第 4 步：把 Derek 标记为已访问，并加入队列中，如下图所示。

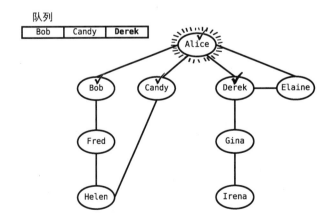

第 5 步：对 Elaine 的处理同第(4)步，如下图所示。

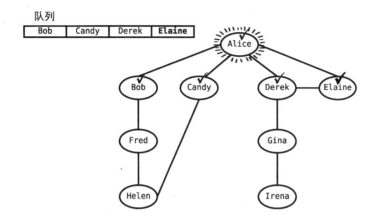

第 6 步：既然现在已经遍历了当前顶点（Alice）的所有邻居，那么就可以从队列中移除第一项，使其成为当前顶点。因为在这个例子中，目前位于队列前端的是 Bob，所以我们把他退队，使其成为当前顶点，如下图所示。

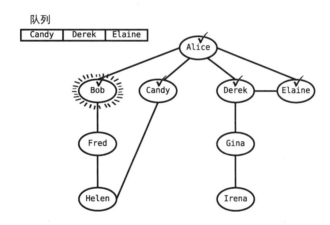

因为 Bob 是当前顶点，所以可以遍历它的所有相邻顶点。

第 7 步：因为已经访问过 Alice，所以可以跳过她。

第 8 步：因为还没有访问过 Fred，所以可以把他标记为已访问，加入队列中，如下图所示。

18

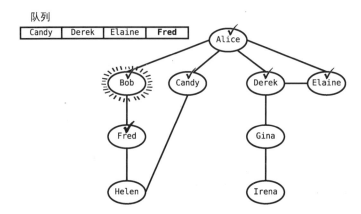

第 9 步：Bob 没有其他相邻顶点了。这意味着可以把队首元素 Candy 退队，使其成为当前顶点，如下图所示。

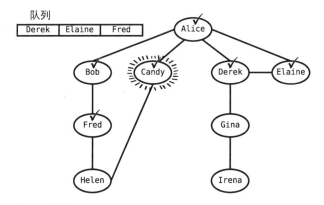

现在遍历 Candy 的相邻顶点。

第 10 步：因为已经访问过 Alice，所以可以再次跳过她。

第 11 步：而 Helen 则没有被访问过。我们把她标记为已访问，加入队列中，如下图所示。

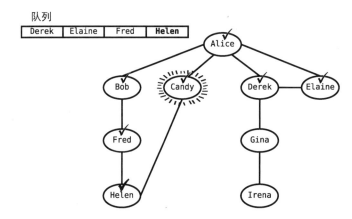

第 12 步：因为已经遍历完 Candy 的相邻顶点，所以可以把队首元素 Derek 退队，使其成为当前顶点，如下图所示。

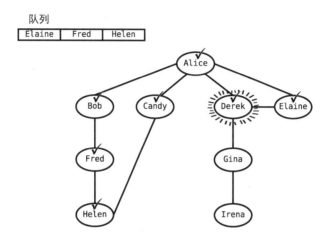

Derek 有 3 个相邻顶点需要遍历。

第 13 步：因为已经遍历过 Alice，所以可以跳过她。

第 14 步：也可以跳过 Elaine。

第 15 步：还剩下一个顶点 Gina，我们把她标记为已访问，加入队列中，如下图所示。

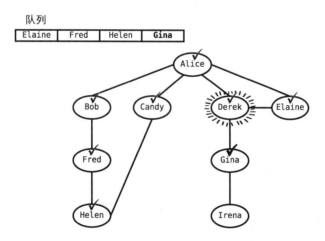

第 16 步：因为已经访问过 Derek 的所有好友，所以可以让 Elaine 退队，使其成为当前顶点，如下图所示。

18

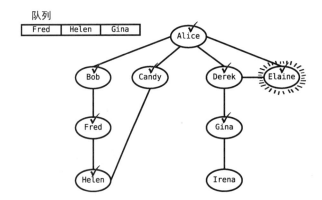

第 17 步：从 Alice 开始遍历 Elaine 的相邻顶点。不过 Alice 已经被访问过了。

第 18 步：Derek 也被访问过了。

第 19 步：把下一个顶点 Fred 退队，使其成为当前顶点，如下图所示。

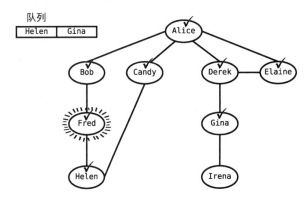

第 20 步：现在遍历 Fred 的邻居。Bob 已经被访问过了。

第 21 步：Helen 也被访问过了。

第 22 步：因为 Helen 目前位于队首，所以可以执行退队，使其成为当前顶点，如下图所示。

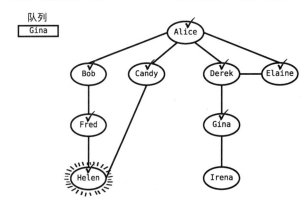

第 23 步：Helen 有两个相邻顶点，其中的 Fred 已被访问过。

第 24 步：Candy 也被访问过了。

第 25 步：把 Gina 从队列退队，使其成为当前顶点，如下图所示。

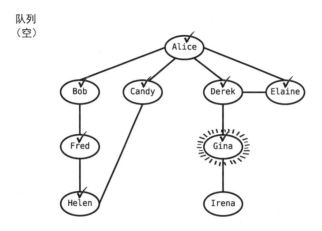

第 26 步：遍历 Gina 的邻居。Derek 已经被访问过了。

第 27 步：因为 Gina 还有一个未被访问的相邻顶点 Irena，所以可以访问 Irena，并把她加入队列中，如下图所示。

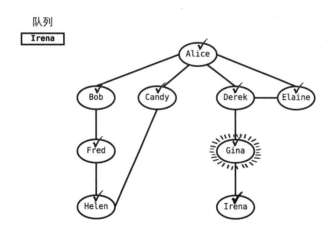

这样就完成了对 Gina 的邻居的遍历。

第 28 步：把队列的第一个（也是唯一一个）人 Irena 退队。她就成了当前顶点，如下图所示。

18

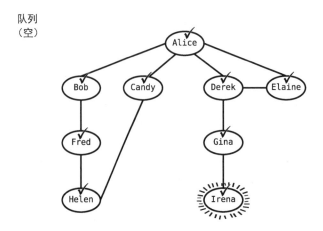

第 29 步：Irena 只有一个相邻顶点 Gina，但 Gina 已经被遍历过了。

现在应该把队列中的下一个元素退队，但是队列已经为空。这意味着遍历已经完成。

18.6.2 代码实现：广度优先搜索

下面是广度优先搜索的代码。

```
def bfs_traverse(starting_vertex)
  queue = Queue.new

  visited_vertices = {}
  visited_vertices[starting_vertex.value] = true
  queue.enqueue(starting_vertex)

  # 当队列不为空时：
  while queue.read

    # 把第一个顶点退队，使其成为当前顶点：
    current_vertex = queue.dequeue

    # 打印当前顶点的值：
    puts current_vertex.value

    # 遍历当前顶点的相邻顶点：
    current_vertex.adjacent_vertices.each do |adjacent_vertex|

      # 如果还没有访问过该相邻顶点：
      if !visited_vertices[adjacent_vertex.value]

        # 就把其标记为已访问：
        visited_vertices[adjacent_vertex.value] = true

        # 把它加入队列中：
        queue.enqueue(adjacent_vertex)
```

```
        end
      end
    end
end
```

`bfs_traverse` 方法以开始搜索的顶点 `starting_vertex` 为参数。

首先创建队列，作为算法的核心。

`queue = Queue.new`

还需要创建 `visited_vertices` 哈希表，在其中记录已经访问过的顶点。

`visited_vertices = {}`

然后把 `starting_vertex` 标记为已访问，并将其加入队列中。

```
visited_vertices[starting_vertex.value] = true
queue.enqueue(starting_vertex)
```

下面的循环会在队列不为空时一直执行。

`while queue.read`

把队列的第一项退队，使其成为当前顶点。

`current_vertex = queue.dequeue`

接下来把顶点的值打印到控制台，来检查遍历是否正确。

`puts current_vertex.value`

之后遍历当前顶点的所有相邻顶点。

`current_vertex.adjacent_vertices.each do |adjacent_vertex|`

每有一个未被访问的相邻顶点，都把它加入哈希表中，标记为已访问，并加入队列中。

```
if !visited_vertices[adjacent_vertex.value]
  visited_vertices[adjacent_vertex.value] = true
  queue.enqueue(adjacent_vertex)
end
```

以上就是广度优先搜索的要点。

18

18.6.3 对比广度优先搜索与深度优先搜索

如果仔细观察广度优先搜索的遍历顺序，你就会发现我们首先遍历了和 Alice 直接相连的顶点。然后逐渐向外扩展，离 Alice 越来越远。而在深度优先搜索中，我们先尽可能地远离 Alice，直到不得不返回她的顶点。

既然有深度优先和广度优先这两种搜索，那么哪一个更好呢？

你可能已经知道答案了：哪一个更好取决于使用场景。在某些场景中，深度优先可能更快，而有些场景则相反。

通常，决定使用哪种搜索的一个主要因素在于图的性质和你要搜索的东西。前面提到过，这里的关键在于：广度优先搜索会先遍历离初始顶点最近的顶点，然后慢慢向外搜索。而深度优先搜索则会先尽可能地远离初始顶点，直到搜索到"死胡同"才返回。

假设我们要在社交网络中寻找一个人的**直接**朋友。例如，我们想在前面的例子中找到 Alice 的所有朋友。我们不关心她的朋友又和谁是朋友，只想知道谁和她有直接的联系。

如果使用广度优先搜索，那么立刻就能找到 Alice 的所有直接朋友（Bob、Candy、Derek 和 Elaine），不用搜索和她"相隔一层"的朋友。

不过，如果使用深度优先搜索，那么就会在找到 Alice 的其他朋友之前，先找到 Fred 和 Helen（这两人都不是 Alice 的朋友）。如果图更大，那么就会浪费更多的时间进行不必要的搜索。

但是，现在场景变了：假设我们的图是一张家谱，如下图所示。

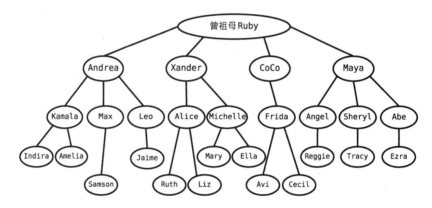

曾祖母 Ruby 是这个温暖大家庭的家长，家谱中列出了她的所有子孙。假设我们知道 Ruth 是 Ruby 的曾孙，并想在图中找到她。

重点来了：如果使用广度优先搜索，那么就必须先遍历 Ruby 所有的子女和孙辈，然后才能找到她的第一位曾孙。

但如果用深度优先搜索，则可以马上移动到图的底部，在几步之内就能找到曾孙一辈。虽然还是需要遍历整幅图才能找到 Ruth，但至少快速找到她是有可能的。而用广度优先搜索则别无选择，必须遍历前两辈的所有人，才能开始搜索曾孙这一辈。

我们总是要思考一个问题：在搜索时究竟是想先尽可能在初始顶点附近搜索，还是想先尽可能远离它？前者适合用广度优先搜索，而后者适合用深度优先搜索。

18.7　图的搜索效率

我们来用大 O 记法分析搜索图的时间复杂度。

无论是深度优先搜索还是广度优先搜索，在最坏的情况下都需要遍历所有顶点。最坏的情况要么是想搜索全图，要么是要搜索的顶点不在图中。还有一种可能：要搜索的顶点刚好就是最后才会检查的顶点。

无论是哪种情况，都需要访问所有顶点。乍一看这是 $O(N)$，其中 N 表示顶点数量。

但是，无论是哪种搜索，在遍历一个顶点时，**都会遍历它所有的相邻顶点**。如果相邻顶点已被访问，那么我们就会跳过它，但是检查它是否被访问过仍然需要 1 步。

因此，每访问一个顶点，都需要花费步数来检查顶点的每个相邻顶点。因为每个顶点的相邻顶点数量都可能不同，所以用大 O 记法来表示似乎有点儿困难。

让我们用一幅简单的图来搞清楚这一点，如下图所示。

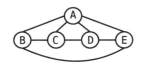

在上图中，顶点 A 有 4 个邻居。而 B、C、D 和 E 都只有 3 个邻居。下面来数一数搜索这幅图需要的步骤数。

首先，至少需要 5 步来访问这 5 个顶点。

然后，对于**每个**顶点，都需要访问它的每个邻居。

这就又需要如下步骤。

A：用 4 步遍历 4 个邻居。
B：用 3 步遍历 3 个邻居。
C：用 3 步遍历 3 个邻居。
D：用 3 步遍历 3 个邻居。
E：用 3 步遍历 3 个邻居。

一共是 16 步。

因此，访问 5 个顶点的 5 步加上遍历相邻顶点的 16 步，共计 21 步。

下图是另一幅同样有 5 个顶点的图。

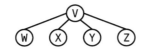

上图有 5 个顶点，但是遍历相邻顶点的步骤数如下。

V：用 4 步遍历 4 个邻居。

W：用 1 步遍历 1 个邻居。

X：用 1 步遍历 1 个邻居。

Y：用 1 步遍历 1 个邻居。

Z：用 1 步遍历 1 个邻居。

一共是 8 步。

5 个顶点加上相邻顶点的 8 步就是 13 步。

上面的两幅图都有 5 个顶点。但是搜索分别用了 21 步和 13 步。

因此，不能简单地用图中顶点的个数来判断，**还需要考虑每个顶点有多少相邻顶点。**

为了有效地描述搜索图的效率，需要使用**两个**变量：一个用来表示图的顶点数，一个用来表示所有顶点的相邻顶点数量之和。

$O(V + E)$

有趣的是，大 O 记法用 V 和 E 而不是 N 来表示这两个变量。

V 的由来很简单：它表示**顶点**（vertex），也就是图中顶点的数量。

而 E 的意思很有趣：它表示**边**（edge），也就是图中边的数量。

计算机科学家把搜索图的效率表示为 $O(V+E)$，意思是它的步骤数等于图中顶点数和边数之和。这个答案不是很直观，下面来分析一下。

特别是在前两个例子中，你会发现 $V+E$ 好像也不太正确。

在 A-B-C-D-E 图中，存在 5 个顶点、8 条边。这加在一起是 13 步，和实际的 21 步不同。

而在 V-W-X-Y-Z 图中，存在 5 个顶点、4 条边。$O(V+E)$ 的结果是 9 步，和实际的 13 步也不同。

出现这个差异的原因在于：$O(V+E)$ 只把每条边考虑了一次，而在实际搜索中，每条边会被使用**不止**一次。

以 V-W-X-Y-Z 图为例，该图一共只有 4 条边。但是 V 和 W 之间的边被使用了两次。当 V 是当前顶点时，我们用这条边找到了它的邻居 W。而当 W 是当前顶点时，我们又用同一条边找到了它的邻居 V。

了解这点后，你就会发现：要准确地描述这幅图的搜索效率，除了计算 5 个顶点，还需要加上以下内容。

2 乘以 V 和 W 之间的边。

2 乘以 V 和 X 之间的边。

2 乘以 V 和 Y 之间的边。

2 乘以 V 和 Z 之间的边。

因为 V 是 5，而每条边被使用了两次，所以结果是 $V + 2E$。

把效率表示成 $O(V + E)$ 的原因就在于**大 O 记法忽略常数**。虽然实际上需要 $V + 2E$ 步，但我们还是把它简单表示为 $O(V + E)$。

因此，虽然 $O(V + E)$ 只是一个近似值，但作为大 O 记法来讲已经足够了。

不过，有一点很清楚：增加边的数量**也会**增加步骤数。毕竟上面的两幅图顶点数相同，而边更多的 A–B–C–D–E 图需要更多步骤。

说到底，$O(V + E)$ 表示的是最坏情况，也就是要搜索的顶点是搜索过程中最后一个访问的点（或者根本就不存在于图中）。这一点对广度优先搜索和深度优先搜索来说都一样。

但前面讲过，根据图的形状以及要搜索的数据不同，需要选择不同的搜索方法，尽可能在遍历整幅图**之前**就找到要搜索的顶点。换言之，使用正确的搜索方法可以降低陷入最坏情况的概率，从而更快找到顶点。

下一节会介绍一种特殊的图。它们有自己的一套搜索方法，可以用来解决一些非常复杂但又实用的问题。

图数据库

因为图处理关系型数据（比如社交网络中的朋友关系）非常高效，所以现实世界的软件应用常常使用一种特殊的**图数据库**来存储这类数据。这些数据库使用了本章中介绍的概念，以及图论的其他知识，来优化处理这类数据的效率。实际上，很多社交网络应用的底层实现也正是使用了图数据库。

Neo4j、ArangoDB 和 Apache Giraph 都是图数据库。如果对图数据库的原理感兴趣，那么可以从这些网站开始学习。

18

18.8　加权图

前面已经介绍了几种不同的图。**加权图**是另一种实用的图，它为图的**边**赋予了额外信息。

下面的加权图是一幅美国主要城市的简单地图。

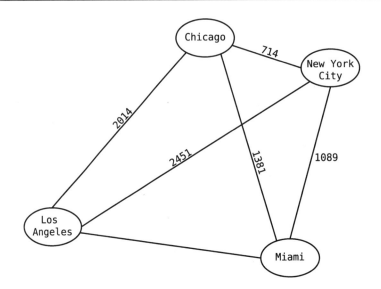

在上图中，每条边都有一个数字，用于表示该边连接的两个城市之间的距离。例如，Chicago 距离 New York City 714 英里[①]。

加权图也可以是有向图。在下图中可以看到：虽然从 Dallas 飞往 Toronto 需要 138 美元，但是从 Toronto 飞往 Dallas 需要 216 美元。

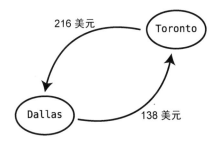

18.8.1　加权图的代码实现

如果要给图加上权重，那么需要对代码做一些修改。一种方法是使用哈希表代替数组来表示相邻顶点。

```
class WeightedGraphVertex
  attr_accessor :value, :adjacent_vertices

  def initialize(value)
    @value = value
    @adjacent_vertices = {}
```

---

① 1 英里 = 1.609 344 千米。——编者注

```
  end

  def add_adjacent_vertex(vertex, weight)
    @adjacent_vertices[vertex] = weight
  end
end
```

可以看出，@adjacent_vertices 不再是数组，而是成了一个哈希表。该表以相邻顶点为键，以该顶点到相邻顶点的距离为值。

在使用 add_adjacent_vertex 方法添加相邻顶点时，需要同时传入相邻顶点和权重。

假设要表示前面的 Dallas 和 Toronto 之间的机票价格，那么可以使用下面的代码。

```
dallas = City.new("Dallas")
toronto = City.new("Toronto")

dallas.add_adjacent_vertex(toronto, 138)
toronto.add_adjacent_vertex(dallas, 216)
```

18.8.2 最短路径问题

加权图不仅可以用来建模分析各种数据集，它们还有很多厉害的算法，可以帮我们分析出很多结果，其中一种算法可以帮我们省钱。

下图展示了 5 个不同城市间的机票价格。

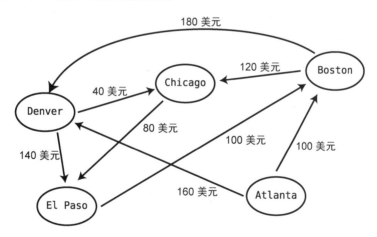

假设我在 Atlanta，想飞往 El Paso。不幸的是，图中没有直飞航线。不过如果我接受转机，那么还是可以成行的。例如，我可以从 Atlanta 飞往 Denver，在 Denver 转机前往 El Paso。但是还有其他转机方案，每种方案价格都不相同。经 Denver 转机的方案需要 300 美元，而经 Denver、Chicago 转机两次的方案只需要 280 美元。

那么问题来了：怎样才能用算法找到**最便宜**的前往目的地的方案呢？假设我们不在乎转机次

数，只想省钱。

这就是**最短路径问题**。这类问题还有别的形式。如果图中的权重是城市间的距离，那么我们可能想找到距离最短的路径。但因为这里权重表示机票价格，所以最短路径就是最便宜的飞行方案。

18.9　迪杰斯特拉算法

有无数算法可以解决最短路径问题，其中最著名的一个当属 Edsger Dijkstra（读作“dike' struh”，艾兹赫尔·迪杰斯特拉）于 1959 年提出的算法。这个算法自然以他的名字命名为**迪杰斯特拉算法**。

在下一节中，我们将用迪杰斯特拉算法找出上面机票例子的最低价方案。

18.9.1　迪杰斯特拉算法的准备工作

首先要知道一件事：迪杰斯特拉算法还有额外收获。在算法结束时，不光能找到 Atlanta 到 El Paso 的最低价机票，还能找到从 Atlanta 到**所有**已知城市的最低价机票。你会发现，算法就是这样运作的，最后能得到所有结果。我们能找到 Atlanta 到 Chicago、Denver 以及其他城市的最低价机票。

在算法开始前，需要用一种方式来存储已知的从出发地到其他城市机票的最低价格。在后文的代码中，将用哈希表来存储这些数据。不过在我们的分析中，将使用下表来直观表示。

从 Atlanta 到	城市 1	城市 2	城市 3	其他城市
?	?	?	?

因为目前唯一已知的城市就是 Atlanta，所以算法会从这个顶点开始。随着不断发现新的城市，我们会把它们加入表中，并记录下 Atlanta 到这些城市的机票的最低价格。

算法完成后，该表会如下所示。

（机票的最低价格）从 Atlanta 到	Boston	Chicago	Denver	El Paso
100 美元	200 美元	160 美元	280 美元

如果用代码表示，就是像下面这样的哈希表。

```
{"Atlanta" => 0, "Boston" => 100, "Chicago" => 200,
"Denver" => 160, "El Paso" => 280}
```

（注意：Atlanta 也在这个哈希表中，其值为 0。为了让算法正常执行，需要在哈希表中加入该项。不过这也很合理：因为你就在 Atlanta，所以从 Atlanta 飞往 Atlanta 当然不用花钱。）

因为上表存储了从出发地城市到其他目的地城市的最低票价，所以我们在代码和后文的叙述中都将称这张表为 `cheapest_prices_table`。

如果只想知道到某地的最低票价，那么 `cheapest_prices_table` 中的数据就足够了。但我们可能还想知道最低票价的飞行方案。换言之，如果要从 Atlanta 飞往 El Paso，那么我们不光想知道最便宜的票价是 280 美元，还想知道这个最低票价的飞行路径，也就是 Atlanta-Denver-Chicago-El Paso。

为此，还需要一张表，即 `cheapest_previous_stopover_city_table`。后文介绍算法时你就会明白这张表的用途了，到时候我会具体解释。现在可以先展示一下算法结束后这张表的样子，如下所示。

从 Atlanta 出发票价最低的上一中转城市	Boston	Chicago	Denver	El Paso
	Atlanta	Denver	Atlanta	Chicago

（注意：这张表也可以使用哈希表来实现。）

18.9.2　迪杰斯特拉算法的步骤

准备工作已经完成了，接下来将介绍迪杰斯特拉算法的步骤。为了叙述清晰，我会用城市来描述算法。你可以把"城市"替换为"顶点"，这样就可以套用到任何加权图了。另外，后面我们会用例子来过一遍算法，到时候你就会更明白了。算法的步骤如下。

(1) 访问初始城市，使其成为"当前城市"。

(2) 检查从当前城市到每个相邻城市的票价。

(3) 如果从初始城市到相邻城市的票价比 `cheapest_prices_table` 中的价格低（或者相邻城市根本就不在 `cheapest_prices_table` 中），那么就采取如下方法。

　　a. 把 `cheapest_prices_table` 中的价格更新为这个新的最低价。
　　b. 以该相邻城市为键，当前城市为值，更新 `cheapest_previous_stopover_city_table`。

(4) 访问从初始城市出发票价最低的未访问城市，使其成为当前城市。

(5) 重复步骤(2)到(4)，直到访问过所有已知城市。

再说一次，用例子详细讲解一遍之后，你就会明白这个算法了。

18

18.9.3　迪杰斯特拉算法详解

下面一步步地讲解一下迪杰斯特拉算法。

一开始，`cheapest_prices_table` 中只有 Atlanta，如下表所示。

从 Atlanta 到

在算法开始时，我们只能访问 Atlanta，还未"发现"其他城市。

第 1 步：正式访问 Atlanta，使其成为 current_city。

在顶点周围画线表示它是 current_city，打钩表示已经访问过该城市，如下图所示。

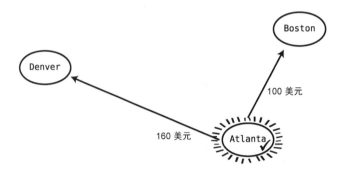

在下面的步骤中，我们会检查 current_city 的每个相邻城市。我们"发现"新城市的过程如下：如果访问的城市有我们不知道的相邻城市，就把它加入地图。

第 2 步：和 Atlanta 相邻的城市是 Boston。可以看到，从 Atlanta 到 Boston 的票价是 100 美元。接着，检查 cheapest_prices_table，看看这是否是两地之间已知的最低票价。但是表中并没有记录从 Atlanta 到 Boston 的**任何**票价。也就是说，100 美元（暂时）是从 Atlanta 到 Boston 的最低票价，因此把它加入 cheapest_prices_table 中，如下表所示。

从 Atlanta 到	Boston
	100 美元

因为我们更新了 cheapest_prices_table，所以还需要修改 cheapest_previous_stopover_city_table。我们以相邻城市 Boston 为键，以 current_city 为值，如下表所示。

从 Atlanta 出发票价最低的上一中转城市	Boston
	Atlanta

这项数据的意思是：要想用已知的最低价格（100 美元）从 Atlanta 飞往 Boston，Boston 的**前一站**就必须是 Atlanta。因为我们目前只知道这一种前往 Boston 的途径，所以上面一句话显然正确。不过，后面你就会知道为什么需要这第二张表了。

第 3 步：虽然已经检查过了 Boston，但是 Atlanta 还有一个相邻城市——Denver。我们会检查 160 美元是否是从 Atlanta 到 Denver 的最低票价，但是因为 Denver 也还不在 cheapest_prices_table 中，所以把它作为已知的最低票价加入表中，如下表所示。

从 Atlanta 到	Boston	Denver
	100 美元	160 美元

然后把 Denver 和 Atlanta 这一键-值对加入 cheapest_previous_stopover_city_table 中，如下表所示。

从 Atlanta 出发票价最低的上一中转城市	Boston	Denver
	Atlanta	Atlanta

第 4 步：至此，因为已经检查完 Atlanta 的所有相邻城市，所以该去下一个城市了。但需要确定下一步去哪儿。

在之前提过的算法步骤中，我们只访问还未访问过的城市。此外，在未访问的城市中，总是选择先去**从初始城市出发**票价最低的城市。从 cheapest_prices_table 中可以得到这一数据。

在我们的例子中，现在唯一知道的尚未访问的城市就是 Boston 和 Denver。通过比对 cheapest_prices_table，可以看出从 Atlanta 到 Boston 比到 Denver 便宜，所以我们下一步访问 Boston。

第 5 步：访问 Boston，使其成为 current_city，如下图所示。

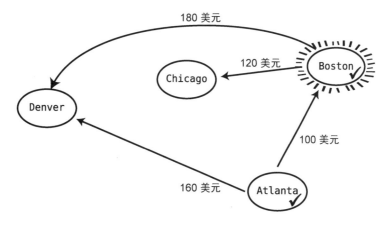

接下来检查 Boston 的相邻城市。

第 6 步：Boston 有两个相邻城市，即 Chicago 和 Denver。（因为无法从 Boston 飞往 Atlanta，所以 Atlanta 不算。）

那么该先访问 Chicago 还是 Denver 呢？因为我们想要先访问从 Atlanta 飞过去票价最低的城市，所以需要计算一下。

从 Boston 到 Chicago 需要 120 美元。从 cheapest_prices_table 中可以看出，Atlanta 到 Boston 的最低票价是 100 美元。因此，从 Atlanta 飞往 Chicago，并以 Boston 为上一中转城市的最低票价是 220 美元。

18

因为这是目前从 Atlanta 到 Chicago 的唯一航线，所以把它加入 cheapest_prices_table 中。我们把它插入表中间，来让下表中的城市按字母顺序排列。

从 Atlanta 到	Boston	Chicago	Denver
	100 美元	220 美元	160 美元

因为我们修改了这张表，所以还需要修改 cheapest_previous_stopover_city_table。我们总是以相邻城市作为键，以 current_city 作为值。更新后的表如下所示。

从 Atlanta 出发票价最低的上一中转城市	Boston	Chicago	Denver
	Atlanta	Boston	Atlanta

分析过 Chicago 之后，来看看 Denver。

第 7 步：现在来看 Boston 和 Denver 之间的边，其票价是 180 美元。因为从 Atlanta 到 Boston 的最低票价是 100 美元，所以从 Atlanta 前往 Denver，并以 Boston 为上一中转城市的航线最低票价是 280 美元。

这就很有意思了：在 cheapest_prices_table 中，从 Atlanta 到 Denver 的最低票价是 160 美元，比 Atlanta-Boston-Denver 航线要便宜。因此，我们不会修改任何一张表。也就是说，从 Atlanta 到 Denver 的已知最低票价仍然是 160 美元。

因为我们已经检查过 Boston 的所有相邻城市，所以已经完成了这一步，可以访问下一个城市了。

第 8 步：目前已知的未访问城市是 Chicago 和 Denver。重申一遍：我们下一个要访问的城市是从初始城市（Atlanta）出发票价最低的城市。必须时刻留意这一点。

根据 cheapest_prices_table，因为从 Atlanta 到 Denver（160 美元）比到 Chicago（220 美元）更便宜，所以接下来访问 Denver，如下图所示。

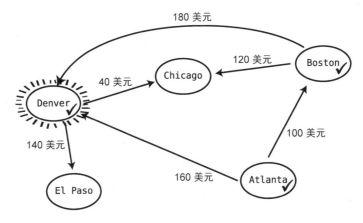

接下来，检查 Denver 的相邻城市。

第 9 步：Denver 有两个相邻城市，即 Chicago 和 El Paso。接下来该访问哪一个呢？为了回答这一问题，需要分析到两个城市的票价。先从 Chicago 开始。

从 Denver 飞往 Chicago 只要 40 美元。（真便宜！）因为从 Atlanta 到 Denver 的最低票价是 160 美元，所以从 Atlanta 到 Chicago，并以 Denver 为上一中转城市的最低票价是 200 美元。

而在 `cheapest_prices_table` 中，目前从 Atlanta 到 Chicago 的最低票价是 220 美元。这意味着我们刚刚发现的经 Denver 中转的航线更加便宜，可以更新 `cheapest_prices_table` 了，如下表所示。

从 Atlanta 到	Boston	Chicago	Denver
	100 美元	200 美元	160 美元

每次更新 `cheapest_prices_table`，都需要同步更新 `cheapest_previous_stopover_city_table`。我们以相邻城市（Chicago）为键，以 `current_city`（Denver）为值。不过这里 Chicago 作为键已经存在了，需要把它的值从 Boston 改为 Denver，如下表所示。

从 Atlanta 出发票价最低的上一中转城市	Boston	Chicago	Denver
	Atlanta	Denver	Atlanta

这个改动的意思是，如果想用最便宜的价格从 Atlanta 飞往 Chicago，那么最后一段就需要从 Denver 转机到 Chicago。换言之，Denver 必须是倒数第二站。只有这样才能节省最多开销。

你稍后就会看到，这个信息有助于确定从 Atlanta 到目的地城市的路径。再坚持一下，已经快到这个部分了。

第 10 步：Denver 还有一个相邻城市——El Paso。从 Denver 到 El Paso 的航班票价是 140 美元。我们现在可以算出从 Atlanta 到 El Paso 的第一个票价了。`cheapest_prices_table` 告诉我们从 Atlanta 到 Denver 的最低票价是 160 美元。如果从 Denver 再前往 El Paso，就要再加上 140 美元。这样从 Atlanta 飞往 El Paso 一共需要 300 美元。可以把这个值加入 `cheapest_prices_table` 中，如下表所示。

从 Atlanta 到	Boston	Chicago	Denver	El Paso
	100 美元	200 美元	160 美元	300 美元

还需要把 El Paso-Denver 这一键-值对加入 `cheapest_previous_stopover_city_table` 中，如下表所示。

从 Atlanta 出发票价最低的上一中转城市	Boston	Chicago	Denver	El Paso
	Atlanta	Denver	Atlanta	Denver

和以前一样，这个键-值对告诉我们：如果要从 Atlanta 飞往 El Paso，最便宜的方法需要以 Denver 为倒数第二站。

18

因为已经检查过 current_city 的相邻城市，所以该访问下一个城市了。

第 11 步：现在有两个已知的未访问城市，即 Chicago 和 El Paso。因为从 Atlanta 飞往 Chicago（200 美元）比飞往 El Paso（300 美元）便宜，所以接下来访问 Chicago，如下图所示。

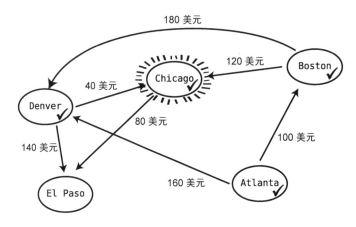

第 12 步：Chicago 只有一个相邻城市 El Paso，航班票价是 80 美元（还可以）。有了这个信息，就可以计算从 Atlanta 到 El Paso，并以 Chicago 为倒数第二站的航线的最低票价了。

cheapest_prices_table 显示，从 Atlanta 到 Chicago 的最低票价是 200 美元。因此，从 Atlanta 到 El Paso，并以 Chicago 为倒数第二站的航线的最低票价需要在此基础上再加上 80 美元，也就是 280 美元。

等一下！这可比目前已知的从 Atlanta 到 El Paso 的最低票价便宜。在 cheapest_prices_table 中，这个最低票价目前是 300 美元。但如果从 Chicago 飞过去，票价就是 280 美元，比 300 美元便宜。

因此，需要更新 cheapest_prices_table，来体现新发现的到 El Paso 的便宜航线，如下表所示。

从 Atlanta 到	Boston	Chicago	Denver	El Paso
	100 美元	200 美元	160 美元	280 美元

还需要以 El Paso 为键，以 Chicago 为值，更新 cheapest_previous_stopover_city_table，如下表所示。

从 Atlanta 出发票价最低的上一中转城市	Boston	Chicago	Denver	El Paso
	Atlanta	Denver	Atlanta	Chicago

因为 Chicago 没有其他相邻城市，所以可以去访问下一个城市了。

第 13 步：因为 El Paso 是仅剩的未访问城市了，所以以它为 current_city，如下图所示。

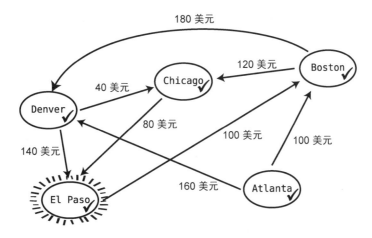

第 14 步：El Paso 只有一条出港航线前往 Boston，票价为 100 美元。根据 `cheapest_prices_table`，从 Atlanta 到 El Paso 的最低票价是 280 美元。如果以 El Paso 为倒数第二站，从 Atlanta 飞往 Boston，总价就是 380 美元。因为这比目前已知的从 Atlanta 到 Boston 的最低票价（100 美元）要贵，所以不需要更新任何表。

因为已经访问过每个已知城市，所以我们获得了足够找到从 Atlanta 到 El Paso 票价最低的飞行方案的信息。

18.9.4　找到最短路径

如果只想知道从 Atlanta 到 El Paso 的最低票价，那么从 `cheapest_prices_table` 就可以看出，这个价格是 280 美元。但如果想找到匹配该票价的飞行路径，则还需要做一件事。

还记得 `cheapest_previous_stopover_city_table` 吗？现在就该用到它里面的数据了。

目前，`cheapest_previous_stopover_city_table` 的内容如下表所示。

从 Atlanta 出发票价最低的上一中转城市	Boston	Chicago	Denver	El Paso
	Atlanta	Denver	Atlanta	Chicago

可以由这张表来反向推断出从 Atlanta 到 El Paso 的路径。

先来看 El Paso，它的值是 Chicago。这意味着从 Atlanta 到 El Paso 票价最低的路径需要以 Chicago 为**倒数第二站**。把这个信息写下来。

```
Chicago -> El Paso
```

如果在 `cheapest_previous_stopover_city_table` 中查找 Chicago，就会发现它的值是 Denver。这意味着从 Atlanta 到 Chicago 票价最低的路径需要以 Denver 为倒数第二站。

```
Denver -> Chicago -> El Paso
```

18

如果接着在 cheapest_previous_stopover_city_table 中查找 Denver，就会发现从 Atlanta 到 Denver 最便宜的方式是直飞。

```
Atlanta -> Denver -> Chicago -> El Paso
```

因为 Atlanta 就是出发地，所以这就是从 Atlanta 到 El Paso 最便宜的路径。

下面来回顾一下找到最便宜路径的逻辑。

cheapest_previous_stopover_city_table 包含了从 Atlanta 到每个目的地票价最低的路径上倒数第二站的信息。

因此，从这张表可以看出，要想用最低的价格从 Atlanta 飞往 El Paso，需要……

❑ ……从 Chicago 直飞 El Paso，并且……
❑ ……从 Denver 直飞 Chicago，并且……
❑ ……从 Atlanta 直飞 Denver……

也就是如下路径。

```
Atlanta -> Denver -> Chicago -> El Paso
```

就这样。哇哦!

18.9.5　代码实现：迪杰斯特拉算法

在用 Ruby 实现这个算法前，需要先实现一个 City 类。它和前面的 WeightedGraphVertex 类差不多，但是使用了 routes 和 price 这样的变量名。这可以让代码读起来（多少）简单一些。

```ruby
class City
  attr_accessor :name, :routes

  def initialize(name)
    @name = name
    @routes = {}
  end

  def add_route(city, price)
    @routes[city] = price
  end
end
```

可以用下面的代码设置好上面的例子。

```ruby
atlanta = City.new("Atlanta")
boston = City.new("Boston")
chicago = City.new("Chicago")
denver = City.new("Denver")
el_paso = City.new("El Paso")
```

```
atlanta.add_route(boston, 100)
atlanta.add_route(denver, 160)
boston.add_route(chicago, 120)
boston.add_route(denver, 180)
chicago.add_route(el_paso, 80)
denver.add_route(chicago, 40)
denver.add_route(el_paso, 140)
el_paso.add_route(boston, 100)
```

终于轮到迪杰斯特拉算法的代码了。它不太好读，可能是本书最复杂的一段代码了。不过，如果你已经准备好认真学习它，那么就读下去吧。

在这个实现中，该方法不是 City 类的一部分，它以两个 City 实例为参数，返回它们之间的最短路径。

```ruby
def dijkstra_shortest_path(starting_city, final_destination)
  cheapest_prices_table = {}
  cheapest_previous_stopover_city_table = {}

  # 为了使代码简洁，用一个简单的数组来记录已知的未访问城市:
  unvisited_cities = []

  # 用一个哈希表来记录已访问过的城市。可以用数组，但是因为需要查找，所以用哈希表效率更高:
  visited_cities = {}

  # 把出发地的名字作为第一个键插入 cheapest_prices_table 中。因为原地不动不需要花钱，所以它的值是 0:
  cheapest_prices_table[starting_city.name] = 0

  current_city = starting_city

  # 这个循环是算法的核心。只要还有未访问的城市可以访问，循环就会一直运行:
  while current_city

    # 把 current_city 的名字加入 visited_cities 的哈希表中来表示已经正式访问过它。
    # 还需要把它从未访问城市列表中移除:
    visited_cities[current_city.name] = true
    unvisited_cities.delete(current_city)

    # 遍历 current_city 的每个相邻城市:
    current_city.routes.each do |adjacent_city, price|

      # 如果发现了一个新城市，就把它加入 unvisited_cities 中:
      unvisited_cities <<
        adjacent_city unless visited_cities[adjacent_city.name]

      # 用当前城市作为倒数第二站来计算从初始城市到相邻城市的票价:
      price_through_current_city =
        cheapest_prices_table[current_city.name] + price

      # 如果从初始城市到相邻城市的票价是目前为止最低的……
      if !cheapest_prices_table[adjacent_city.name] ||
        price_through_current_city <
          cheapest_prices_table[adjacent_city.name]
```

18

```
        # ……就更新两张表:
        cheapest_prices_table[adjacent_city.name] =
          price_through_current_city
        cheapest_previous_stopover_city_table[adjacent_city.name] =
          current_city.name
      end
    end

    # 访问下一个未访问城市。选择从初始城市出发机票最便宜的一个:
    current_city = unvisited_cities.min do |city|
      cheapest_prices_table[city.name]
    end
  end

  # 核心算法到这里已经完成了。这时, cheapest_prices_table 包含了从初始城市到每个城市的最低票价。
  # 但是, 要计算从初始城市到最终目的地的路径, 还需要继续。

  # 我们用一个简单的数组来构建最短路径:
  shortest_path = []

  # 为了构建最短路径, 需要从最终目的地逆推回去。因此, 需要先把最终目的地作为 current_city_name:
  current_city_name = final_destination.name

  # 循环执行到回到初始城市为止:
  while current_city_name != starting_city.name

    # 把每个遇到的 current_city_name 都加到最短路径数组中:
    shortest_path << current_city_name

    # 用 cheapest_previous_stopover_city_table 来从一个城市逆推回上一个城市:
    current_city_name =
      cheapest_previous_stopover_city_table[current_city_name]
  end

  # 最后, 把初始城市加入最短路径中:
  shortest_path << starting_city.name

  # 把路径倒转, 这样就能按正确顺序显示了:
  return shortest_path.reverse
end
```

代码量实在不小, 我们来分析一下。

dijkstra_shortest_path 函数的参数是两个顶点: starting_city 和 final_destination。

最终, 函数会返回一个表示最低票价路径的字符串数组。对我们的例子来说, 该函数会返回如下内容。

```
["Atlanta", "Denver", "Chicago", "El Paso"]
```

函数要做的第一件事就是先创建作为算法基础的两张表。

```
cheapest_prices_table = {}
cheapest_previous_stopover_city_table = {}
```

接下来设置好记录已访问城市和未访问城市的变量。

```
unvisited_cities = []
visited_cities = {}
```

unvisited_cities 是数组，而 visited_cities 是哈希表，这看起来可能有点儿奇怪。使用哈希表的原因在于，剩余代码只会对它进行查找操作，而哈希表查找的时间复杂度较低，刚好适合这种情况。

unvisited_cities 用什么数据结构就没那么简单了。在后面的代码中，我们下一个访问的城市总是从初始城市出发票价最低的未访问城市。理想情况下，我们希望能从未访问城市中直接找到票价最便宜的一项。这用数组来实现比用哈希表简单一点儿。

因为优先队列的功能就是让我们访问一组数据的最小（最大）值，所以其实用优先队列最合适。第 16 章中介绍过，堆通常是实现优先队列最合适的数据结构。

但是，为了让代码尽可能简洁、精练，我在这个实现中仍然选择了数组。迪杰斯特拉算法本身就已经够复杂了。当然，你也可以试试用优先队列来实现。

接下来以 starting_city 为键，0 为值，把它们作为第一个键-值对加入 cheapest_prices_ table。因为我们就在 starting_city，所以去这里当然不需要花钱。这很合理。

```
cheapest_prices_table[starting_city.name] = 0
```

作为准备工作的最后一步，把 current_city 设为 starting_city。

```
current_city = starting_city
```

接下来就是算法核心部分的循环，只要还能访问到一个 current_city，它就会一直执行下去。在循环内部，把 current_city 的名字加入 visited_cities 哈希表中，从而把它标记为已访问。如果 current_city 当前在 unvisited_cities 中，那么还需要把它从该表中删除。

```
while current_city
  visited_cities[current_city.name] = true
  unvisited_cities.delete(current_city)
```

之后在 while 循环内部执行另一个循环，遍历 current_cities 的所有相邻城市。

```
current_city.routes.each do |adjacent_city, price|
```

在这个内层循环中，如果相邻城市还未被访问过，就先把它加入 unvisited_cities 数组中。

```
unvisited_cities << adjacent_city unless visited_cities[adjacent_city.name]
```

在这个实现中，一个城市有可能多次出现在 unvisited_cities 数组中。因为我们会用 unvisited_cities.delete(current_city)这一行来删除那些实例，所以这也不成问题。还可以在把城市加入 unvisited_cities 之前确保 current_city 不在这个数组中。

然后，计算从初始城市到相邻城市，以 current_city 为倒数第二站的票价最低的路径。

18

为此，需要用 `cheapest_prices_table` 来查找到 `current_city` 已知最低票价，然后加到 `current_city` 到相邻城市的票价上。随后把计算结果存储到 `price_through_current_city` 变量中。

```
price_through_current_city = cheapest_prices_table[current_city.name] + price
```

接下来，检查 `cheapest_prices_table`，看看 `price_through_current_city` 是否是从初始城市到相邻城市的已知最低票价。如果相邻城市还不在 `cheapest_prices_table` 中，那么按照定义，这个价格就是已知最低价格。

```
if !cheapest_prices_table[adjacent_city.name] ||
  price_through_current_city < cheapest_prices_table[adjacent_city.name]
```

如果 `price_through_current_city` 现在成了从初始城市到相邻城市的最低票价，那么就需要更新两张主要表格。也就是说，需要把相邻城市的新价格存进 `cheapest_prices_table`，并以相邻城市的名字为键，以 `current_city` 的名字为值，更新 `cheapest_previous_stopover_city_table`。

```
cheapest_prices_table[adjacent_city.name] = price_through_current_city
cheapest_previous_stopover_city_table[adjacent_city.name] = current_city.name
```

在遍历 `current_city` 的所有相邻城市之后，该访问下一个城市了。我们选择从初始城市出发票价最低的未访问城市，使其成为新的 `current_city`。

```
current_city = unvisited_cities.min do |city|
  cheapest_prices_table[city.name]
end
```

如果没有其他已知的未访问城市，那么 `current_city` 就会变成 nil，while 循环就会结束。

至此，两张表中已经存储了我们需要的全部数据。如果想查看从 `starting_city` 到所有已知城市的最低票价，则可以直接返回 `cheapest_prices_table`。

还可以继续下去，寻找到达 `final_destination` 票价最低的路径。

为此，需要创建一个 `shortest_path` 数组，在函数的最后返回它。

```
shortest_path = []
```

还需要创建一个变量 `current_city_name`，其初始值是 `final_destination` 的名字。

```
current_city_name = final_destination.name
```

然后用一个 while 循环填充 `shortest_path`。这个循环会从 `final_destination` 逆推回 `starting_city`。

```
while current_city_name != starting_city.name
```

在循环内部，把 `current_city_name` 加入 `shortest_path` 数组中，然后用 `cheapest_previous_stopover_city_table` 找到 `current_city_name` 的前一站。这个前一站也会成为

新的 current_city_name。

```
shortest_path << current_city_name
current_city_name = cheapest_previous_stopover_city_table[current_city_name]
```

为了代码的可读性，在找到 starting_city 后就停止循环，然后手动把 starting_city 的名字添加到 shortest_path 的结尾。

```
shortest_path << starting_city.name
```

这个 shortest_path 现在包含了从 final_destination 到 starting_city 的反向路径。因此，只需要把它反过来，就可以找到从 starting_city 到 final_destination 的最短路径。

```
return shortest_path.reverse
```

虽然我们的实现处理的是城市和票价，但是你可以修改变量名，来解决**任意**加权图的最短路径问题。

18.9.6　迪杰斯特拉算法的效率

迪杰斯特拉算法是在加权图中寻找最短路径的方法的一个总体描述，它并没有指定具体的代码实现。事实上，该算法有很多种实现。

例如，在上面的代码中，我们用数组来存储 unvisited_cities，但也可以使用优先队列。

事实上，具体的实现对于该算法的时间复杂度有很大影响。先来分析一下我们的实现。

用数组来记录尚未访问的城市（unvisited_cities）时，算法最多需要 $O(V^2)$ 步。这是因为迪杰斯特拉算法的最坏情况就是任意两个顶点都有边相连。在这种情况下，对于我们访问的每个顶点，都需要检查它到其他所有顶点的路径权重。这就相当于 V 个顶点乘以 V 个顶点，复杂度就变成了 $O(V^2)$。

其他一些实现（比如用优先队列替代数组）则更高效一些。重申一遍：迪杰斯特拉算法有几种变体，每种变体的时间复杂度都需要单独分析。

无论选择哪种实现，都比搜索图中**每条**可能路径，找出最快的一条要好。迪杰斯特拉算法给出了一种确切的搜索方式，来找到最短路径。

18.10　小结

本章介绍了本书最后一个重要的数据结构，我们的学习之路已经快要抵达终点。通过本章，我们了解到，图是解决关系问题的强有力的工具。除了能加速代码，它还能解决复杂问题。

事实上，光是讨论图就能写一本书。图有那么多有趣且有用的算法：最小生成树、拓扑排序、双向搜索、Floyd-Warshall 算法、Bellman-Ford 算法、图的着色……本章只是为探索其他主题提

18

供了一个基础。

在学习过程中，我们主要关注了代码运行的速度。也就是说，我们衡量算法效率的标准是时间，而衡量时间的标准则是算法需要的步骤数。

然而，效率还可以用速度之外的标准来衡量。特别是，我们会关心数据结构或算法可能消耗的**内存**。第 19 章将介绍如何从**空间**角度分析代码效率。

习　题

扫码获取
习题答案

(1) 下图展示了电商网站商品推荐系统的底层数据结构。每个顶点都表示网站销售的一种产品。每条边则把每种产品和网站会在用户浏览这些产品时推荐的"相似"产品连接了起来。

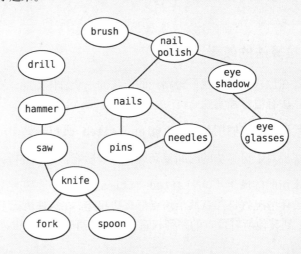

如果用户在浏览"nails"，那么网站还会推荐什么产品呢？

(2) 如果从顶点"A"开始，对下图进行**深度**优先搜索，那么我们会按什么顺序遍历顶点呢？假设有多个相邻顶点时，我们总是按字母表顺序访问。

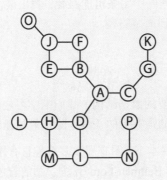

(3) 如果从顶点"A"开始，对上图进行**广度**优先搜索，那么我们会按什么顺序遍历顶点呢？假设有多个相邻顶点时，我们总是按字母表顺序访问。

(4) 本章仅提供了广度优先**遍历**的代码（参见 18.6 节）。该代码只会打印出每个顶点的值。请修改代码，使其能实际**搜索**出传给函数的顶点值。（我们在深度优先搜索中就是这么做的。）换言之，如果函数找到了要搜索的顶点，就会返回该顶点的值。否则会返回空。

(5) 18.9 节介绍过如何使用迪杰斯特拉算法来找到加权图的最短路径。但是最短路径这一概念也存在于无权图中。这又是什么意思呢？

在经典（也就是无权）图中，两个顶点间的最短路径是途经顶点最少的路径。

这对于社交网络应用非常有用。以下图所展示的网络为例。

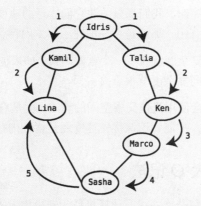

如果想知道 Idris 和 Lina 的连通方式，那么我们会发现她们之间有两条路径。一条只隔着 Kamil，而另一条中间隔了 4 个人。我们可能对 Idris 和 Lina 的**亲密程度**感兴趣，那么第二条路径就毫无意义了，毕竟她们中间其实只隔了一层。

请编写一个函数，以图中的两个顶点为参数，返回它们之间的最短路径。函数需要返回包含该路径的数组，比如["Idris", "Kamil", "Lina"]。

提示：算法可能同时需要广度优先搜索和迪杰斯特拉算法。

18

## 第 19 章

对付空间限制

19

之前在分析各种算法的效率时，我们都只关注它们运行的速度，也就是时间复杂度。但是还有一种衡量复杂度的指标也很有用，那就是算法消耗了多少**内存**。这个指标就是**空间复杂度**。

如果内存有限，那么空间复杂度就成了一个重要因素。如果你有海量数据，或者正在为内存有限的小型设备编程，那么空间复杂度就很重要。

在理想情况下，我们总是会使用**又快又省空间**的算法。但是有时二者不可兼得，必须做出取舍。每种情况都需要仔细分析，才能知道该优先速度还是优先内存空间。

19.1 空间复杂度的大 *O* 记法

有趣的是，就像描述时间复杂度一样，计算机科学家也用大 *O* 记法来描述空间复杂度。

第 3 章在介绍大 *O* 记法时，使用了一个"核心问题"来描述它。对时间复杂度来说，核心问题就是：**如果存在 *N* 个数据元素，那么算法需要多少步？**

要用大 *O* 记法描述空间复杂度，需要修改这个核心问题。对内存消耗来说，核心问题就是：**如果存在 *N* 个数据元素，那么算法需要消耗多少内存？**

下面来看一个简单的例子。

假设我们正在编写一个 JavaScript 函数，该函数会以一个字符串数组为参数，把这些字符串全变成大写，然后用一个数组返回。例如，函数可以读取["tuvi", "leah", "shaya", "rami"]数组，然后返回["TUVI", "LEAH", "SHAYA", "RAMI"]。下面是该函数的一种实现。

```
function makeUppercase(array) {
  let newArray = [];
  for(let i = 0; i < array.length; i++) {
    newArray[i] = array[i].toUpperCase();
  }
  return newArray;
}
```

在这个 makeUppercase()函数中，参数是 array。我们会创建一个**全新的数组** newArray

来存储 array 中的每个字符串的大写版本。

这个函数完成时，计算机内存中就会有两个数组。一个是原来的 array，其内容是["tuvi"、"leah"、"shaya"、"rami"]；另一个是 newArray，其内容是["TUVI"、"LEAH"、"SHAYA"、"RAMI"]。

在分析这个函数的空间复杂度时，可以看出它在包含 N 个元素的原数组之外，又创建了一个包含 N 个元素的新数组。

让我们回到核心问题：如果有 N 个数据元素，那么算法需要消耗多少内存？

因为函数额外生成了 N 个数据元素（newArray），所以它的空间复杂度是 $O(N)$。

你应该很熟悉下图这种表示方法了。

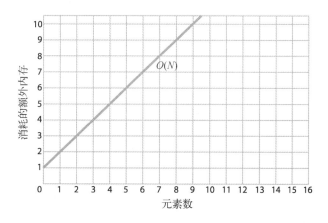

注意，这幅图和前面章节中表示时间复杂度 $O(N)$的图是一致的，只不过纵轴现在不再表示时间，而是表示**消耗的内存**。

来看一个节省空间的 makeUppercase() 函数实现。

```
function makeUppercase(array) {
  for(let i = 0; i < array.length; i++) {
    array[i] = array[i].toUpperCase();
  }
  return array;
}
```

本书并未创建任何新数组，只是**原地修改了原数组的每个字符串**，每轮循环都把一个字符串变为大写，最后返回了修改后的数组。

因为新函数**完全不需要任何额外内存**，所以从内存消耗的角度来说，这是巨大的提升。

该如何用大 O 记法表示这个空间复杂度呢？

对一个有 $O(1)$时间复杂度的算法来说，无论数据量多大，它的运行速度都保持恒定。同理，对一个有 $O(1)$空间复杂度的算法来说，无论数据量多大，它消耗的内存都保持恒定。

19

无论原数组包含 4 个还是 100 个元素，修改后的 makeUppercase 函数都消耗固定大小的内存（0!）。因此，该函数的空间复杂度是 $O(1)$。

有一点需要强调：在用大 O 记法表示空间复杂度时，只考虑算法生成的**新数据**。即便是第二个 makeUppercase 函数也要处理传入函数的数组中的 N 个数据元素。但是，之所以没有把这 N 个元素算进来，是因为原数组无论如何都已经存在，我们只关注算法消耗的**额外**空间。这个额外空间有一个正式名称——**辅助空间**。

不过，有些参考资料会把原来的输入也算进空间复杂度，而这也没什么问题，但本书不会这样做。你在其他地方看到空间复杂度时，需要确定它是否包括了原始输入。

下面来比较一下 makeUppercase() 的两个版本的时间复杂度和空间复杂度，如下表所示。

版　本	时间复杂度	空间复杂度
版本 1	$O(N)$	$O(N)$
版本 2	$O(N)$	$O(1)$

两个版本处理 N 个数据元素都需要 N 步，所以它们的时间复杂度是 $O(N)$。但是版本 2 的空间复杂度是 $O(1)$，比版本 1 的 $O(N)$ 更节约空间。

结果表明，版本 2 不仅比版本 1 节省空间，还没有牺牲速度。这确实不错。

19.2　时间和空间的取舍

下面的函数会以一个数组为参数，判断数组中有没有重复值（你也许看出了这个函数来自第 4 章）。

```
function hasDuplicateValue(array) {
    for(let i = 0; i < array.length; i++) {
        for(let j = 0; j < array.length; j++) {
            if(i !== j && array[i] === array[j]) {
                return true;
            }
        }
    }
    return false;
}
```

这个算法使用了嵌套循环，时间复杂度是 $O(N^2)$。我们把这个实现称为版本 1。

下面的版本 2 使用了哈希表，只用了一个循环。

```
function hasDuplicateValue(array) {
    let existingValues = {};
    for(let i = 0; i < array.length; i++) {
        if(!existingValues[array[i]]) {
            existingValues[array[i]] = true;
```

```
        } else {
            return true;
        }
    }
    return false;
}
```

版本 2 首先创建了一个空哈希表 existingValues。随后我们遍历了数组的每一项。每碰到新项，都把它作为键存入 existingValues 哈希表。（值可以任意设定，这里用 true。）但如果某一项已经是哈希表中的一个键，就返回 true，表示找到了重复值。

这两个算法哪一个更高效呢？这要取决于你看重时间还是空间。如果看重时间，那么复杂度是 $O(N)$ 的版本 2 比复杂度是 $O(N^2)$ 的版本 1 高效得多。

但如果你看重**空间**，那么版本 1 就比版本 2 更高效。因为版本 2 创建了一个哈希表，表中有可能存储传入函数的数组的全部 N 个值，所以它最多会消耗 $O(N)$ 空间。而版本 1 在原数组之外不会消耗任何额外内存，其空间复杂度是 $O(1)$。

我们来看看 hasDuplicateValue() 的两个版本的完整对比，如下表所示。

版　　本	时间复杂度	空间复杂度
版本 1	$O(N^2)$	$O(1)$
版本 2	$O(N)$	$O(N)$

可以看出，版本 1 的内存消耗更少，而版本 2 的运行速度更快。那该怎么选择呢？

当然是具体情况具体分析。如果应用需要有飞快的运行速度，而我们又有足够的内存，那么版本 2 就是更好的选择。但如果我们使用的硬件/数据系统需要谨慎消耗内存，而且速度也不是主要需求，那么可能就更适合用版本 1。和所有的技术决策一样，如果需要取舍，就得关注全局。

下面是该函数的第三个版本，来看一下它和前两个版本比起来效果如何。

```
function hasDuplicateValue(array) {
    array.sort((a, b) => (a < b) ? -1 : 1);

    for(let i = 0; i < array.length - 1; i++) {
        if (array[i] === array[i + 1]) {
            return true;
        }
    }
    return false;
}
```

版本 3 会先对数组进行排序，然后遍历数组中的每一个值，检查它和下一个值是否相等。如果相等，那么就找到了重复值。如果检查到数组末尾，都不存在相等的相邻值，那么数组就没有重复值。

下面来分析一下版本 3 的时间复杂度和空间复杂度。

19

该算法的时间复杂度是 $O(N \log N)$。已知最快的排序算法的时间复杂度是 $O(N \log N)$，我们可以假定 JavaScript 的排序算法也是这样。因为排序之外的 N 步遍历相比之下并不重要，所以整个算法的时间复杂度就是 $O(N \log N)$。

由于不同的排序算法需要消耗不同大小的内存，因此空间复杂度稍微有点儿麻烦。本书一开始介绍的一些排序算法（比如冒泡排序和选择排序）都不需要消耗额外空间。这是因为所有的排序都在原地进行。不过有趣的是，速度更快的排序却需要额外空间，原因我们稍后再说。大部分快速排序的实现其实需要 $O(\log N)$ 空间。

我们来看看版本 3 和前两个版本比起来究竟效果如何，如下表所示。

版 本	时间复杂度	空间复杂度
版本 1	$O(N^2)$	$O(1)$
版本 2	$O(N)$	$O(N)$
版本 3	$O(N \log N)$	$O(\log N)$

结果表明，版本 3 在时间和空间之间取得了平衡。版本 3 比版本 1 运行更快，但比版本 2 慢。版本 3 比版本 2 消耗更少内存，但不如版本 1 高效。

那什么时候用版本 3 呢？如果对时间和空间都有要求，那么版本 3 可能就更合适。

无论是什么情况，都需要知道对于速度和消耗内存的最低标准。在了解了时间和空间限制之后，就能从众多算法中选出合适的一种，来满足我们对速度和内存消耗的需求。

你到现在应该已经看到，算法在创建新数组或者新哈希表这种附加数据时需要消耗额外空间。但是，即便算法不做这些，也有可能消耗内存。我们很可能在不知不觉中深受其害。

19.3　递归的隐藏成本

本书已经介绍了很多递归算法。下面来看一个简单的递归函数。

```
function recurse(n) {
  if (n < 0) { return; }

  console.log(n);
  recurse(n - 1);
}
```

该函数会读取数字 n，打印从 n 到 0 的所有数字。

这个递归很简单，看起来也没什么问题。因为函数执行的次数和参数 n 一致，所以它的时间复杂度是 $O(N)$。因为它没有使用新数据结构，所以看起来就不会用到额外空间。

真是这样吗？

我在第 10 章解释过递归的原理。每次函数递归调用自己，都需要向调用栈插入数据，这样计算机才能在被调用函数完成之后回到调用函数中。

如果向 recurse 函数传入 100，那么计算机就会在继续执行 recurse(99) 之前把 recurse(100) 压入调用栈。然后会在执行 recurse(98) 之前把 recurse(99) 压入调用栈。

当调用 recurse(-1) 时，调用栈会包含从 recurse(100) 到 recurse(0) 的 101 个函数。这时，调用栈的大小达到了最大值。

虽然我们会慢慢回调，调用栈会最终变为空，但确实需要足够内存来存储这 100 项。因此，这个递归函数需要**占用 $O(N)$ 空间**，其中 N 表示传入函数的参数。如果传入 100，那么就需要在调用栈中临时存储 100 个函数调用。

这就带来了一个重要的原理：**递归函数每次进行递归调用都需要占用一个单位大小的空间**。递归就是这样偷偷占用内存。即便函数没有显式地创建新数据，递归本身也需要把数据插入调用栈中。

要正确计算递归函数需要的空间，需要知道调用栈最大能有多大。

对 recurse 函数来说，调用栈的大小和 n 一致。

这听起来可能没什么。毕竟现代计算机的调用栈肯定能放得下，对不对？下面来看一个例子。

我在我的新笔记本计算机中给 recurse 函数传入 20 000 时，**笔记本无法处理这个函数**。20 000 不算是一个很大的数，但是我运行 recurse(20000) 时发生了下面的事情。

我的计算机打印出了 20 000 和 5387 之间的数，然后程序就报错终止了。

```
RangeError: Maximum call stack size exceeded
```

因为递归只进行到了大约 5000（我向下取了个整），所以可以看出，计算机内存溢出时，调用栈的大小大约是 15 000。从结果来看，我的计算机的调用栈只能存储 15 000 项记录。

这对于递归是一个**巨大**的限制。我不能给这个精巧的 recurse 函数传入任何大于 15 000 的值。

下面来和简单的循环方法对比一下。

```
function loop(n) {
  while (n >= 0) {
    console.log(n);
    n--;
  }
}
```

无须递归，这个函数只用一个基本的循环就完成了同样的工作。

因为这个函数不使用递归，而且也不占用额外内存，所以它可以处理很大的参数，完全**不会**令计算机空间不足。如果参数较大，那么函数可能要花一些时间，但是至少它可以完成任务，不会提前终止。

了解这点后, 你就能理解为什么说快速排序需要占用 $O(\log N)$ 空间。它需要 $O(\log N)$ 次递归调用, 所以调用栈的大小最大会是 $\log N$。

在用递归实现函数时, 需要权衡其利弊。你在第 11 章学过, 递归为我们带来了 "神奇" 的自上而下思维方式, 但是我们也需要函数能完成它的使命。如果要处理大量数据, 哪怕只是 200 00 这样的数, 递归都可能无法胜任。

我们并不是要 "抹黑" 递归, 只是必须权衡每种算法在各种情况下的优缺点。

19.4 小结

你已经学习了如何从时间和空间两方面衡量算法的效率。你现在能够分析比较各种算法, 明智地决定该在自己的应用中使用何种算法。

既然你已经能自行判断, 也是时候为我们的旅途画上句号了。本书最后一章会带你一起优化一些实际情景, 再给你提一点优化代码的建议。

习 题

扫码获取
习题答案

(1) 下面是 7.2 节介绍过的 "构词程序" 算法。请用大 O 记法描述其**空间**复杂度。

```
function wordBuilder(array) {
  let collection = [];

  for(let i = 0; i < array.length; i++) {
    for(let j = 0; j < array.length; j++) {
      if (i !== j) {
        collection.push(array[i] + array[j]);
      }
    }
  }

  return collection;
}
```

(2) 下面是一个数组逆序函数。请用大 O 记法描述其**空间**复杂度。

```
function reverse(array) {
  let newArray = [];

  for (let i = array.length - 1; i >= 0; i--) {
    newArray.push(array[i]);
  }

  return newArray;
}
```

(3) 请编写一个新的只使用 $O(1)$ 额外空间的数组逆序函数。

(4) 下面是同一个函数的 3 种不同实现。该函数以一个数字数组为参数，返回一个新数组，新数组的值等于原数组中对应值的两倍。如果输入是 [5, 4, 3, 2, 1]，那么输出就是 [10, 8, 6, 4, 2]。

```javascript
function doubleArray1(array) {
  let newArray = [];

  for(let i = 0; i < array.length; i++) {
    newArray.push(array[i] * 2);
  }

  return newArray;
}

function doubleArray2(array) {
  for(let i = 0; i < array.length; i++) {
    array[i] *= 2;
  }

  return array;
}

function doubleArray3(array, index=0) {
  if (index >= array.length) { return; }

  array[index] *= 2;
  doubleArray3(array, index + 1);

  return array;
}
```

请判断 3 个版本的时间复杂度和空间复杂度，填写下表。

版　　本	时间复杂度	空间复杂度
版本 1	?	?
版本 2	?	?
版本 3	?	?

19

## 第 20 章

代码优化技巧

至此，本书已经介绍了很多内容。你现在已经掌握了分析时间复杂度和空间复杂度的工具，可以用它们分析使用各种数据结构的算法。在掌握这些概念之后，你就可以写出运行速度快、节约内存并且优雅的代码了。

在本书最后一章中，我想再介绍一些优化代码的技巧。有时候很难发现代码的提升空间。这些年来，我发现下面这些思维策略可以帮我找出代码的优化点。希望它们也能帮到你。

20.1 前置工作：确定目前的时间复杂度

在介绍优化技巧前，需要强调一下：在开始优化算法**之前**，还有些事情要做。

优化代码前需要**确定当前代码的效率**。毕竟，如果你都不知道代码运行多快，那怎么可能优化它呢？

你现在已经对大 O 记法和各种复杂度类别有了充分的了解。你在确定自己的算法的复杂度类别之后，就可以开始优化了。

在本章后面的内容中，我会把这一步称为"前置"。

20.2 从这里开始：最理想复杂度

虽然本章要介绍的所有技巧都很有用，但是它们适用的场景可能不同。不过，这第一个技巧适用于**所有**算法，也应该作为优化过程的第 1 步。

下面来介绍它。

在确定当前算法的效率后（前置），你应该想想你认为的"最理想复杂度"。（在描述速度时，我也见过有人把它叫作"最理想运行时间"。）

最理想复杂度就是你能想象到的当前问题的最好复杂度。你觉得自己不可能做得比它更好了。

如果要编写一个打印数组的每一项的函数，那么最理想复杂度就是 $O(N)$。因为必须打印出

数组中的 N 个元素，所以**我们别无选择**，只能挨个打印。因为在打印前必须先访问每一项，所以根本无法取巧。因此，$O(N)$ 就是这个例子的最理想复杂度。

在优化算法时，需要确定两个复杂度。一个是算法**当前**的复杂度（前置），一个是我们的任务**可能**需要的最理想复杂度。

如果这两个复杂度不一致，那么就存在优化的空间。假设目前的算法的复杂度是 $O(N^2)$，但是最理想复杂度是 $O(N)$，那么就可以努力优化。这两个复杂度之间的差距就是通过优化可能带来的提升。

再总结一遍这个过程。

(1) 确定当前算法的复杂度。（也就是前置工作。）

(2) 确定当前问题的最理想复杂度。

(3) 如果最理想复杂度比当前复杂度低，那么就可以尝试优化代码，让它的复杂度尽可能接近最理想复杂度。

有一点需要强调：**最理想复杂度并不是总能实现**。毕竟想象未必能成为现实。

事实上，你当前的实现有可能根本无法再优化。但是最理想复杂度仍是一个设定优化目标的工具。

我发现自己经常能把算法优化到当前复杂度和最理想复杂度**之间**的某类复杂度。

如果当前的实现的复杂度是 $O(N^2)$，而最理想复杂度是 $O(\log N)$，那么我会以优化到 $O(\log N)$ 为目标。如果最后"只能"优化到 $O(N)$，那么这仍是成功的优化，最理想复杂度还是派上了用场。

开拓想象

正如上面所述，思考最理想复杂度的好处在于提供优化目标。为了利用好这点，需要开拓想象力，思考一些**神奇**的最理想复杂度。事实上，你可以把最理想复杂度定得尽可能低，只要不是明显不可能的就行。

这里还有一个激发想象力的窍门。先想一个**非常非常**低的复杂度，可以称之为"神奇复杂度"。然后思考下面的问题："如果有人跟我说他能实现这个神奇复杂度，那么我该相信他吗？"如果觉得可以相信，那么就把这个复杂度当作最理想复杂度。

在知道了当前复杂度和最理想复杂度之后，就可以着手进行优化了。

后面还会介绍其他优化技巧，以及可以帮助我们优化代码的思考策略。

20.3 魔法查找

我最喜欢的一个优化技巧就是思考以下问题："如果能使用某种魔法在 $O(1)$ 时间内找到想要

的信息，那么算法会更快吗？”如果答案是肯定的，那么我就可以用某种数据结构（通常是哈希表）来实现这个魔法。这就是“魔法查找”。

下面我用一个例子来解释一下这个技巧。

20.3.1　魔法查找：查找作者

假设我们在编写一款图书馆软件，图书和作者的数据是已知的，它们分别存储在两个数组中，其中，authors 数组的数据如下。

```
authors = [
  {"author_id" => 1, "name" => "Virginia Woolf"},
  {"author_id" => 2, "name" => "Leo Tolstoy"},
  {"author_id" => 3, "name" => "Dr. Seuss"},
  {"author_id" => 4, "name" => "J. K. Rowling"},
  {"author_id" => 5, "name" => "Mark Twain"}
]
```

如你所见，它是一个哈希表数组，每个哈希表都包含了作者的姓名和编号。

另外一个数组包含了图书信息。

```
books = [
  {"author_id" => 3, "title" => "Hop on Pop"},
  {"author_id" => 1, "title" => "Mrs. Dalloway"},
  {"author_id" => 4, "title" => "Harry Potter and the Sorcerer's Stone"},
  {"author_id" => 1, "title" => "To the Lighthouse"},
  {"author_id" => 2, "title" => "Anna Karenina"},
  {"author_id" => 5, "title" => "The Adventures of Tom Sawyer"},
  {"author_id" => 3, "title" => "The Cat in the Hat"},
  {"author_id" => 2, "title" => "War and Peace"},
  {"author_id" => 3, "title" => "Green Eggs and Ham"},
  {"author_id" => 5, "title" => "The Adventures of Huckleberry Finn"}
]
```

和 authors 数组一样，books 也是哈希表数组。每个哈希表都包含了图书的标题和 author_id，后者可以用 authors 数组中的数据帮我们确定图书的作者。例如，*Hop on Pop* 的 author_id 是 3。因为 authors 数组中编号为 3 的作者是 Dr. Seuss，所以他就是这本书的作者。

假设我们要编写一段代码，把这两组信息结合为如下格式的数组。

```
books_with_authors = [
  {"title" => "Hop on Pop", "author" => "Dr. Seuss"}
  {"title" => "Mrs. Dalloway", "author" => "Virginia Woolf"}
  {"title" => "Harry Potter and the Sorcerer's Stone",
    "author" => "J. K. Rowling"}
  {"title" => "To the Lighthouse", "author" => "Virginia Woolf"}
  {"title" => "Anna Karenina", "author" => "Leo Tolstoy"}
  {"title" => "The Adventures of Tom Sawyer", "author" => "Mark Twain"}
  {"title" => "The Cat in the Hat", "author" => "Dr. Seuss"}
  {"title" => "War and Peace", "author" => "Leo Tolstoy"}
  {"title" => "Green Eggs and Ham", "author" => "Dr. Seuss"}
```

```
      {"title" => "The Adventures of Huckleberry Finn", "author" => "Mark Twain"}
    ]
```

为此，可能需要遍历 books 数组，把每本书和它的作者结合起来。该怎么做呢？

一种方案是用嵌套循环。外层循环会遍历图书，然后每本书再用一个内层循环检查每位作者，直到找到匹配的作者编号。该方案的 Ruby 实现如下。

```ruby
def connect_books_with_authors(books, authors)
  books_with_authors = []

  books.each do |book|
    authors.each do |author|
      if book["author_id"] == author["author_id"]
        books_with_authors <<
          {title: book["title"],
           author: author["name"]}
      end
    end
  end

  return books_with_authors
end
```

在优化代码前，需要完成前置工作，确定当前算法的复杂度。

因为有 N 本书，而每本书又需要遍历 M 位作者，所以该算法的时间复杂度是 $O(N \times M)$。

来看看能不能做得更好。

再说一次，首先需要想出最理想复杂度。因为肯定得遍历 N 本书，所以看起来不可能快过 $O(N)$。因为 $O(N)$ 是我能想到的最低的可能实现的复杂度，所以就把它定为最理想复杂度。

现在就可以使用"魔法查找"技巧了。为此，需要思考前面提过的问题："如果能使用某种魔法在 $O(1)$ 时间内找到想要的信息，那么算法会更快吗？"

那么来看看我们的场景。目前有一个外层循环会遍历所有图书。对于每本书，都会再执行一个内层循环，以在 authors 数组中找到图书的 author_id。

要是我们会魔法，能在 $O(1)$ 时间内找到作者呢？也就是说，要是每次查找作者时，不用遍历，而是马上就能找到正确的一位呢？因为这样能省掉一层循环，把时间复杂度降至 $O(N)$，所以这将是巨大的性能提升。

既然已经确定这项魔法对我们有用，那么接下就该让魔法成真了。

20.3.2　使用其他数据结构

最简单的办法就是引入新的数据结构。我们将用这个数据结构来存储数据，以便快速查找数据。正如第 8 章所介绍的，因为哈希表的查找复杂度是 $O(1)$，所以它在很多情况下完美满足我们的需求。

20

现在，因为作者哈希表存储在数组中，所以查找 author_id 总是需要 $O(M)$ 步（M 是作者的数量）。但如果把该信息存储在哈希表中，那么就能得到在 $O(1)$ 时间内找到作者的"魔法"了。

这个哈希表可能如下所示。

```
author_hash_table =
{1 => "Virginia Woolf", 2 => "Leo Tolstoy", 3 => "Dr. Seuss",
4 => "J. K. Rowling", 5 => "Mark Twain"}
```

在该哈希表中，键表示作者编号，而值表示作者姓名。

下面来把 authors 数据转移到该哈希表中，然后只需要用循环遍历图书，就可以优化算法。

```
def connect_books_with_authors(books, authors)
  books_with_authors = []
  author_hash_table = {}

  # 把作者数据迁移到作者哈希表中：
  authors.each do |author|
    author_hash_table[author["author_id"]] = author["name"]
  end

  books.each do |book|
    books_with_authors <<
      {"title" => book["title"],
        "author" => author_hash_table[book["author_id"]]}
  end

  return books_with_authors
end
```

在这个实现中，先遍历 authors 数组，用该数据创建 author_hash_table。这要花 M 步，其中 M 表示作者数量。

然后遍历图书列表，使用 author_hash_table 在一步之内找到每位作者，这就像"魔法"一般。这个循环需要 N 步，其中 N 表示图书数量。

优化后的算法用一个循环遍历 N 本书，用另一个循环遍历 M 位作者，一共需要 $O(N+M)$ 步。这比原来的 $O(N \times M)$ 快多了。

有一点值得一提，这个哈希表需要额外的 $O(M)$ 空间，而原来的算法不需要任何额外空间。不过，如果你愿意牺牲空间来换取速度，那么这个优化就很理想了。

为了让魔法成真，我们先想象 $O(1)$ 查找有什么好处，然后用哈希表来存储数据，使其易于查找，从而实现心愿。

哈希表能在 $O(1)$ 时间内完成查找是第 8 章介绍过的知识。而我在这里分享的技巧，是让你**想象**自己可以对任何类型的数据进行 $O(1)$ 时间的查找，并且判断这样是否可以提高代码效率。如果你认为 $O(1)$ 查找能帮到你，那么就可以尝试使用哈希表或者其他数据结构来让想象成真。

20.3.3　两数之和问题

再来看一个可以从魔法查找中获益的情景。这也是我最喜欢的优化案例。

两数之和问题是非常有名的代码练习。你需要编写一个函数来读取数字数组，判断数组中是否存在和为 10（或者其他数）的两个数，返回 true 或者 false。为简单起见，假设数组中不存在重复数字。

假设数组如下：

[2, 0, 4, 1, 7, 9]

因为 1 和 9 之和为 10，所以函数会返回 true。

如果数组是下面这样：

[2, 0, 4, 5, 3, 9]

那么函数就会返回 false。尽管 2、5 以及 3 的和是 10，但需要让**两数**之和为 10。

我能想到的第一种解决方案就是用嵌套循环计算每一对数的和，其 JavaScript 实现如下。

```
function twoSum(array) {
  for(let i = 0; i < array.length; i++) {
    for(let j = 0; j < array.length; j++) {
      if(i !== j && array[i] + array[j] === 10) {
        return true;
      }
    }
  }
  return false;
}
```

和之前一样，在尝试优化之前，需要先做前置工作，确定代码当前的复杂度。

和通常的嵌套循环算法一样，该函数的复杂度是 $O(N^2)$。

接下来，要想知道算法是否值得优化，需要看看最理想复杂度会不会更好。

在这个例子中，看起来肯定得遍历一次数组，因此复杂度不可能低于 $O(N)$。如果有人跟我说有一种 $O(N)$ 的解决方案，那我猜自己应该会相信。我们就把 $O(N)$ 作为最理想复杂度。

接下来思考魔法查找问题："如果能使用某种魔法在 $O(1)$ 时间内找到想要的信息，那么算法会更快吗？"

有时一边分析当前实现一边思考这个问题会有帮助。下面来试试。

以 [2, 0, 4, 1, 7, 9] 为例，我们在脑海中过一遍外层循环。循环从第一个数 2 开始。

那此时想要找到什么信息呢？我们想知道数组中是否有另一个数加上 2 可以得到 10。

再多想一步：看到 2 这个数时，我想知道数组中**是否存在** 8。如果能使用魔法，在 $O(1)$ 时间内确定数组中存在 8，那么马上就能返回 true。因为 8 加 2 等于 10，所以我们把 8 称作 2 的**互补数**。

同样，如果继续检查 0，那么我们想在 $O(1)$ 时间内在数组中找到它的互补数 10。以此类推。

这样，只需遍历数组一次，并在过程中使用 $O(1)$ 魔法查找，便可确定每个数的互补数是否存在于数组中。只要找到某个数的互补数，就返回 true。如果遍历到数组末尾都没有找到任何数的互补数，那么就返回 false。

在确定可以从 $O(1)$ 魔法查找中获益之后，来看看引入新数据结构是否能让魔法成真。因为哈希表有着 $O(1)$ 的读取，所以我们通常会先考虑哈希表。（哈希表经常用于为代码提速，简直可怕。）

因为我们想在 $O(1)$ 时间内从数组中查找任意数，所以需要把这些数作为键存入哈希表。哈希表的结构如下。

```
{2: true, 0: true, 4: true, 1: true, 7: true, 9: true}
```

这里的值可以是任何内容，我们决定用 true。

现在可以在 $O(1)$ 时间内查找任意数了，那么该怎么找一个数的互补数呢？我们在遍历到 2 时，就知道其互补数应该是 8。这是因为我们知道 $2 + 8 = 10$。

其实用 10 减去一个数，就能计算出其互补数。因为 $10 - 2 = 8$，所以 8 就是 2 的互补数。

这样就能写出一个非常快的算法了。

```javascript
function twoSum(array) {
  let hashTable = {};
  for(let i = 0; i < array.length; i++) {
    // 检查哈希表是否存在一个键，使得它和当前数的和为 10：
    if(hashTable[10 - array[i]]) {
      return true;
    }

    // 把每个数作为键存入哈希表：
    hashTable[array[i]] = true;
  }

  // 如果遍历到数组结尾都没有找到任何数的互补数，那么就返回 false：
  return false;
}
```

该算法只需要对数组中的每个数遍历一次。

在访问每个数时，我们都检查哈希表中是否有和当前数互补的键，也就是 10 - array[i]。（如果 array[i] 是 3，那么因为 $10 - 3 = 7$，所以 7 就是其互补数。）

如果找到了某个数的互补数，那么因为这意味着数组中存在两个和为 10 的数，所以立即返回 true。

此外，在遍历每个数时，同时把数作为键插入哈希表。这样就能一边遍历一边填充哈希表了。

这种方法可以把算法的复杂度大幅降低至 $O(N)$。我们可以把所有数据都存储进哈希表，从而在循环中进行 $O(1)$ 查找。

把哈希表作为你的魔杖，你就能实现命运，成为一名"编程巫师"。

20.4　找规律

代码优化和算法开发的一个有用策略就是找到问题的规律。发现规律通常可以帮助你厘清问题，开发出非常简单的算法。

20.4.1　硬币游戏

下面是一个很好的例子。有一个游戏，我称之为"硬币游戏"。两名玩家按如下规则进行游戏：桌上有一堆硬币，每名玩家每次可以从中拿走 1 枚或者 2 枚。谁拿走最后一枚硬币谁就**输掉**了游戏。很好玩，不是吗？

事实上，这个游戏并不公平。只要使用正确的策略，你就可以**迫使**对手拿走最后一枚硬币，输掉游戏。为了解释清楚，我们以少量硬币为例，来看看是怎么回事。

如果只剩 1 枚硬币，那么因为别无选择，所以轮到谁都会输掉游戏。

如果剩下 2 枚硬币，那么当前玩家可以确保胜利：他只需要拿走 1 枚，迫使另一名玩家拿走最后一枚。

如果剩下 3 枚硬币，那么当前玩家也可以确保胜利：他只需要拿走 2 枚，迫使另一名玩家拿走最后一枚。

如果剩下 4 枚硬币，那么当前玩家就遇到了麻烦。如果只拿 1 枚，那么就会给对手剩下 3 枚。如前所述，对手在这种情况下可以确保胜利。同理，如果当前玩家只拿 2 枚，那么就会给对手剩下 2 枚，而对手在这种情况下也可以确保胜利。

如果要写一个函数，判断在已知硬币枚数的情况下是否能赢得游戏，那么该采取什么方法呢？仔细思考就会发现，可以用子问题来计算任意枚硬币的准确结果。因此自上而下递归就自然成了一种合适的解决方案。

以下是 Ruby 的递归实现。

```
def game_winner(number_of_coins, current_player="you")
  if number_of_coins <= 0
    return current_player
  end
```

```
if current_player == "you"
  next_player = "them"
elsif current_player == "them"
  next_player = "you"
end

if game_winner(number_of_coins - 1, next_player) == current_player ||
    game_winner(number_of_coins - 2, next_player) == current_player
  return current_player
else
  return next_player
end
end
```

game_winner 函数会读取硬币枚数和当前回合玩家（不是"you"就是"them"）。该函数会返回游戏的胜者。第一次调用该函数时，current_player 是"you"。

我们把基准情形定义为 current_player 只剩 0 枚或者更少的硬币。这意味着另一名玩家拿走了最后一枚硬币，因此当前玩家获胜。

然后定义一个 next_player 变量，记录下一回合的玩家。

接下来进行递归：对比当前硬币数少 1 枚和 2 枚的情况分别递归调用 game_winner 函数，判断下一名玩家在这两种情况下的胜负情况。如果 next_player 在两种情况下都会输掉，那么 current_player 就会获胜。

这个算法不简单，但我们还是写了出来。现在来看看能否进行优化。

作为前置工作，首先需要了解算法当前的速度。

你可能注意到了，这个算法会进行多个递归调用。如果你的脑海中响起了警钟，那就对了。这个函数的时间复杂度达到了 $O(2^N)$，慢到让人无法接受。

可以用第 12 章介绍的记忆化来将 $O(2^N)$ 优化到 $O(N)$，其中 N 表示初始硬币枚数。这是巨大的进步。

但再看看是否还能进一步优化。

要判断是否还能进一步优化，需要思考最理想复杂度是多少。

因为 N 只是一个数，所以我可以猜想存在 $O(1)$ 算法。因为我们其实并没有遍历数组中的 N 项或者进行类似操作，所以如果有人说他想出了一个 $O(1)$ 算法，我应该会相信。我们来试试能否做到。

但该怎么做呢？这时规律就能派上用场了。

20.4.2　举例法

虽然每个问题有不同的规律，但我发现了一个对**所有**问题都有帮助的找规律技巧——**举大量**

例子。这意味着我们要找一堆输入用例，计算对应的输出，看看能否发现规律。

下面以硬币游戏为例试一试。

如果把硬币枚数为 1 到 10 的游戏结果列出来，那么就会像下表所展示的这样。

硬币枚数	胜　　者
1	对手
2	自己
3	自己
4	对手
5	自己
6	自己
7	对手
8	自己
9	自己
10	对手

这样列出来，规律就很明显了。从 1 枚硬币开始，每隔两种情况就会让对手获胜。其他情况都是你获胜。

如果把硬币枚数减 1，那么在"them"获胜的场景中，硬币枚数都是 3 的倍数。这样，只用一次除法就能判断谁会获胜了。

```
def game_winner(number_of_coins)
  if (number_of_coins - 1) % 3 == 0
    return "them"
  else
    return "you"
  end
end
```

这段代码的意思是：如果 number_of_coins 减 1 之后可以被 3 整除，那么胜者就是"them"；否则就是"you"。

因为这个算法只有 1 步数学操作，所以其时间复杂度和空间复杂度都是 $O(1)$。这简单多了，可以称得上是三赢。

通过列出不同硬币枚数（作为输入）的例子，检查胜者（作为输出），我们能发现硬币游戏的规律。然后就可以用这个规律来直击问题要害，让缓慢的算法变得飞快。

20.4.3　交换和问题

在下面的例子中，可以**同时使用找规律和魔法查找来优化算法**。

以下问题叫作"交换和"问题：我们想要编写一个函数，读取两个整数数组。

假设有下图所示的两个数组。

array_1 = [5, 3, 2, 9, 1]　　和: 20

array_2 = [1, 12, 5]　　和: 18

目前，array_1 中的数的和为 20，而 array_2 中的数的和为 18。

函数需要从每个数组中找到一个数：只要交换这两个数，就能让两个数组的和相等。

以上述两个数组为例，如果把 array_1 中的 2 和 array_2 中的 1 进行交换，就会得到下图所示的结果。

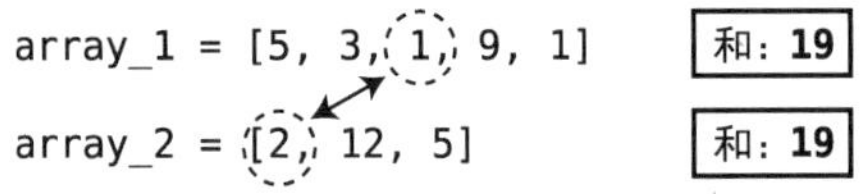

array_1 = [5, 3, 1, 9, 1]　　和: 19

array_2 = [2, 12, 5]　　和: 19

这样两个数组的和就都是 19 了。

为简单起见，函数不会进行交换操作，而是会返回需要交换的两个数的索引。我们可以返回一个数组，把这两个索引存储在该数组中。在上面的例子中，我们交换的是 array_1 的索引 2 和 array_2 的索引 0，所以函数会返回数组[2, 0]。如果无法通过交换让两个数组的和相等，就返回 nil。

可以用嵌套循环解决该问题：用一个外层循环遍历 array_1 中的每个数，再用一个内层循环遍历 array_2 中的每个数，检查每种交换组合是否可以让两个数组的和相等。

在开始优化之前，必须先完成前置工作，确定当前算法的复杂度。

因为嵌套循环对于第一个数组的 N 个数中的每个数，都需要遍历第二个数组的 M 个数，所以算法复杂度是 $O(N \times M)$。（这里用 N 和 M 是因为两个数组未必大小相同。）

还能进一步优化吗？要回答这个问题，需要思考最理想复杂度会是多少。

因为需要知道都有什么数，所以看起来得访问两个数组的所有数至少一次。但这有可能就**足够**了。如果是这样，那么复杂度就是 $O(N + M)$。让我们以它为最理想复杂度，尝试进行优化。

接下来看看这个问题有没有任何隐藏的规律。再说一遍：找规律最好的方法就是举大量例子。

因此，我们来看几个确实可以通过交换让两个数组的和相等的例子，如下图所示。

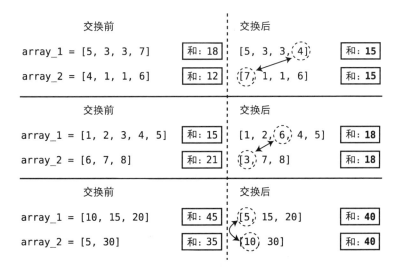

观察这些例子，可以看出几个规律。有些规律可能太过明显，但我们还是先提出来吧。

第一个规律：要想让和相等，目前和更大的数组需要拿出一个较大的数与另一个数组中较小的数交换。

第二个规律：每次进行交换，每个数组的和的变化量都相等。例如，当用 7 和 4 进行交换时，一个数组的和会**减少** 3，而另一个数组的和会**增加** 3。

第三个有趣的规律：交换总会让两个数组的和**刚好**位于原来的和的**正中间**。

例如，在第一个例子中，array_1 的和是 18，而 array_2 的和是 12。在进行正确的交换之后，两个数组的和都变成了 15，刚好位于 18 和 12 的正中间。

如果进一步思考，就会发现第三个规律可以从前两个规律推出。因为交换会让两个数组的和产生相同量的增减，所以它们的和**只可能**变为原来两个和的中间值。

因此，如果知道两个数组的和，那么就应该能推断出每个数组的每个数应该和什么数进行交换。

还是以下图的数组为例。

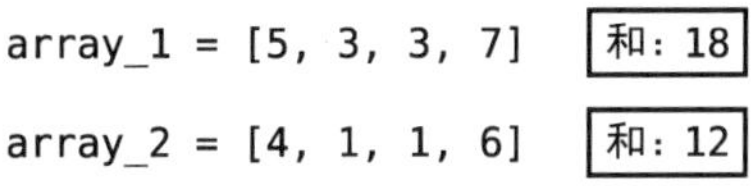

array_1 = [5, 3, 3, 7]   和：18
array_2 = [4, 1, 1, 6]   和：12

要成功交换，需要让两个数组的和变为中间值。18 和 12 的中间值是 15。

下面来看看 array_1 中的数，推断出每个数该和什么数交换。可以把用来交换的数称为"互补数"。我们从 array_1 的第一个数 5 开始。

20

5 应该和什么数进行交换呢？因为我们想让 array_1 的和减少 3，让 array_2 的和增加 3，所以应该把 5 和 2 进行交换。但是，因为 array_2 不包含 2，所以 array_2 中没有可以和 5 进行交换的数。

来看看 array_1 的下一个数 3。它需要和 array_2 中的 0 进行交换才能让两个数组的和相等。但是 array_2 中也没有 0。

array_1 的最后一个数是 7。通过计算可以知道，我们希望把 7 和 4 进行交换，从而让两个数组的和变为 15。幸运的是，array_2 确实包含 4，因此可以进行交换。

那该怎么用代码来表示这个规律呢？

可以先确定每个数组和应有的变化量。

```
shift_amount = (sum_1 - sum_2) / 2
```

这里 sum_1 是 array_1 的和，sum_2 是 array_2 的和。如果 sum_1 是 18，sum_2 是 12，那么差就是 6。我们把这个差除以 2，就能得到每个数组和的变化量，也就是 shift_amount。

在这个例子中，shift_amount 是 3。这表示 array_2 需要增加 3 才能得到目标和。（同样，array_1 需要减少 3。）

因此，我们的算法需要先计算两个数组的和。然后我们可以遍历其中一个数组的每个数，在另一个数组中寻找它的互补数。

如果要在 array_2 中遍历每个数，那么当前数需要和其互补数，也就是当前数与 shift_amount 的和，进行交换。如果当前数是 4，那么它的互补数就是 4 和 shift_amount（3）的和，也就是 7。这意味着需要在 array_1 中找一个 7 和当前数 4 进行交换。

我们已经知道，已知任意一个数组的任意数，都能确定它在另一个数组中的互补数。但这又有什么用呢？不还是得用嵌套循环实现一个 $O(N \times M)$ 算法吗？换言之，对于一个数组中的每个数，必须遍历另一个数组，才能找到其互补数。

这时就可以求助于魔法查找了。思考如下问题：“如果能使用某种魔法在 $O(1)$ 时间内找到想要的信息，那么算法会更快吗？”

如果能在 $O(1)$ 时间内从另一个数组中找到互补数，那么算法就会更快。而使用哈希表刚好可以达成这个目标。

如果事先把一个数组存入哈希表，那么就可以在遍历另一个数组的同时，从这个哈希表中用 $O(1)$ 时间找到想找的任何数。

完整代码如下。

```
def sum_swap(array_1, array_2)
    # 用哈希表存储第一个数组的值：
    hash_table = {}
```

```
sum_1 = 0
sum_2 = 0

# 在计算第一个数组的和时，把值和索引存入哈希表中：
array_1.each_with_index do |num, index|
  sum_1 += num
  hash_table[num] = index
end

# 计算第二个数组的和：
array_2.each do |num|
  sum_2 += num
end

# 计算第二个数组中的数该增减多少：
shift_amount = (sum_1 - sum_2) / 2

# 遍历第二个数组中的每个数：
array_2.each_with_index do |num, index|

  # 在第一个数组的哈希表中查找当前数的互补数，也就是当前数与增减量之和：
  if hash_table[num + shift_amount]
    return [hash_table[num + shift_amount], index]
  end
end

  return nil
end
```

这个方法比 $O(N \times M)$ 快得多。如果 array_1 有 N 个元素，array_2 有 M 个元素，那么这个算法的复杂度就是 $O(N + M)$。虽然要遍历 array_2 两次，应该是 $2M$，但是因为大 O 记法忽略常数，所以还是 M。

因为需要把 array_1 的 N 个数复制进哈希表，所以这个方法需要 $O(N)$ 额外空间。这里还是在用空间换时间，但如果我们主要考虑速度，那么这就是巨大的胜利。

无论如何，这是找规律的另一个例子，它能帮助我们切中问题要害、找到简单快速的解法。

20.5 贪心算法

这个技巧可以加速一些最难优化的算法。它并不适用于所有情况，但是在适用的情况下，都能起到很大作用。

下面来谈谈贪心算法。

这个名字听起来有点儿奇怪，它的意思如下：**贪心算法**的每一步都选择**当前**最好的选项。我们用一个简单的例子来说明这一点。

20

20.5.1   数组最大值

让我们编写一个算法来找出数组的最大值。一种方法是用嵌套循环把每个数都和其他数做比较。当找到一个比其他数都大的数时，也就找到了数组的最大值。

和同类算法一样，这是典型的 $O(N^2)$ 方法。

另一种方法是把数组按升序排列，返回数组的最后一个值。如果用快速排序这样的算法，那么这就需要 $O(N \log N)$ 时间。

第三种方法就是贪心算法，其代码如下。

```
def max(array)
  greatest_number = array[0]

  array.each do |number|
    if number > greatest_number
      greatest_number = number
    end
  end

  return greatest_number
end
```

如你所见，函数的第一行假定数组中的第一个数就是 `greatest_number`。这是一个"贪心"的假设。因为第一个数是我们目前为止遇到的最大的数，所以我们把它当作 `greatest_number`。当然，它也是我们目前检查过的**唯一**一个数。但贪心算法就是这样：它会根据当前已知的信息，做出看起来最好的选择。

接下来，遍历数组中的所有数。如果找到比 `greatest_number` 大的数，就让它成为新的 `greatest_number`。在这里，我们依然贪心：每一步都会根据当前的信息选择最好的选项。

我们就像是糖果店的小孩子：先拿了一块糖，但是一看到更大的糖，就把前一块丢了换成更大的。

这种天真的想法确实有用。函数结束时，`greatest_number` 确实就是整个数组的最大值。

尽管贪心不是一种美德，但是它可以在算法复杂度方面创造奇迹。因为我们只检查每个数一次，所以这个算法仅需要 $O(N)$ 时间。

20.5.2   最大子数组和

下面来看另一个可以用贪心算法解决的问题。

假设我们要写一个函数，读取一个数字数组，返回它的子数组能达到的最大和。

我们以下面的数组为例，讲解这个函数的功能。

```
[3, -4, 4, -3, 5, -9]
```

这个数组所有数的和是-4。

还可以计算其**子数组**的和，如下图所示。

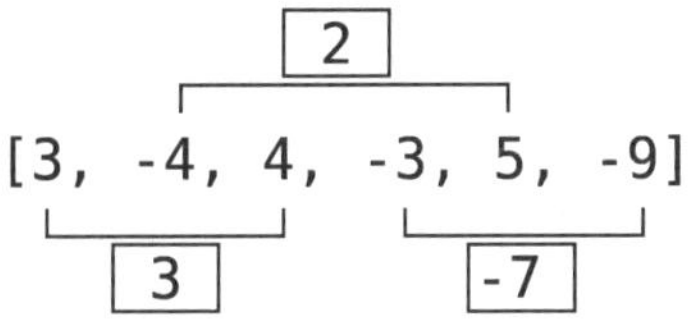

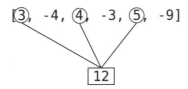

这里的子数组指的是**连续子数组**。换言之，子数组是数组中的一段**连续**的数。

因为下图中的数不是连续的，所以它们**不是**连续子数组。

我们的目标是找到数组中**任意**子数组的最大和。在上面的例子中，最大和是 6，可以由下图的子数组计算得出。

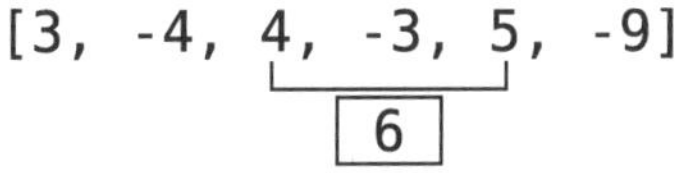

为了使讨论更简单，假设数组中至少有一个正数。

那该怎么用代码计算最大子数组和呢？

一种方法是计算数组中所有子数组的和，找出最大的一个。但是，如果数组中有 N 项，那么就有大约 $N^2 / 2$ 个子数组。因此，光是生成不同的子数组就要花 $O(N^2)$ 时间。

还是先从最理想复杂度开始。因为肯定要检查每个数至少一次，所以不可能超越 $O(N)$。我们就把 $O(N)$ 定为目标好了。

乍一看 $O(N)$ 很难实现。只遍历数组一遍的话，怎么可能计算多个子数组的和呢？

假设我们贪心一点儿的话，看看会发生什么……

在这个例子中，贪心算法会尝试在遍历数组的过程中不停地把"手中"的最大和换成更大的和。还是以上面的数组为例进行说明。

数组的第一个数是 3。按照贪心原则，我们会说最大和就是 3，如下图所示。

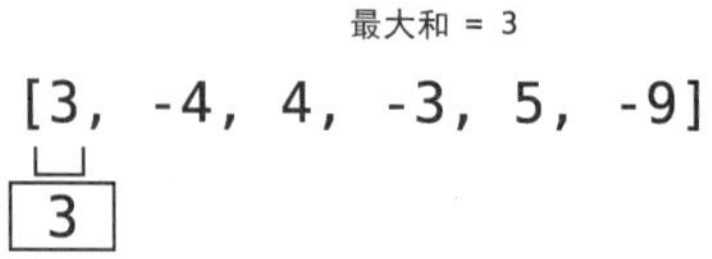

最大和 = 3

[3, -4, 4, -3, 5, -9]

3

然后是-4。因为-4加上3等于-1，所以3仍然是最大和，如下图所示。

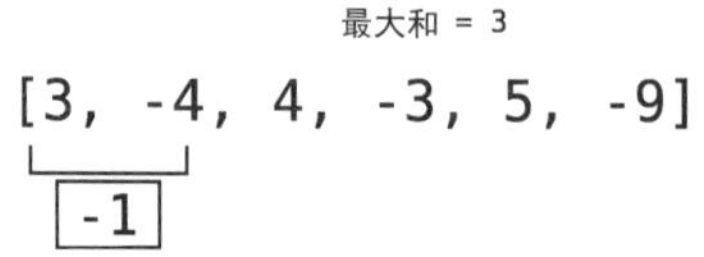

最大和 = 3

[3, -4, 4, -3, 5, -9]

-1

接下来是4。加上4之后，当前的和变成了3，如下图所示。

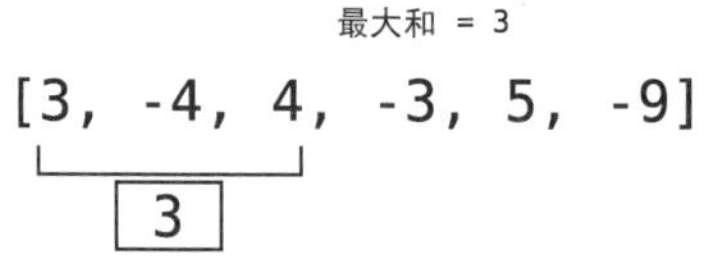

最大和 = 3

[3, -4, 4, -3, 5, -9]

3

到目前为止，3仍然是最大和。

下一个数是-3。这样和就变成了0，如下图所示。

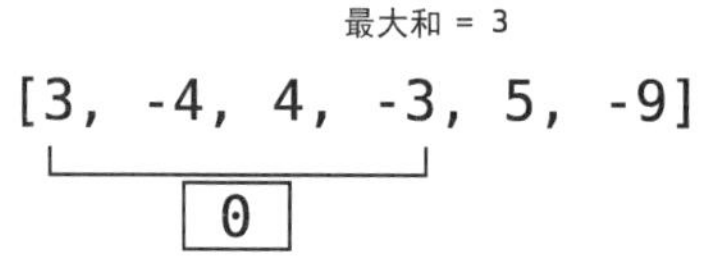

最大和 = 3

[3, -4, 4, -3, 5, -9]

0

虽然当前和是0，但是最大和仍然是3。

下一个数是5。这样当前和就是5。根据贪心的原则，因为5是目前为止最大的和，所以我们就把它当作整个数组的最大和，如下图所示。

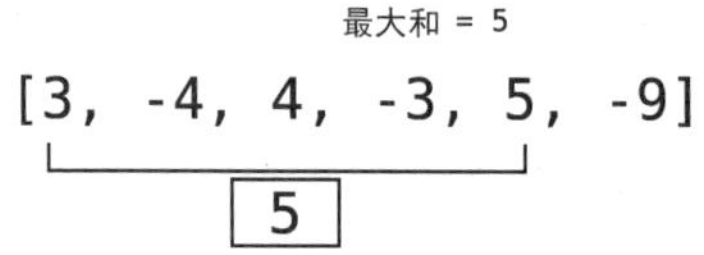

最大和 = 5

[3, -4, 4, -3, 5, -9]

5

最后一个数是-9，它会让当前和减小到-4，如下图所示。

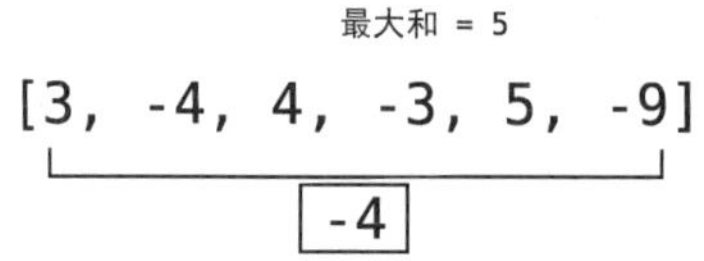

最大和 = 5

[3, -4, 4, -3, 5, -9]

-4

抵达数组末尾时，最大和是5。因此，如果遵循这个纯粹的贪心原则，那么算法应该就会返回5。

但是 5 并**不是**最大子数组和。数组中有一个子数组的和是 6，如下图所示。

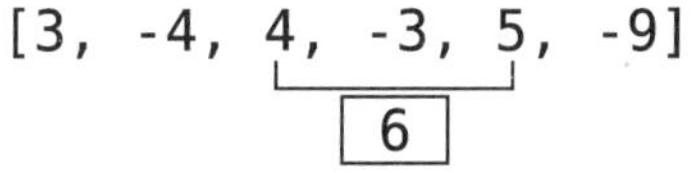

$$[3, -4, \underbrace{4, -3, 5}_{\boxed{6}}, -9]$$

这个算法的问题在于，它只计算了从数组第一项开始的子数组的最大和。但是还有从其他项开始的子数组，而我们没有计算那些。

这个贪心算法没有像预期那样达成目标。

但别灰心！通常需要对贪心算法做出调整，才能让它们正确工作。

来看看找规律是否有用。（通常有用。）前面介绍过，找规律最好的办法就是多举几个例子。我们以几个数组和它们的最大子数组和为例，看看会不会有什么有趣的发现，如下图所示。

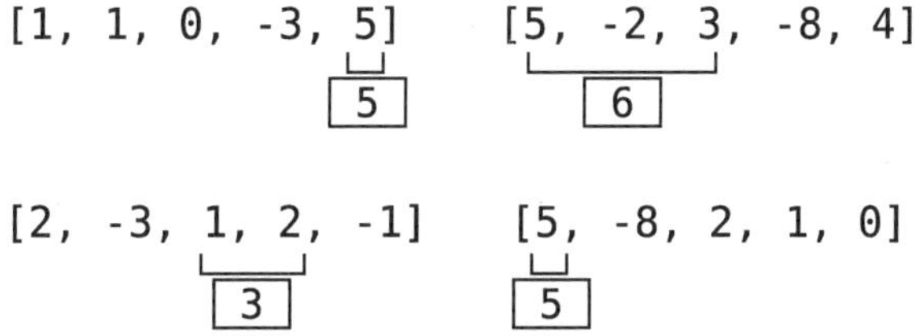

$$[1, 1, 0, -3, \underbrace{5}_{\boxed{5}}] \qquad [5, \underbrace{-2, 3}_{\boxed{6}}, -8, 4]$$

$$[2, -3, \underbrace{1, 2}_{\boxed{3}}, -1] \qquad [\underbrace{5}_{\boxed{5}}, -8, 2, 1, 0]$$

在分析这些例子时，你可能会产生一个有趣的疑问：为什么在有些例子中，和最大的子数组开始于数组第一项，而有些则不是呢？

仔细观察这些例子就会发现：如果最大子数组**没有**开始于第一项，那么都是因为后面存在一个负数，如下图所示。

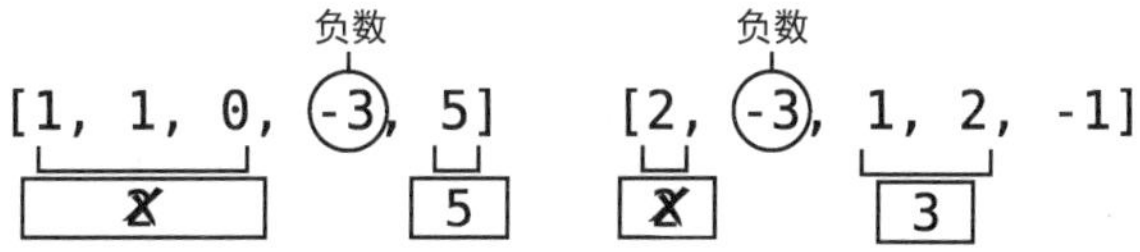

$$[1, 1, 0, \overset{\text{负数}}{(-3)}, 5] \qquad [2, \overset{\text{负数}}{(-3)}, 1, 2, -1]$$

换言之，最大子数组**本应该**开始于第一项，但是负数使这个子数组的和变小了，于是最大子数组需要从后面的某项开始。

稍等一下。在有些例子中，和最大的子数组确实包含负数，但这个负数并没有中断这个子数组，如下图所示。

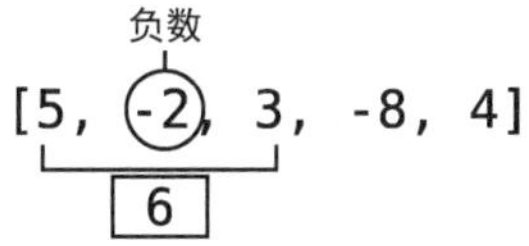

$$[5, \overset{\text{负数}}{(-2)}, 3, -8, 4]$$

区别在哪里呢？

规律在于：如果这个负数会让之前的子数组的和变为负数，那么最大子数组就应该从它后面开始。如果这个负数只是让当前子数组的和稍稍变小，而没有变成负数，那么最大子数组就可以包含这个负数。

仔细想一下的话，这其实很合理。在遍历数组时，如果当前子数组的和变成了负数，**那就算把当前和重置为 0 也比负数要好**。不然，这个负数和总会让我们试图寻找的最大和变小。

利用这一点，可以对贪心算法做出调整。

还是从 3 开始。当前的最大和是 3，如下图所示。

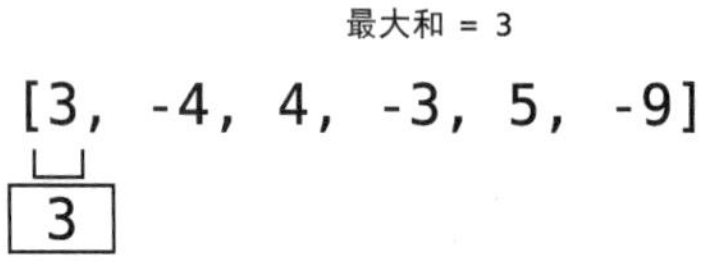

最大和 = 3

[3, -4, 4, -3, 5, -9]

3

接下来是-4，它会让当前和变为-1，如下图所示。

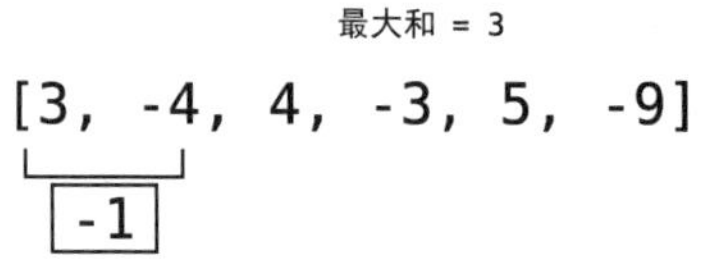

最大和 = 3

[3, -4, 4, -3, 5, -9]

-1

因为要寻找和最大的子数组，而当前和是负数，所以需要在继续之前，把当前和重置为 0，如下图所示。

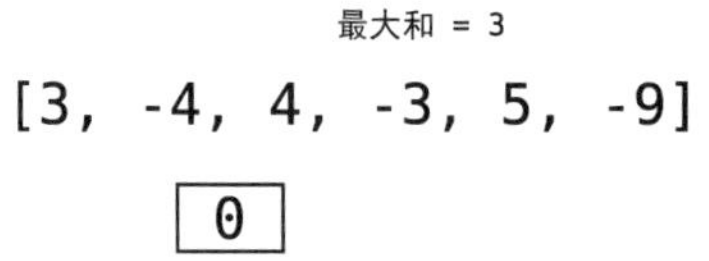

最大和 = 3

[3, -4, 4, -3, 5, -9]

0

从下一个数开始，计算一个全新的子数组。

再说一遍，这样做的原因在于：如果下一个数是正数，那么可以从它开始，这样前面的负数和就不会让总和变小。我们要把当前和重置为 0，把下一个数看作新的子数组的**开始**。

继续操作。

下一个数是 4。因为这是一个新的子数组的开始，所以当前和是 4，它也是至今为止的最大和，如下图所示。

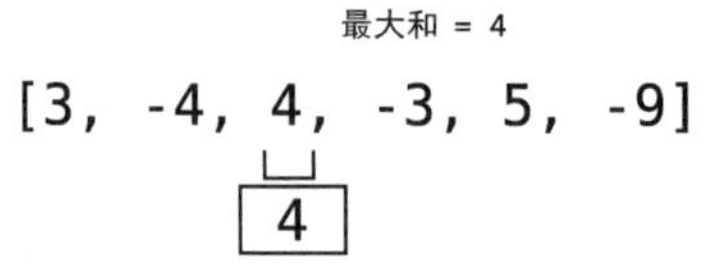

最大和 = 4

[3, -4, 4, -3, 5, -9]

4

接下来是-3。当前和变成了1，如下图所示。

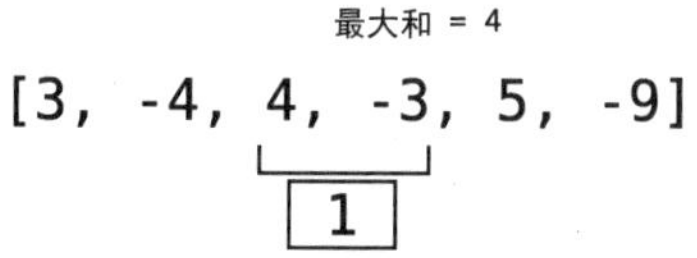

最大和 = 4

[3, -4, 4, -3, 5, -9]

1

下一个数是5。这会让当前和变为6，它是目前为止的最大和，如下图所示。

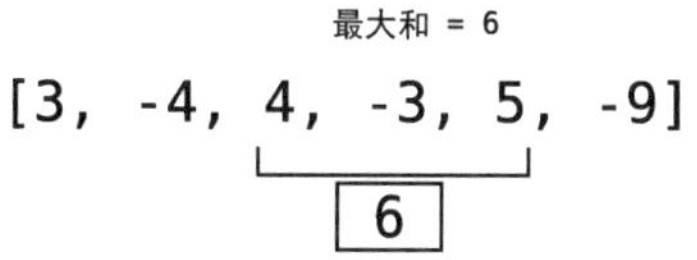

最大和 = 6

[3, -4, 4, -3, 5, -9]

6

最后一个数是-9。加上-9之后，当前和会变为-4，我们需要将其重置为0。不过，因为已经抵达数组末尾，所以可以确定最大和就是6。而6也正是正确结果。

上述算法的代码实现如下。

```
def max_sum(array)
  current_sum = 0
  greatest_sum = 0

  array.each do |num|
    # 如果当前和是负数，就把当前和重置为0：
    if current_sum + num < 0
      current_sum = 0
    else
      current_sum += num

      # 如果当前和是至今为止遇到的最大的和，就贪心地假设它是最大和：
      greatest_sum = current_sum if current_sum > greatest_sum
    end
  end

  return greatest_sum
end
```

使用这个贪心算法，只需要遍历每个数一次，从而在 $O(N)$ 时间内解决这一棘手问题。这和一开始的 $O(N^2)$ 算法相比是巨大的进步。因为这个算法没有生成任何额外数据，所以空间复杂度是 $O(1)$。

虽然找规律可以帮助我们找到解决方案，但是贪心的思维方式可以让我们知道该寻找什么样的规律。

20.5.3 贪心的股价预测

再来看一个更贪心的算法。

20

假设我们在写一个预测股价的金融软件。我们目前要写的算法会判断某只股票是否存在涨势。

具体来说，该函数会读取一个股价数组，判断其中是否有任意 3 个价格形成涨势。

以下面这个随时间变化的股价数组为例。

[22, 25, 21, 18, 19.6, 17, 16, 20.5]

虽然一开始很难看出来，但是有 3 个价格形成了涨势，如下图所示。

[22, 25, 21, ⑱, ⑲.⑥, 17, 16, ⑳.⑤]

换言之，从左向右看，存在 3 个价格，这 3 个价格越往右越高。

而下面的数组就不存在这样的涨势。

[50, 51.25, 48.4, 49, 47.2, 48, 46.9]

如果数组存在 3 个价格的涨势，那么函数就会返回 true，否则会返回 false。

那该怎么做呢？

一种方法是用三层嵌套循环：第一层循环会遍历每个股价，第二层循环会遍历当前股价后面的股价。而在第二层循环的每一轮中，第三层循环会检查第二个价格后面的股价。每得到 3 个价格，我们都会检查它们是否按升序排列。如果找到了这样的一组股价，就返回 true。如果到循环结束都没有找到这样的股价，就返回 false。

这个算法的时间复杂度是 $O(N^3)$，非常慢！能不能优化它呢？

首先想想最理想复杂度。因为要找到涨势，肯定要检查每个股价，所以算法不可能快过 $O(N)$。我们看看能否优化到这个程度。

又到了贪心的时候。

要在这个例子中使用贪心思维，需要不停地找到涨势中的最低价格。如果能用相同的贪心方法不停地找到涨势中的中间价格和最高价格就更好了。

因此，需要像下面这样做。

假设数组中的第一个价格是涨势中的最低价格。

至于中间价格，我们要把它初始化为一个比数组中最高股价还要高的数。为此，可以把它初始化为无穷。（大多数编程语言支持无穷的概念。）乍一看这一步可能没那么直观，但是你稍后就会明白为什么要这样做。

然后按下面的步骤遍历一次数组。

(1) 如果当前价格低于目前为止见过的最低价格，那么当前价格就成了新的最低价格。

(2) 如果当前价格高于最低价格，但是低于中间价格，那么当前价格就成了新的中间价格。

(3) 如果当前价格高于最低价格和中间价格，那么我们就找到了一个涨势。

我们以一个简单的股价数组为例，具体看看这个过程，如下图所示。

$$[5, 2, 8, 4, 3, 7]$$

从第一项 5 开始遍历数组。首先我们要贪心地假定 5 就是涨势中的最低价格，如下图所示。

$$[\overset{\downarrow}{\underset{低}{⑤}} 2, 8, 4, 3, 7]$$

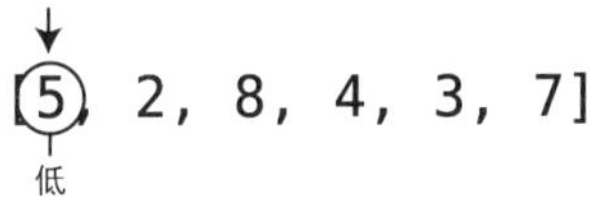

接下来是 2。因为 2 小于 5，所以我们再贪心一点儿，假定 2 是新的最低价格，如下图所示。

$$[5, \overset{\downarrow}{\underset{低}{②}} 8, 4, 3, 7]$$

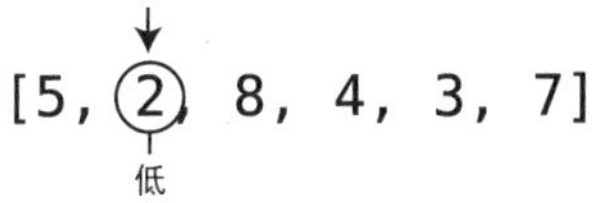

数组的下一个数是 8。因为 8 大于最低价格，所以保持最低价格 2 不变。但是 8 小于当前的中间价格，也就是无穷，所以我们贪心地把 8 设定为新的**中间价格**，如下图所示。

$$[5, \underset{低}{②} \overset{\downarrow}{\underset{中}{⑧}} 4, 3, 7]$$

接下来是 4。因为 4 大于 2，所以我们还是认定 2 是涨势中的最低点。但因为 4 小于 8，所以把中间价格更新为 4。这也是一种贪心的想法：把中间价格降低，在后面找到一个更高的价格，形成涨势的概率就会增加。因此，4 就成了新的中间价格，如下图所示。

$$[5, \underset{低}{②} 8, \overset{\downarrow}{\underset{中}{④}} 3, 7]$$

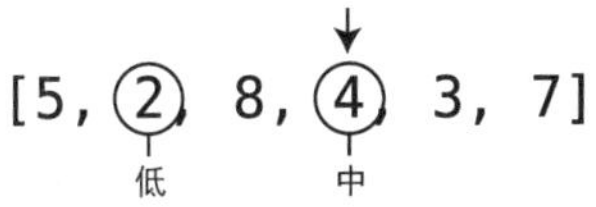

数组的下一个数是 3。因为 3 大于 2，所以最低价格不变。但因为它小于 4，所以就成了新的中间价格，如下图所示。

$$[5, \underset{低}{②} 8, 4, \overset{\downarrow}{\underset{中}{③}} 7]$$

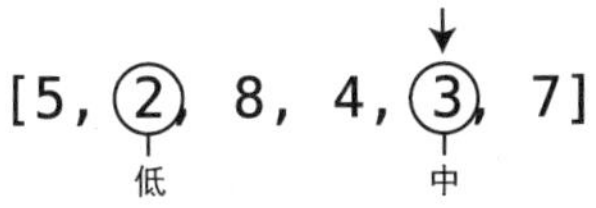

数组的最后一个值是 7。因为 7 大于中间价格 3，所以数组存在一个 3 个价格的涨势，函数可以返回 true，如下图所示。

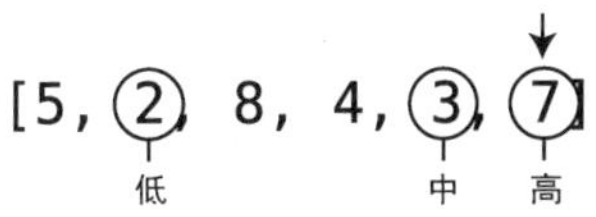

$$[5, \underset{低}{②} 8, 4, \underset{中}{③} \overset{\downarrow}{\underset{高}{⑦}}]$$

注意，这个数组中存在两个涨势：2-3-7 和 2-4-7。不过这并不重要：因为我们只想知道数组是否存在**任何**涨势，所以找到一个涨势就可以返回 true 了。

该算法的实现如下。

```ruby
def increasing_triplet?(array)
  lowest_price = array[0]
  middle_price = Float::INFINITY

  array.each do |price|
    if price <= lowest_price
      lowest_price = price

    # 如果当前价格高于最低价格但低于中间价格:
    elsif price <= middle_price
      middle_price = price

    # 如果当前价格高于中间价格:
    else
      return true
    end
  end

  return false
end
```

这个算法有一个反常的地方。在某些场景，这个算法看起来不能正确工作，但其实它可以。

来看下图这个例子。

$$[8, 9, 7, 10]$$

看看对这个数组应用上述算法会发生什么。

首先 8 成了最低点，如下图所示。

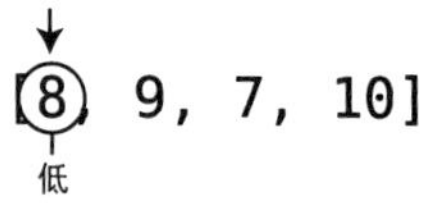

然后 9 成了中间点，如下图所示。

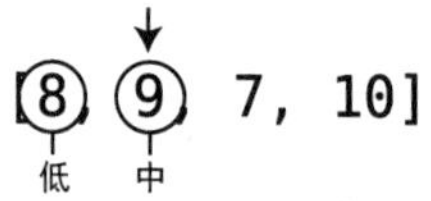

接下来是 7。因为 7 小于 8，所以把最低点更新为 7，如下图所示。

最后是 10，如下图所示。

因为 10 大于当前的中间价格 9，所以函数会返回 true。因为数组确实存在涨势 8-9-10，所以这是正确答案。但是函数执行完毕时，最低价格变量实际上是 7，而 7 并不在涨势之中。

即便如此，函数还是返回了正确答案。这是因为函数只需要找到一个比中间价格高的最低价格。因为只有在有更低价格时才能有中间价格，所以在找到更高的价格时，数组中仍然存在涨势。即便我们后来改变了最低价格，这一事实也不会改变。

无论如何，因为只需要遍历数组一次，所以贪心算法还是成功地完成了任务。我们把算法从 $O(N^3)$ 优化到了 $O(N)$，这是巨大的进步。

当然，贪心算法并**不总是有效**。但它是在优化算法时可以尝试的一个工具。

20.6　更换数据结构

另一个有用的优化技巧是想象如果用别的数据结构存储数据会怎样。

例如，问题中的数据可能存储在数组中。但是假设这些数据存储在哈希表、树或者其他数据结构中，有时候就会有优化的机会。

之前用哈希表进行的魔法查找就是一个例子。你马上就会看到，更换数据结构对其他情景也有帮助。

20.6.1　易位构词检查器

下面来看一个例子。假设我们要编写一个函数，判断两个字符串是否互为易位构词。11.5 节介绍过易位构词函数，但是当时是要生成字符串的所有易位构词。这里只想比较两个字符串。如果它们互为易位构词，那么函数就会返回 true，否则会返回 false。

其实可以用易位构词生成函数来解决这个问题。我们可以生成第一个字符串的所有易位构词，看看第二个字符串是否在其中。但是，因为有 N 个字母的字符串存在 $N!$ 个易位构词，所以这个算法会花费至少 $O(N!)$ 时间。这速度太慢了，简直是灾难性的。

你已经知道该怎么做了。在优化代码之前，需要想象一下最理想复杂度。

我们当然需要访问两个数组的每个字母至少一次。因为数组的大小可能不同，所以这需要 $O(N + M)$ 时间。因为我想象不出更快的速度，所以先以此为目标。

来试试吧。

第二种可能的方法是用一个嵌套循环来比较两个字符串。具体来说，外层循环会遍历第一个字符串中的每个字母，把这些字母和第二个字符串中的每个字母进行比较。每次找到匹配的字母，就从第二个数组中删除该字母。如果第一个字符串中的每个字母都存在于第二个字符串中，那么在完成外层循环之后，就会删除第二个字符串中的所有字母。

因此，在循环结束时，如果第二个字符串中还有剩余字母，那么这两个字符串就不是易位构词。如果在遍历第一个单词时，第二个字符串中就已经没有字母了，那么这两个字符串也不是易位构词。但如果循环结束时，第二个字符串中已经没有字母了，那么就可以知道这两个字符串确实是易位构词。

下面是该算法的 Python 实现。

```python
def areAnagrams(firstString, secondString):
    # 因为 Python 字符串不可变，所以需要把 secondString 转换为数组才能从中删除字母：
    secondStringArray = list(secondString)

    for i in range(0, len(firstString)):

        # 如果还在遍历 firstString，但是 secondStringArray 已经为空：
        if len(secondStringArray) == 0:
            return False

        for j in range(0, len(secondStringArray)):
            # 如果 firstString 和 secondStringArray 中都有同一个字母：
            if firstString[i] == secondStringArray[j]:

                # 就从第二个数组中删除这个字母，回到外层循环：
                del secondStringArray[j]
                break

    # 如果遍历 firstString 之后 secondStringArray 中没有字母了，那么这两个字符串就是易位构词：
    return len(secondStringArray) == 0
```

在循环遍历数组时还要从中删除元素可能会有问题。如果你做得不对，那么就好比锯断你正在坐的树枝。但即便处理正确，算法的复杂度也是 $O(N \times M)$。这比 $O(N!)$快得多，但还没有达到我们的目标 $O(N + M)$。

更快的办法是将两个字符串排序。如果排序之后两个字符串完全一致，那么它们就是易位构词，否则就不是。

使用快速排序等算法，这种方法可以达到 $O(N \log N)$。因为这两个字符串大小不同，所以复杂度是 $O(N \log N + M \log M)$。这比起 $O(N \times M)$也是一种进步，但是我们还不满足——还记得我们的目标 $O(N + M)$吗？

在这种情况下就该更换数据结构了。我们处理的是字符串，但想象一下用其他数据结构来存储字符串数据会如何。

可以把字符串存储为字母数组。但是这没有什么用。

接下来想象一下用哈希表来存储字符串。这个哈希表该是什么样呢?

一种可能性是用每个字母作为键，用该字母在单词中出现的次数作为值。例如，字符串 "balloon" 就会变成如下形式。

```
{"b" => 1, "a" => 1, "l" => 2, "o" => 2, "n" => 1}
```

这个哈希表的意思是，字符串中有一个"b"、一个"a"、两个"l"、两个"o"和一个"n"。

但是这样没有包含字符串的**全部**信息，从中无法看出字符串中字母的**顺序**。因此这种方法造成了数据丢失。

不过，这个数据丢失**刚好**能帮我们判断两个字符串是否互为易位构词。如果两个字符串每个字母的数量都相等，那么无论这些字母按何种顺序排列，它们都互为易位构词。

以 "rattles" "startle" 和 "starlet" 为例。它们都有两个"t"、一个"a"、一个"l"、一个"e"和一个"s"——正是这些字母组成了这几个排列不同的易位构词。

我们现在可以写一个算法来把每个字符串都转换为哈希表，以记录每种字母的数量。在把两个字符串都转换为哈希表之后，接下来就只需要比较两个哈希表了。如果它们一致，那么两个字符串就互为易位构词。

其代码实现如下。

```
def areAnagrams(firstString, secondString):
  firstWordHashTable = {}
  secondWordHashTable = {}

# 把第一个字符串转换为哈希表:
for char in firstString:
  if firstWordHashTable.get(char):
    firstWordHashTable[char] += 1
  else:
    firstWordHashTable[char] = 1

# 把第二个字符串转换为哈希表:
for char in secondString:
  if secondWordHashTable.get(char):
    secondWordHashTable[char] += 1
  else:
    secondWordHashTable[char] = 1

# 只有两个哈希表相同时, 两个字符串才互为易位构词:
return firstWordHashTable == secondWordHashTable
```

这个算法只遍历每个字符串的每个字母一次，需要 $N + M$ 步。

检查两个哈希表是否相等可能还需要最多 $N + M$ 步。在 JavaScript 这样的语言中更是如此，在这种语言中，只能手动遍历每个键-值对来检查哈希表是否相等。不过就算这样也只有 $2(N + M)$ 步，复杂度仍然是 $O(N + M)$。这比前面的任何方法都快得多。

20

老实说，创建这些哈希表用了一些额外空间。如果使用原地排序，那么前面的排序并比较两个字符串的方法就不用任何额外空间。但如果追求速度，则因为哈希表方法只需要访问字符串中的每个字母**一次**，所以它是不可战胜的。

把字符串转换为其他数据结构（在这个例子中是哈希表）之后，我们就能用一种新的方式访问原来的数据，从而使算法变得更快。

因为看出该用什么新数据结构有时并不简单，所以可以考虑多种方案，想象转换之后数据会变成什么样，能否提供优化的空间。话虽这么说，哈希表通常是一个好选择，往往可以最先尝试。

20.6.2　分组排序

下面是更换数据结构进行优化的另一个例子。假设有一个数组，其中包含了几个不同的值，我们想要对这些数据进行排序，使得相同的值被分到一组。但我们不关心**组**的顺序。

假设有如下数组。

```
["a", "c", "d", "b", "b", "c", "a", "d", "c", "b", "a", "d"]
```

我们的目标是把数据分组，就像下面这样。

```
["c", "c", "c", "a", "a", "a", "d", "d", "d", "b", "b", "b"]
```

但因为我们不关心组的顺序，所以下面的结果也是可以接受的。

```
["d", "d", "d", "c", "c", "c", "a", "a", "a", "b", "b", "b"]
["b", "b", "b", "c", "c", "c", "a", "a", "a", "d", "d", "d"]
```

任何经典排序算法都能得到如下结果，从而完成任务。

```
["a", "a", "a", "b", "b", "b", "c", "c", "c", "d", "d", "d"]
```

前面介绍过，最快的排序算法也需要 $O(N \log N)$ 时间。但我们能做得更好吗？

先来想象最理想复杂度。因为我们知道不存在比 $O(N \log N)$ 更快的排序算法，所以可能很难想象如何在更短时间内排序。

但因为并不是要精确排序，所以如果有人说可以用 $O(N)$ 时间完成，我应该还是会相信。因为需要访问每个值至少一次，所以肯定无法超越 $O(N)$。那就以 $O(N)$ 为目标。

我们使用前面讨论的方法，想象使用其他数据结构。

可以从哈希表开始。用哈希表存储字符串数组会怎么样呢？

如果用易位构词例子中的方法，那么可以把数组表示成下面这样。

```
{"a" => 3, "c" => 3, "d" => 3, "b" => 3}
```

和前面的例子一样，这会带来数据丢失。换言之，因为我们不知道字符串原来的顺序，所以无法把这个哈希表转换回原来的数组。

但这个数据丢失对分组没有影响。事实上，这个哈希表已经包含了分组需要的全部数据。

具体来说，我们可以遍历哈希表的每个键-值对，用这些数据构造一个数组，其中每个字符串的数量都是正确的。

代码实现如下。

```ruby
def group_array(array)
  hash_table = {}
  new_array = []

  # 把每个字符串的数量存储到哈希表中：
  array.each do |value|
    if hash_table[value]
      hash_table[value] += 1
    else
      hash_table[value] = 1
    end
  end

  # 遍历哈希表，用数量正确的字符串构造一个数组：
  hash_table.each do |key, count|
    count.times do
      new_array << key
    end
  end

  return new_array
end
```

group_array 函数会读取一个 array，然后创建空的 hash_table 和 new_array。

下面首先计算每个字符串的数量，存入哈希表中。

```ruby
array.each do |value|
  if hash_table[value]
    hash_table[value] += 1
  else
    hash_table[value] = 1
  end
end
```

这样就会创建如下哈希表。

```ruby
{"a" => 3, "c" => 3, "d" => 3, "b" => 3}
```

然后遍历每个键-值对，用这些数据填充 new_array。

```ruby
hash_table.each do |key, count|
  count.times do
```

20

```
        new_array << key
    end
end
```

换言之，我们在读取键-值对 `"a" => 3` 时，就向 `new_array` 中加入了 3 个`"a"`。在读取 `"c" => 3` 时，就向 `new_array` 中加入了 3 个`"c"`，以此类推。结束遍历后，`new_array` 中就会包含按组排序的所有字符串。

这个算法只需要 $O(N)$ 时间，与排序方法需要的 $O(N \log N)$ 相比，其优化了很多。新的哈希表和 `new_array` 确实需要 $O(N)$ 空间，但我们可以覆盖原数组来节约一点儿额外内存。话虽这样说，但在最坏情况下，数组中的每个字符串都不同，而哈希表需要 $O(N)$ 空间。

但如果我们的目标是提高速度，那么就已经达到了最理想复杂度，这是了不起的成果。

20.7　小结

上面介绍的技巧对于优化代码很有用。再说一遍，你总是需要先确定当前的复杂度和最理想复杂度。然后就可以任意使用这些技巧了。

你会发现在有些情景下，某些技巧比其他技巧更好用。但是这些方法都值得你去思考，看看是否合适。

在积累了优化经验之后，你就会训练出优化意识，甚至发现独创的优化技巧。

20.8　临别感言

你这一路上已经学习了很多。

你学到了正确选择算法和数据结构可以大幅改善代码性能。

你学到了如何确定代码效率。

你学到了如何优化代码，让代码更快、更省空间且更优雅。

你从本书中学到了做出合理技术决策的框架。创造伟大的软件需要评估各种可能性的优劣，而你现在已经有能力看出每种方案的优劣，根据手头的任务做出最合理的选择。你现在还有能力思考**新的**方案，即便这些方案可能并不直观。

有一点很重要：用性能分析工具**测试**你的优化总是最好的选择。用这些工具测试代码的实际运行速度可以确保你的优化的确有用。有很多优秀的软件应用可以测量代码的速度和内存消耗。本书中的知识会为你指出正确的方向，而分析工具可以帮你确定自己的选择是否正确。

我还希望你能从书中学到一点：这些复杂难懂的主题不过是更简单内容的组合，而这些简单的概念都是你可以掌握的。有些参考资料对概念的解释并不是很好，反而让这些概念看起来更复杂了。但不要被这些资料吓到——任何概念都能以容易理解的方式讲解。

数据结构和算法这一主题广阔而深邃，我们学习的只是冰山一角。但有了通过本书打下的基础，你就能自己探索学习计算机科学中的新概念了。我希望你能继续学习，提高自己的技术能力。

祝你好运！

习　题

扫码获取
习题答案

(1) 你在编写一个分析运动员的软件。下面是两个不同项目运动员的数组。

```
basketball_players = [
  {first_name: "Jill", last_name: "Huang", team: "Gators"},
  {first_name: "Janko", last_name: "Barton", team: "Sharks"},
  {first_name: "Wanda", last_name: "Vakulskas", team: "Sharks"},
  {first_name: "Jill", last_name: "Moloney", team: "Gators"},
  {first_name: "Luuk", last_name: "Watkins", team: "Gators"}
]

football_players = [
  {first_name: "Hanzla", last_name: "Radosti", team: "32ers"},
  {first_name: "Tina", last_name: "Watkins", team: "Barleycorns"},
  {first_name: "Alex", last_name: "Patel", team: "32ers"},
  {first_name: "Jill", last_name: "Huang", team: "Barleycorns"},
  {first_name: "Wanda", last_name: "Vakulskas", team: "Barleycorns"}
]
```

如果仔细观察，你就会发现有些运动员参与了不止一个项目。Jill Huang 和 Wanda Vakulskas 同时参与了篮球和橄榄球这两个项目。

你要编写一个函数，读取两个运动员数组，返回同时参与**两个**项目的运动员的数组。如果以上面两个数组为输入，那么函数就应该返回如下内容。

```
["Jill Huang", "Wanda Vakulskas"]
```

虽然有些运动员名字相同，有些运动员姓氏相同，但可以假设他们的**全名**（姓氏和名字）不会重复。

可以用嵌套循环，把一个数组中的每个运动员和另一个数组中的每个运动员进行比较。但这样复杂度就是 $O(N \times M)$。请把函数复杂度优化为 $O(N + M)$。

(2) 你要编写一个函数，读取一个数组，其中包含从 0 到 N 的不同整数。但是数组会缺少一个整数，而你的函数需要返回**缺少的这个数**。

例如，下面的数组包含从 0 到 6 除 4 以外的整数。

```
[2, 3, 0, 6, 1, 5]
```

因此函数应该返回 4。

下一个例子包含从 0 到 9 除 1 以外的所有整数。

```
[8, 2, 3, 9, 4, 7, 5, 0, 6]
```

因此函数应该返回 1。

使用嵌套循环的算法的复杂度是 $O(N^2)$。请把函数复杂度优化为 $O(N)$。

(3) 你现在又要编写一个股价预测软件。你要编写的函数需要读取一个数组，其中包含了某只股票在一段时间内的预测股价。

例如，下面的数组包含 7 个价格。

```
[10, 7, 5, 8, 11, 2, 6]
```

它预测了这只股票接下来 7 天的价格。（第 1 天的收盘价格是 10 美元，第二天是 7 美元，以此类推。）

你的函数应该计算一次"买入"和一次"卖出"能获得的最大收益。

以上面的价格为例，如果我们在 5 美元时买入，在 11 美元时卖出，那么每股就能赚 6 美元，从而赚到最多钱。

注意，如果能买卖多次，那么就能赚更多钱。但目前这个函数只关注**一次买入和一次卖出的最大收益**。

可以用嵌套循环计算每种买卖组合的收益。但这样的复杂度是 $O(N^2)$，根本就追不上时刻变化的交易平台。请你把算法复杂度优化到 $O(N)$。

(4) 你要编写一个函数，读取一个数字数组，计算其中任意两个数的最大积。乍一看这很简单，因为可以找两个最大的数计算乘积。但是我们的数组有可能像下面这样包含负数。

```
[5, -10, -6, 9, 4]
```

在这个例子中，最大的积 60 其实来自最小的两个数，-10 和 -6。

可以用嵌套循环计算每两个数的乘积，但是这需要 $O(N^2)$ 时间。请把函数优化到 $O(N)$。

(5) 你要编写一个软件，分析数百位患者的体温数据。这些数据来自健康人，为 97.0 华氏度到 99.0 华氏度。有一点很重要：这个应用中的数据只取小数点后一位。

下面是一个体温数据数组。

```
[98.6, 98.0, 97.1, 99.0, 98.9, 97.8, 98.5, 98.2, 98.0, 97.1]
```

你要编写一个函数把这些数据从低到高进行排列。

如果用快速排序这样的经典排序算法，那么复杂度就是 $O(N \log N)$。**但是在这个问题中，存在更快的排序算法。**

你没看错。虽然你学习过，最快的排序算法也需要 $O(N \log N)$ 时间，但这个问题不一样。为什么呢？在这个问题中，**只存在有限种数据**。如果是这类问题，就可以在 $O(N)$ 时间内排序。虽然可能是 N 乘以一个常数，但这仍然是 $O(N)$。

(6) 你要编写一个函数，读取一个未排序的整数数组，返回其中**最长连续序列**的长度。这个序列中的每个整数都比前一个大 1。例如，在下面的数组中：

`[10, 5, 12, 3, 55, 30, 4, 11, 2]`

最长连续序列是 2-3-4-5。因为这 4 个数每个都比前一个大 1，所以它们形成了一个递增的序列。虽然 10-11-12 也是一个递增序列，但是它只有 3 个整数。在这个例子中，因为数组中**最长**的连续序列长度为 4，所以函数需要返回 4。

再举一个例子。

`[19, 13, 15, 12, 18, 14, 17, 11]`

因为这个数组的最长序列是 11-12-13-14-15，所以函数会返回 5。

如果给数组排序，那么我们就能用一次遍历找到最长连续序列。但是排序本身就需要 $O(N \log N)$ 时间。你的任务是把函数优化到 $O(N)$。

20